Dreamweaver CC

网页设计与制作 标准教程

□ 孙膺 郝军启 等编著

清华大学出版社

北　京

内 容 简 介

Dreamweaver 是集网页制作和管理网站于一身的所见即所得网页编辑器。本书全面介绍使用 Dreamweaver CC 设计网页、进行站点管理、编辑网页元素、图像与多媒体、创建超链接、表格化网页布局、CSS 样式表、网页模板与框架、在网页中插入表单、jQuery 与 jQuery UI、jQuery Mobile 等相关内容。

本书结构编排合理，实例丰富，配书光盘中提供了大容量语音视频教程和实例素材图以及效果图。可作为高等院校相关专业和网页制作培训班的教材，也可作为自学 Dreamweaver CC 网页制作的参考资料。

图书在版编目（CIP）数据

Dreamweaver CC 网页设计与制作标准教程/孙膺等编著. —北京：清华大学出版社，2015
（清华电脑学堂）

ISBN 978-7-302-38269-0

Ⅰ. ①D… Ⅱ. ①孙… Ⅲ. ①网页制作工具 Ⅳ. ①TP393.092

中国版本图书馆 CIP 数据核字（2014）第 235099 号

责任编辑：冯志强 薛 阳
封面设计：吕单单
责任校对：徐俊伟
责任印制：何 芊

出版发行：清华大学出版社
    网   址：http://www.tup.com.cn，http://www.wqbook.com
    地   址：北京清华大学学研大厦 A 座   邮   编：100084
    社 总 机：010-62770175   邮   购：010-62786544
    投稿与读者服务：010-62776969，c-service@tup.tsinghua.edu.cn
    质 量 反 馈：010-62772015，zhiliang@tup.tsinghua.edu.cn
印 装 者：北京国马印刷厂
经 销：全国新华书店
开 本：185mm×260mm 印 张：20 字 数：500 千字
    附光盘 1 张
版 次：2015 年 1 月第 1 版 印 次：2015 年 1 月第 1 次印刷
印 数：1～3000
定 价：39.80 元

产品编号：058290-01

前　言

虽然静态页面已经成为非主流网页，但网页的前台美工还需要通过静态页面来查看网页的布局效果。因此，在学习网站开发之前，用户还是要对静态网页有所了解。并且，作为前台开发人员，静态网页设计也是其必修课之一。

在静态网页开发过程中，选择优秀的开发工具，可以起到事半功倍的效果。比较流行的 Dreamweaver 软件，就是一个不错的网页开发工具。在最新的 Dreamweaver CC 版本中，增强了 CSS 样式的可视化操作，还包含了 jQuery UI 和 jQuery Mobile 网页的设计与开发等功能。

本书主要内容

本书通过大量的实例全面介绍了网页设计与制作过程中使用的各种专业技术，以及用户可能遇到的各种问题。全书共分为 11 章，各章的内容概括如下：

第 1 章 Dreamweaver CC 快速入门，包括了解网站与网页、网站的设计及制作、网页的概念、了解 Dreamweaver CC、Dreamweaver 工作区、了解文档视图、【编码】工具栏、创建网页文档、网页的构成等内容。

第 2 章介绍了创建与管理站点，包括了解站点及站点结构、创建本地站点、使用【文件】面板、站点文件及文件夹、远程文件操作等内容。

第 3 章介绍了编辑网页元素，包括编辑文本、项目列表设置、添加网页结构、格式化文本等内容。

第 4 章介绍了图像与多媒体，包括插入图像、编辑图像、图像对象操作、插入多媒体等内容。

第 5 章介绍了创建超链接，包括链接与路径、创建超链接、添加热链接、特殊链接等内容。

第 6 章介绍了表格化网页布局，包括插入表格、在单元格中添加内容、设置表格属性、表格的基本操作等内容。

第 7 章介绍了 CSS 样式表，包括 Div 标签应用、CSS 样式表基础、创建样式表、CSS 语法与选择器等内容。

第 8 章介绍了网页模板与框架，包括创建框架页、编辑框架属性、模板网页等内容。

第 9 章介绍了在网页中插入表单，包括表单概述、添加表单、文本组件、网页元素、日期与时间元素、选择元素、按钮元素、其他元素等内容。

第 10 章介绍了 jQuery 与 jQuery UI，包括了解 jQuery 与 jQuery UI、jQuery 基础、jQuery UI 交互、jQuery UI 效果等内容。

第 11 章介绍了 jQuery Mobile，包括了解 jQuery Mobile、页面基础、对话框与页面样式、创建工具栏、创建网页按钮、添加表单元素等内容。

本书特色

本书结合办公用户的需求，详细介绍了网页设计与网站制作的应用知识，具有以下特色。

□ **丰富实例**　本书每章以实例形式演示网页设计与网站制作的操作应用知识，便于读者模仿学习操作，同时方便教师组织授课。

□ **彩色插图**　本书提供了大量精美的实例，在彩色插图中读者可以感受逼真的实例效果，从而迅速掌握网页设计与网站制作的操作知识。

□ **思考与练习**　扩展练习测试读者对本章所介绍内容的掌握程度；上机练习理论结合实际，引导学生提高上机操作能力。

□ **配书光盘**　本书作者精心制作了功能完善的配书光盘。在光盘中完整地提供了本书实例效果和大量全程配音视频文件，便于读者学习使用。

适合读者对象

本书定位于各大中专院校、职业院校和各类培训学校讲授网页设计与网站制作的教材。内容详尽，讲解清晰，全书知识体系完善，采用与实际范例相结合的方式进行讲解，并配以清晰、简洁的图文排版方式，使学习过程变得更加轻松和易于上手。

参与本书编写的除了封面署名人员外，还有刘凌霞、王海峰、张瑞萍、吴东伟、王健、倪宝童、温玲娟、石玉慧、李志国、唐有明、王咏梅、李乃文、陶丽、王黎、连彩霞、毕小君、王兰兰、牛红惠、汤莉孙岩等人。由于时间仓促，水平有限，疏漏之处在所难免，欢迎读者朋友登录清华大学出版社的网站 www.tup.com.cn 与我们联系，帮助本书的改进和提高。

编　者
2014.10

目　　录

Dreamweaver CC 网页设计与制作标准教程

第1章

Dreamweaver CC 快速入门

Dreamweaver 已经成为业界最流行的静态网页制作与网站开发工具，其不仅支持"所见即所得"的设计方式，同时还辅以强大的程序开发功能，可以帮助不同层次的用户快速设计网页。

本章帮助用户快速了解 Dreamweaver CC 版本的新增功能，以及 Dreamweaver 的工作环境和网站建设等相关内容。

本章学习要点：

➢ 了解网站与网页
➢ 网站的设计及制作
➢ 网页的概念
➢ 了解 Dreamweaver CC
➢ Dreamweaver 工作区
➢ 了解文档视图
➢ 了解【编码】工具栏
➢ 创建网页文档
➢ 网页的构成

1.1 了解网站与网页

翱翔在 Internet 中，会经常听到网站、网页等一些非常陌生的概念。而这些概念在网页制作过程中，也是需要用户理解的。

1.1.1 认识网页

网页（Web Page）是一个文件，它存放在世界某个角落的某一部计算机中，而这部计算机必须是与互联网相连的。网页经由网址（URL）来识别与存取，是万维网中的一个"页"面，是超文本标记语言格式（标准通用标记语言的一个应用，文件扩展名为.html 或.htm）。网页要通过网页浏览器来阅读，如图 1-1 所示。

图 1-1 网页页面

文字与图片是构成一个网页的两个最基本的元素。可以简单地理解为：文字，就是网页的内容，图片就是网页的美观。除此之外，网页的元素还包括其他内容，常见的网页元素如下。

- ❏ **文本** 文本是网页上最重要的信息载体与交流工具，网页中的主要信息一般都以文本形式为主。
- ❏ **图像** 图像元素在网页中具有提供信息并展示直观形象的作用。其中，静态图像在页面中可能是光栅图形或矢量图形，如 JPEG 或 PNG。而矢量格式通常包含有 GIF 和 SVG 动画。
- ❏ **Flash 动画** 动画在网页中的作用是有效地吸引访问者更多的注意。
- ❏ **声音** 声音是多媒体和视频网页重要的组成部分。
- ❏ **视频** 视频文件的采用使网页效果更加精彩且富有动感。

Dreamweaver CC 网页设计与制作标准教程

- ❑ **表格**　表格是在网页中用来控制页面信息的布局方式。
- ❑ **导航栏**　导航栏在网页中是一组超链接，其链接的目的端是网页中重要的页面。
- ❑ **交互式表单**　表单在网页中通常用来联系数据库并接收访问用户在浏览器端输入的数据。利用服务器的数据库为客户端与服务器端提供更多的互动。

在网页上右击，执行【查看源文件】命令，即可通过记事本看到网页的实际内容。可以看到，网页实际上只是一个纯文本文件，如图 1-2 所示。它通过各式各样的标记对页面上的文字、图片、表格、声音等元素进行描述（如字体、颜色、大小），而浏览器则对这些标记进行解释并生成页面，于是就得到你现在所看到的画面。

为什么在源文件看不到任何图片？这是由于网页文件中存放的只是图片的链接位置，而图片文件与网页文件是互相独立存放的，甚至可以不在同一台计算机上。

图 1-2　查看源码

1.1.2　认识网站

网站（Website）是指在因特网上，根据一定的规则，使用 HTML 等工具制作的用于展示特定内容的相关网页的集合。

简单地说，网站是一种通信工具，就像布告栏一样，人们可以通过网站来发布自己想要公开的资讯（信息），或者利用网站来提供相关的网络服务（网路服务）。人们可以通过网页浏览器来访问网站，获取自己需要的资讯或者享受网络服务。

网站是由多个网页组成的，但不是网页的简单罗列组合，而是用超链接方式组成的既有鲜明风格又有完善内容的有机整体。要想制作出一个好的网站，除了必须了解网站建设的一些基本知识，还需了解网页页面的布局、使用哪些代码语言、如何使用 CSS、HTML、Flash、VBScript、JavaScript 等，这些代码语言对网页进行布局、美化和制作特效非常重要。

1．网站分类

在 Internet 中，可以说网站成为主要的组成部分，并且用户可以根据不同的用途或者领域来划分这些网站。

❑ **根据编程语言分类**

在网页设计时，用户可以根据自己熟悉的编程语言来制作网站中的网页内容，如常用的网页编程语言有 ASP、PHP、JSP、ASP.NET 等。

❏ **根据用途分类**

根据用途分类是针对行业而言的，可以分为门户网站（综合网站）、行业网站、娱乐网站、教育网站、学习类网站等。

❏ **根据功能分类**

根据网站的功能，用户可以将网站划分为企业网站、商城网站、服务性网站、交易网站等。

❏ **根据持有者分类**

根据网站拥有者或者持有者来划分，可以分为个人网站、商业网站、政府网站、教育网站等。

❏ **根据商业目的分类**

在商业领域，有些网站主要是用来营利的，而有些网站是以宣传为主的非营利性的，所以可以分为营利性网站和非营利性网站等。

2．网站制作工具

网站制作工具，也可说是网页的设计工具。因为网页是组成网站的重要组成部分，所以在网站建设中重要的是网页的设计与制作。

❏ **Photoshop 图像处理软件**

Adobe Photoshop（PS）是一个由 Adobe Systems 开发和发行的图像处理软件。Photoshop 主要处理以像素所构成的数字图像。使用其众多的编修与绘图工具，可以更有效地进行图片编辑工作。

该软件在网页设计过程中是必不可少的，已经成为了网页前端美化设计必要的工具之一。

❏ **Illustrator 矢量图处理软件**

Adobe Illustrator 是一种应用于出版、多媒体和在线图像的工业标准矢量插画的软件，作为一款非常好的图片处理工具，Adobe Illustrator 广泛应用于印刷出版、专业插画、多媒体图像处理和互联网页面的制作等，也可以为线稿提供较高的精度和控制，适合生产任何小型设计到大型的复杂项目。

Illustrator 与 Photoshop 相比，在网页设计中应用较少，但对于美工而言该软件也是不可或缺的。因为在网页中一些 Logo 和标签图片等，都可以通过 Illustrator 来制作，并且效果比较好。

❏ **Fireworks 网页作图软件**

Adobe Fireworks 是 Adobe 推出的一款网页作图软件，软件可以加速 Web 设计与开发，是一款创建与优化 Web 图像和快速构建网站与 Web 界面原型的理想工具。

Fireworks 不仅具备编辑矢量图形与位图图像的灵活性，还提供了一个预先构建资源的公用库，并可与 Adobe Photoshop、Adobe Illustrator、Adobe Dreamweaver 和 Adobe Flash 软件省时集成。

在 Fireworks 中将设计迅速转变为模型，或利用来自 Illustrator、Photoshop 和 Flash 的其他资源，然后直接置入 Dreamweaver 中轻松地进行开发与部署。

❑ **Flash 动画制作软件**

Flash 是一种将动画创作与应用程序开发于一身的创作软件。Adobe Flash 为创建数字动画、交互式 Web 站点、桌面应用程序以及手机应用程序开发提供了功能全面的创作和编辑环境。

通常，使用 Flash 可以在网页设计中通过添加图片、声音、视频和特殊效果，构建包含丰富媒体的网页元素。另外，用户还可以通过 Flash 软件，制作流媒体视频，在多媒体网页中也是一款应用较为广泛的软件。

❑ **Dreamweaver 网页编辑软件**

Dreamweaver 可以用快速的方式将 Fireworks、FreeHand 或 Photoshop 等文件移至网页上。使用【拾色吸管】工具选择屏幕上的颜色可设定最接近的网页安全色。它是用于编辑 HTML、ASP、JSP、PHP、JavaScript 等代码文件的重要辅助工具。

❑ **WebStorm 前端开发软件**

WebStorm 是 JetBrains 公司旗下一款 JavaScript 开发工具。被广大中国 JS 开发者誉为“Web 前端开发神器”、“最强大的 HTML 5 编辑器”、“智能的 JavaScript IDE”等。

WebStorm 可编辑、调试 HTML、CSS、JavaScript 等代码，也可以作为可视化工具，监控网站系统的运行情况，受到网站开发工作者的青睐。

1.2　网站的设计及制作

虽然对网站已经有了清晰的认识，但是网站建设过程并不像制作一个网页页面那样简单。因为网站由多个网页组成，是一个集合。如果该网站是公司的门户网站，则代表着公司的形象；如果是政府网站，则代表着该政府的形象。

1.2.1　确定网站主题

网站的主题是一个网站的核心，创建网站前要先确定站点的主题，只有主题确定之后才会有目的地去寻找相关的资料，所以确定网站主题非常重要。

那么，什么是网站主题呢？例如，一个电子商务网站，则该商务网站面向商品销售，其主题自然是所要销售的商品；如果该电子商务网站是面向交易的，则该网站的主题是所要进行商品交易的用户，如图 1-3 所示。

电子商务交易网

电子商务销售网

图 1-3　网站主题

1.2.2 搜集网站素材

搜集网站素材主要围绕网站主题进行搜集，主要是为满足各页面信息的需求。网站素材是指从现实生活中搜索到的、未经加工提炼的用来建设网站的资料。

在搜集过程中，素材可以包括公司或者单位的形象标志、所经营业务的信息、产品信息、发展史信息等，多数以图像和文字内容为主。

1.2.3 确定网站布局

网站布局与绘画非常相似，就像一张白纸，需要先勾勒出网站中各页面的轮廓，如网站的结构、栏目的设置、网站的风格、颜色搭配、版面布局、文字图片的运用等，只有在制作网页之前把这些方面都考虑到了，才能在制作时胸有成竹。

例如，在下面的"软件下载网"页面中，网站的主题颜色为"橙色"，布局为上、中、下结构，如图1-4所示。

图1-4 软件下载网

1.2.4 制作网页

网站是由许多不同的网页组成，而在开发网站时其核心就是设计不同的网页。在设计网页时，需要选择一些工具，如 Dreamweaver 就是设计网页很好的工具之一。除此之外，还有其他工具，以及一些设计网页的辅助工具。

素材整理好，工具也选好了，接下来就可以设计网页了，这是一个复杂而细致的过程，一定要按照先大后小、先简单后复杂来进行制作。例如，先确定网页的整体结构，并在该区域内再划分不同的区域进行设计；先简单后复杂是指先设计简单的内容，然后再设计复杂的内容，如图1-5所示。

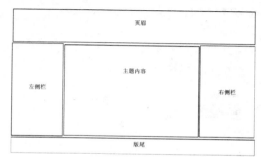

简单设计结构

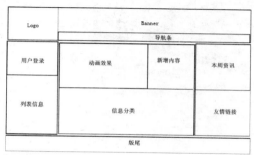

细化结构

先简单设计各块位置   再详细设计各块内容

图1-5　网页制作过程

1.2.5　发布网站信息

网页制作完毕，最后要发布到 Web 服务器上，才能够让其他网络用户浏览。简单地说，是将本地网站中的文件，放置到服务器指定的文件夹中。因此，如果服务器不是本地计算机，那么需要通过 FTP 将文件上传到远程服务器中。

网站上传以后，要在浏览器中打开自己的网站，逐页逐个链接地进行测试，发现问题及时修改，然后再上传测试。

1.2.6　网站推广

网页做好之后，还要不断地进行宣传，这样才能让更多用户知道该网站，提高该网站的访问率和知名度。推广网站的方法有很多，如搜索引擎排名、网站之间交换链接、加入广告链接等，如图 1-6 所示。

网站的广告链接

搜索引擎排名

图1-6　网站推广

1.2.7 后期更新与维护

网站是营销的一个重要手段，它是将企业或者单位推广出去的一种方法。尤其是商业化的网站，更需要经常性地进行更新。这样才能不断地吸引浏览者再次光临，使潜在的消费者变成客户，如果网站一成不变，是无法获得更多的商业机会的。例如，一个新闻网站，如果网站中的新闻无比陈旧，那么就无法吸引浏览者。

1.3 网页的相关概念

术语是各学科、行业的专门用语。在网页设计中，经常要使用到术语。了解术语的含义，有助于同行业间的交流，也有助于用户对该专业的理解。网站的术语可以包含两部分，一部分为网络与网站相关的术语，另一部分是网站及网页设计中的相关术语。

1.3.1 因特网

因特网（Internet）又叫做国际互联网。它是由那些使用公用语言互相通信的计算机连接而成的全球网络。一旦连接到它的任何一个节点上，就意味着用户的计算机已经连入 Internet 网上了。

我们知道，Internet 是信息资源的大海洋，通过它可以获取各种各样的信息。那么，谁是这些信息的提供者呢？这就是网站。当不同类型的网站发布后，用户通过 Internet 浏览这些网站即可获取信息，如图 1-7 所示。

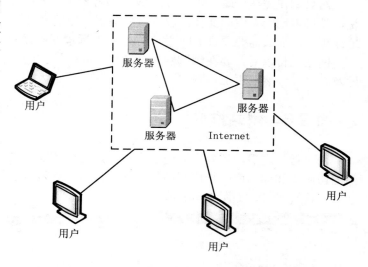

图1-7　用户获取 Internet 资源

1.3.2 万维网

万维网（World Wide Web，WWW、3W、Web 或网络），是一个资料空间。在这个空间中，一样有用的事物称为一样"资源"；并且由一个全域"统一资源标识符"（URL）标识。这些资源通过超文本传输协议（Hypertext Transfer Protocol）传送给使用者，而后者通过单击链接来获得资源。

从另一个观点来看，万维网是一个通过网络存取的互联超文件（Interlinked Hypertext Document）系统。万维网联盟（World Wide Web Consortium，W3C），又称 W3C 理事会。

Dreamweaver CC 网页设计与制作标准教程

1994 年 10 月在拥有"世界理工大学之最"称号的麻省理工学院（MIT），计算机科学实验室成立。建立者是万维网的发明者蒂姆·伯纳斯·李。蒂姆·伯纳斯·李是万维网联盟的领导人，这个组织的作用是使计算机能够在万维网上不同形式的信息间更有效地储存和通信。

万维网常被当成因特网的同义词，但万维网与因特网有着本质的区别。因特网（Internet）指的是一个硬件的网络，全球的所有计算机通过网络连接后便形成了因特网。而万维网更倾向于一种浏览网页的功能。万维网的内核部分是由 URL、HTTP 和 HTML 三个标准构成。

万维网是一个基于超文本方式的信息检索服务工具。这种把全球范围内的信息组织在一起的超文本方法，不是采用自上而下的树状结构，也不是按图书资料管理中的编目结构，而是采用指针链接的超网状结构。所以检索数据时非常灵活，通过指针从一处信息资源迅速跳到本地或异地的另一信息资源。不仅如此，信息的重新组织也非常方便，包括随意增加数据或删除、归并已有数据。

1.3.3　浏览器

浏览器是指可以显示网页服务器或者文件系统的 HTML 文件内容，并让用户与这些文件交互的一种软件，如图 1-8 所示。

网页浏览器主要通过 HTTP 与网页服务器交互并获取网页，这些网页由 URL 指定，文件格式通常为 HTML，并由 MIME 在 HTTP 中指明。

图 1-8　**Internet Explorer** 浏览器

除了 Internet Explorer 浏览器之外，网页浏览器还包括 Mozilla 的 Firefox、Apple 的 Safari、Opera、HotBrowser、Google 的 Chrome。浏览器是最常使用到的客户端程序。

1.3.4　HTML

HTML 是标准通用标记语言下的一个应用。"超文本"就是指页面内可以包含图片、链接，甚至音乐、程序等非文字元素。

超文本标记语言的结构包括头部分（head）、和主体部分（body），其中头部提供关于网页的信息，主体部分提供网页的具体内容。

超级文本标记语言是标准通用标记语言下的一个应用，也是一种规范，一种标准。它通过标记符号来标记要显示的网页中的各个部分。

网页文件本身是一种文本文件，通过在文本文件中添加标记符，可以告诉浏览器如何显示其中的内容（如文字如何处理，画面如何安排，图片如何显示等）。浏览器按顺序阅读网页文件，然后根据标记符解释和显示其标记的内容，对书写出错的标记将不指出其错误，且不停止其解释执行过程，用户只能通过显示效果来分析出错原因和出错部位。

但需要注意的是，对于不同的浏览器，对同一标记符可能会有不完全相同的解释，因而可能会有不同的显示效果。

1.3.5 电子邮件

电子邮件（Email，标志为@，也被大家昵称为"伊妹儿"），又称电子信箱、电子邮政。

在 Internet 上，电子邮件是使用最多的网络通信工具，Email 已成为倍受欢迎的通信方式。可以通过 Email 系统同世界上任何地方的朋友交换电子邮件，如图 1-9 所示。

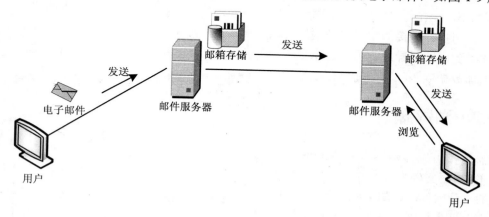

图 1-9　发送及接收电子邮件

1.3.6 URL

URL（统一资源定位符）的作用是用于完整地描述 Internet 上的网页和其他资源，如图 1-10 所示。

URL 标识在 Internet 中是唯一的，一个 URL 标识只能表示一个网页或其他资源的位置。URL 以统一的语法编写而成，其格式如下：

"协议名"//"主机域名/IP 地址"："端口"/"目录"/"文件名"."文件扩展名"#"锚记名称"

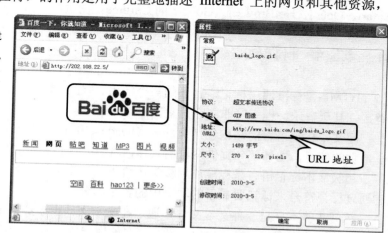

图 1-10　URL 地址

1.3.7 域名

从技术上讲，域名只是一种 Internet 中用于解决 IP 地址对应问题的方法。它可以是 Internet 中的 1 个服务器或 1 个网络系统的名称。该名称是全世界唯一的，因此被称为网址，如图 1-11 所示。

以 IP 打开网页

以域名打开网页

图 1-11　IP 和域名的对应关系

提　示

在浏览网页时，网页上的文件、图片、动画等都需要一个 URL 地址。该地址代表网页对象所在网站空间中的相对位置。URL 地址可以使用域名，也可以使用 IP 地址。

1.3.8 IP 地址

众所周知，在电话通信中，电话是靠电话号码来识别的，如图 1-12 所示。同样，在网络中为了区别不同的计算机，也需要给计算机指定一个号码，这个号码就是"IP 地址"。

Internet 上的每台主机都有一个唯一的 IP 地址。网络之间的用户是通过 IP 协议和这个地址进行通信的，这是 Internet 能够运行的基础。IP 地址的长度为 32 位，分为 4 段，每段 8 位，用十进制数字表示，如 192.168.1.1，如图 1-13 所示。

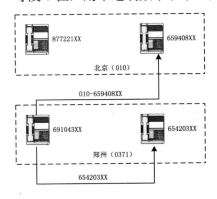

图 1-12　电话号码

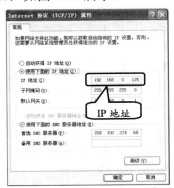

图 1-13　机器分配的 IP 地址

1.4 了解 Dreamweaver CC

目前，Dreamweaver CC 是最新版本，快速了解 Dreamweaver 的作用，以及开发环境的一些基础组成部分，对日后学习及工作非常有帮助。

1.4.1 Dreamweaver 概述

Dreamweaver 主要包含两方面的功能，即设计网站前台页面和开发网站后台程序。在设计网站前台页面时，Dreamweaver 允许用户通过"所见即所得"的界面操作方式添加和编辑网页中的各种元素；而在开发网站后台程序时，Dreamweaver 除了允许用户以可视化的方式开发程序外，还提供了丰富的代码提示功能，帮助用户编写网站程序的代码。

Dreamweaver 支持多种类型的语言。在标记语言方面，支持 HTML 4.0、XHTML 1.0、XML 和最新的 HTML 5.0 等标准化的结构语言。在编程语言方面，支持 JavaScript、VBScript、C#、Visual Basic、ColdFusion、Java 以及 PHP 等常用编程语言。除此之外，Dreamweaver 还提供了 CSS、ActionScript、EDML、WML 等语言的支持，允许用户开发各种常见的 Web 应用。

Dreamweaver 不仅是一种网页设计与网站开发软件，其还附带有资源管理功能，可将站点目录中的图像、视频、音频、色彩、链接和一些特殊的 Dreamweaver 对象集中管理，帮助用户快速建立索引、收藏以及应用到网页中。

使用 Dreamweaver，用户既可以快速创建基于 Web 标准化的网页，也可以便捷地开发各种大型网站项目。

1.4.2 Dreamweaver CC 新增功能

虽然在 Dreamweaver CS6 版本中，已经具有自适应网格版面创建行业标准的 HTML 5 和 CSS 3 编码，以及增添 jQuery 移动功能用于支持手机和平板电脑建立项目。但是，在 Dreamweaver CC 新版本中，又对 Dreamweaver 软件作了进一步的改进。

1. CSS 设计器

在 Dreamweaver CC 版本中，更倾向于前端的页面设计

图 1-14 CSS 设计器

与布局。因此，高度直观的可视化编辑工具，可帮助用户生成整洁的 Web 标准的代码。

使用此工具，用户可以快速查看和编辑与特定上下文（或页面元素）有关的样式。仅单击几下就可以应用如渐变和框阴影等属性，如图 1-14 所示。

2. 与 Creative Cloud 同步

Creative Cloud 用于存储的文件、应用程序设置和站点定义。每当用户需要这些文件和设置时，可以从任何机器登录 Creative Cloud 并访问它们。

用户可以设置 Dreamweaver 参数，以达到自动与 Creative Cloud 同步连接。或者，在必要时可以在【首选项】对话框中，设置【同步设置】选项中的相关参数，如图 1-15 所示。

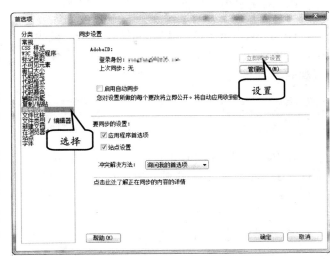

图 1-15 设置同步参数

3. 支持新式平台

在 Dreamweaver CC 版本中，增加了前端设计的新技术支持，如 jQuery。用户可以通过 HTML 5/CSS 3、jQuery 和 jQuery 移动框架创作项目。

jQuery 是继 prototype 之后又一个优秀的 JavaScript 框架。它是轻量级的 JS 库，它兼容 CSS 3，还兼容各种浏览器。jQuery 使用户能更方便地处理 HTML documents、events、实现动画效果，并且方便地为网站提供 AJAX 交互。

jQuery 还有一个比较大的优势，那就是有许多成熟的插件可供选择。jQuery 能够使用户的 HTML 页面保持代码和 HTML 内容分离。也就是说，不用再在 HTML 里面插入一堆 JS 来调用命令了，只需定义 ID 即可。

如果用户需要添加 jQuery UI 插件内容，执行【插入】|jQuery UI 命令即可，如图 1-16 所示。

图 1-16 jQuery UI 插件

拖放文档中的手风琴、按钮、选项卡以及许多其他 jQuery 插件。通过 jQuery 效果增加网站的趣味性和吸引力。例如，

用户可以执行【窗口】|【行为】|【效果】命令，如图 1-17 所示。

4．简化了用户界面

Dreamweaver CC 用户界面经过改进，减少了对话框的数量。改进后的界面可帮助用户使用直观的上下文菜单更高效地开发网站。

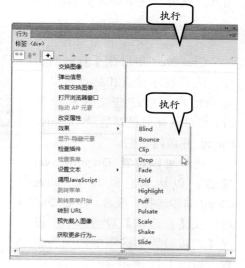

1.5　Dreamweaver 工作区

在首次启动 Dreamweaver CC 时，将显示【欢迎屏幕】界面，用于打开最近使用过的文档或创建新文档。

1.5.1　Dreamweaver 窗口

用户还可以从【欢迎屏幕】界面中了解产品

图 1-17　添加 **jQuery** 效果

介绍或教程，以及有关 Dreamweaver 的更多信息。帮助用户快速创建常用的项目文档，如图 1-18 所示。

创建及打开文档时，即可打开 Dreamweaver 工作区。用户在该工作区中，可以查看文档和对象属性，通过工具栏中的操作，可以快速编辑文档内容，如图 1-19 所示。

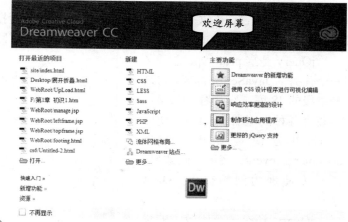

1.5.2　窗口组成

图 1-18　【欢迎屏幕】界面

在窗口中，包含了许多面板、工具按钮，以及对不同网页元素进行设置的【属性】检查器等。下面来详细了解一下窗口中的主要组成部分。

1．窗口的组成部分

在窗口中，主要包含以下内容。

❑ 菜单栏

Dreamweaver 的基本菜单栏包含各种操作执行菜单命令，以及切换按钮，如【最小化】、【最大化】、【还原】和【关闭】等按钮。

在默认状态下，菜单栏中还将显示【扩展】按钮和【同步设置】按钮，允许用户更改窗口的界面以"压缩"或"扩展"方式显示，而【同步设置】按钮可以设置是否与 Creative

Cloud 同步连接。

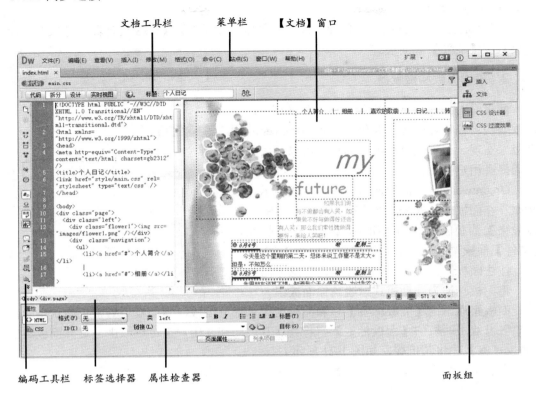

文档工具栏　　　　菜单栏　　　【文档】窗口

编码工具栏　　标签选择器　　属性检查器　　　　　　　　　　面板组

图 1-19　Dreamweaver 工作区

❑ **【相关文件】工具栏**

打开的网页文档嵌入了多种文档，如嵌入了 CSS 样式表文档、JavaScript 脚本文档等，会在【相关文件】工具栏中显示这些文档的名称，如 main.css 文件。

用户可以单击任意相关文件的名称，在【文档】窗口中显示文件内容。

❑ **【文档】工具栏**

为用户提供视图切换、文档预览等功能，同时还允许用户测试网页并设置网页的标题。

❑ **【文档】窗口**

用于显示当前创建和编辑的文档。用户可在此设置和编排网页文档的内容，也可编写文档的代码。

❑ **【标签】选择器**

位于【文档】窗口底部的状态栏中，用于显示环绕当前选定内容的标签，以及该标签的父标签等，可体现出这些标签的层次结构。

提 示

在【标签】选择器中，用户可以单击标签的名称，然后再对该标签进行各种编辑操作。

❑ **【属性】检查器**

用于查看和更改当前选择对象或文本的各种属性，其会根据用户选择不同的内容而

15

显示不同的属性。

□ 【面板】组

显示 Dreamweaver 提供的各种面板，默认显示【插入】、【CSS 设计器】、【CSS 过渡效果】和【文件】等面板。

2. 操作面板和检查器

面板是 Dreamweaver 中的重要工作区域，许多重要的可视化操作都需要借助 Dreamweaver 的面板来实现。合理地分配各种面板，可以最大限度地提高用户的工作效率。

Dreamweaver 的面板通常以组的方式显示。例如，在面板中，【CSS 样式】面板和【CSS 过渡效果】面板就位于同一组中，【插入】面板和【文件】面板位于一个面板组位置，如图 1-20 所示。按住面板的标签后，可将面板向任意方向拖曳，将面板转换为浮动模式，脱离原面板组。

图 1-20　面板组

面板组通常由【面板标签】栏和面板内容等部分组成，当面板组处于折叠状态时，用户可以双击面板的【面板标签】栏将其展开。同理，用户也可以双击已展开面板组的【面板标签】栏将其折叠，如图 1-21 所示。

在右击面板组的【面板标签】栏后，用户还可以执行【折叠为图标】命令，将面板转换为折叠图标状态，如图 1-22 所示。

除了默认显示的面板外，Dreamweaver 还提供了其他的一些面板。在 Dreamweaver 中执行【窗口】命令后，即可在弹出的菜单中选择面板，将其添加到面板组中，如图 1-23 所示。

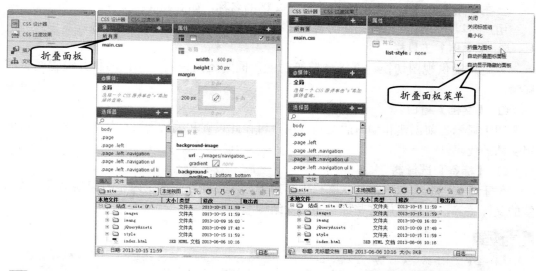

图 1-21　面板折叠与展开　　　　　　　**图 1-22　将面板折叠为图标**

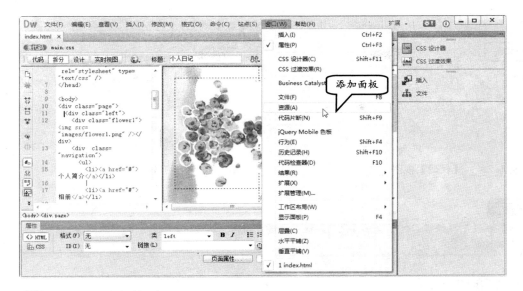

图 1-23　　添加新面板

1.6　了解文档视图

在【文档】窗口中，为方便编辑网页内容，提供了多种视图方式。

1.【设计】视图

在此视图中，显示文档的完全可编辑的可视化表示形式，类似于在浏览器中查看页面时看到的内容，如图 1-24 所示。

2.【代码】视图

一个用于编写和编辑 HTML、JavaScript、PHP 或 ColdFusion 标记语言，以及任何其他类型代码的手工编码环境，如图 1-25 所示。

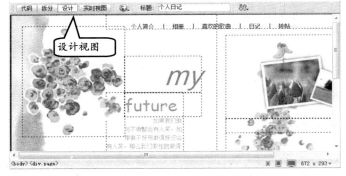

图 1-24　　【设计】视图

3.【拆分】视图

合并【代码】视图和【设计】视图，使之在窗口中同时显示，以便在开发时快速根据显示效果调整代码，如图 1-26 所示。

4.【实时视图】视图

类似于【设计】视图，但【实时】视图更逼真地显示文档在浏览器中的表示形式，并能够像在浏览器中那样与文档进行交互，如图 1-27 所示。

图 1-25 【代码】视图

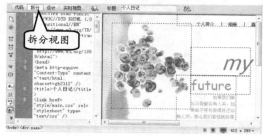

图 1-26 【拆分】视图

提 示

【实时】视图不可编辑。但可以在【代码】视图中进行编辑，然后刷新操作，即可在【实时】视图来查看所做的更改。

5. 【实时代码】视图

仅当在【实时】视图中，查看文档时可用。【实时代码】视图显示浏览器用于执行该页面的实际代码，当在【实时】视图中与该页面进行交互时，它可以动态变化。而【实时代码】视图不可编辑，如图 1-28 所示。

图 1-27 【实时】视图

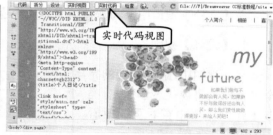

图 1-28 【实时代码】视图

1.7 【编码】工具栏

在前面已经介绍过【代码】视图，并可以在该视图中直接输入代码内容。而在【编码】工具栏中，包含可用于执行多种标准编码操作的按钮。

1.7.1 查看【编码】工具栏

【编码】工具栏显示在【文档】窗口的左侧，仅在【代码】视图时才可见，如图 1-29 所示。

若要了解和使用每个按钮的功能，可以将鼠标指针定位于按钮上，此时将出现工具使用提示。在默认情况下，编码工具栏中将显示按钮，如表 1-1 所示。

编码工具栏

行号

代码片段

图 1-29　【编码】工具栏

表1-1　【编码】工具栏按钮

按钮图标	按钮名称	含　义
	打开文档	列出打开的文档。选择了一个文档后，它将显示在【文档】窗口中
	显示代码导航器	显示代码导航器
	折叠整个标签	折叠一组开始和结束标签之间的内容（如位于<table>和</table>之间的内容）
	折叠所选	折叠所选代码
	扩展全部	还原所有折叠的代码
	选择父标签	插入点的内容及其两侧的开始和结束标签
	平衡大括弧	放置插入点的那一行的内容及其两侧的圆括号、大括号或方括号
	行号	使可以在每个代码行的行首隐藏或显示数字
	高亮显示无效代码	用黄色高亮显示无效的代码
	自动换行	单击该按钮，一行中较长的代码将自动换行
	信息栏中的语法错误警告	启用或禁用页面顶部提示语法错误的信息栏。当检测到语法错误时，语法错误信息栏会指定代码中发生错误的那一行
	应用注释	在所选代码两侧添加注释标签或打开新的注释标签
	删除注释	如果所选内容包含嵌套注释，则只会删除外部注释标签
	环绕标签	在所选代码两侧添加选自【快速标签编辑器】的标签
	最近的代码片断	从【代码片断】面板中插入最近使用过的代码片断
	移动或转换 CSS	将 CSS 移动到另一位置，或将内联 CSS 转换为 CSS 规则
	缩进代码	将选定内容向右移动
	凸出代码	将选定内容向左移动
	格式化源代码	将先前指定的代码格式应用于所选代码。如果未选择代码，应用于整个页面

1.7.2　应用【编码】工具栏

通过对【编码】工具栏的认识，可以使用工具栏中的按钮来快速编写比较规范的代码。

1. 多文档之间切换

在【编码】工具栏中，单击【打开文档】按钮，并在文件列表中选择需要打开的文档，如图1-30所示。

在单击【打开文档】按钮后，则弹出文档列表。而所弹出的文档内容，都是在Dreamweaver窗口的【文档】窗口中所打开的文档。

图1-30 切换文档

2. 使用代码导航器

将光标定位于引用其他代码或者文件的语句，并单击【显示代码浏览器】按钮，即可在光标附近显示所引用的代码内容，如图1-31所示。

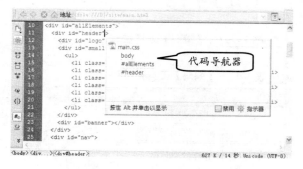

图1-31 代码导航器

3. 折叠标签

在【代码】文档中，选择一组标签，如选择<div> </div>标签，单击【折叠所选】按钮，如图1-32所示。

当折叠标签后，在该标签组的第一行行号后面将显示一个"加号"（⊞）和标签名称，以及标签名称后面跟着的省略号，如图1-33所示。

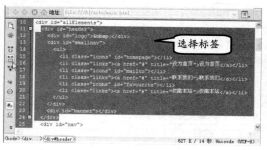

图1-32 折叠标签

图1-33 展开标签

如果需要再显示所折叠标签的内容，则可以单击工具栏中的【扩展全部】按钮，即可将所有折叠的标签内容显示出来，如图1-34所示。

4. 代码格式化

用户可以单击工具栏【格式化源代码】按钮，并在弹出的列表中，执行【应用源格式】命令，如图1-35所示。

图 1-34　全部展开标签　　　　　　　　图 1-35　应用代码格式

> **提　示**
>
> 当用户在编写程序代码时，一般会按照文本的输入方式，逐行逐段地输入代码内容。但输入的内容比较凌乱，代码标签之间、段落与行之间并不清晰。

1.8　创建网页文档

在创建站点之后，用户即可使用 Dreamweaver 创建网页文档，将其保存到站点中，并对网页文档进行浏览。

1.8.1　新建网页文档

用户可以通过两种方式创建网页文档，一种是通过【Dreamweaver 起始页】，另一种则需要使用【新建文档】对话框。除此之外，Dreamweaver 还允许用户设置文档的默认属性。

1. 快速创建网页文档

在启动 Dreamweaver CC 之后，在默认打开的【Dreamweaver 起始页】中，用户可以在【新建】栏中单击选择需要创建的网页文档类型，快速创建空白网页文档，如图1-36 所示。

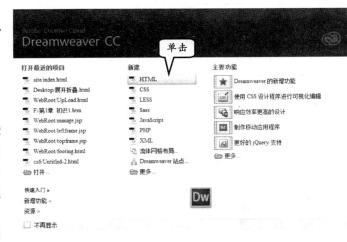

图 1-36　新建 HTML 网页文档

2. 创建空白网页文档

除此之外，用户也可在 Dreamweaver 窗口中，执行【文件】|【新建】命令，如图1-37 所示。

在弹出的【新建文档】对话框中，选择【空白页】选项卡。然后，在【页面类型】列表和【布局】列表中，选择文档类型，并选择【文档类型】中的选项，单击【创建】按钮，如图 1-38 所示。

图 1-37 新建文档

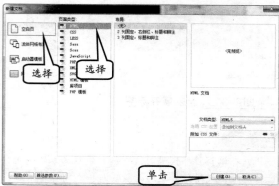

图 1-38 新建空白页

1.8.2 设置页面属性

在创建网页文档后，用户还可针对该网页文档，设置页面的基本属性，对网页文档中的内容进行简单定义。在网页文档任意空白处右击，然后即可执行【页面属性】命令，打开【页面属性】对话框，如图 1-39 所示。

在【页面属性】对话框中提供了名为【分类】的列表菜单，允许用户

图 1-39 【页面属性】对话框

选择 6 类属性设置，包括【外观（CSS）】、【外观（HTML）】、【链接（CSS）】、【标题（CSS）】、【标题/编码】和【跟踪图像】。

1. 设置外观（CSS）属性

【外观（CSS）】属性的作用是根据用户设置的值自行编写 CSS 样式表代码，设置网页文档的一些基本对象样式，主要包括以下属性，如表 1-2 所示。

表 1-2 【外观（CSS）】的属性

属　　性	作　　用
页面字体	设置网页文档中所有文本的默认字体样式，例如宋体、黑体、微软雅黑等
加粗 **B**	为网页文档中的文本默认加粗
倾斜 *I*	使网页文档中的文本默认倾斜
大小	设置网页文档中所有文本的默认尺寸，其单位可以为 px（像素）、pt（点）、in（英寸）、cm（厘米）等
文本颜色	设置网页文档中所有文本的默认前景色

属　　性		作　　用
背景颜色		设置网页文档中所有文本的默认背景色
背景图像		为网页文档添加背景图像
重复	no-repeat	设置网页文档的背景图像不重复显示
	repeat	设置网页文档的背景图像重复显示
	repeat-x	设置网页文档的背景图像仅在水平方向重复显示
	repeat-y	设置网页文档的背景图像仅在垂直方向重复显示
左边距		设置网页文档中内容到浏览器左侧边框的距离
右边距		设置网页文档中内容到浏览器右侧边框的距离
上边距		设置网页文档中内容到浏览器顶部边框的距离
下边距		设置网页文档中内容到浏览器底部边框的距离

2．设置外观（HTML）属性

【外观（HTML）】属性的作用是以 HTML 或 XHTML 标签的属性方式定义网页文档中一些基本对象的样式，如图 1-40 所示。

【外观（HTML）】属性的作用与【外观（CSS）】属性类似，但其实现的方式不同，只能在文档类型为"HTML 4.01 Transitional"和"XHTML 1.0Transitional"时使用，其各属性作用如表 1-3 所示。

表 1-3　【外观（HTML）】属性

属　　性	作　　用
背景图像	为网页文档添加背景图像
背景	为网页文档添加背景颜色
文本	设置网页文档中默认文本的颜色
已访问链接	设置网页文档中已访问链接的文本颜色
链接	设置网页文档中普通链接的文本颜色
活动链接	设置网页文档中普通链接在鼠标滑过时的文本颜色
左边距	设置网页文档中内容到浏览器左侧边框的距离
上边距	设置网页文档中内容到浏览器顶部边框的距离
边距宽度	设置网页文档中内容到浏览器右侧边框的距离
边距高度	设置网页文档中内容到浏览器底部边框的距离

3．设置链接（CSS）属性

【链接（CSS）】属性的作用是使用 CSS 样式表设置网页中超链接的样式属性，如图 1-41 所示。

图 1-40　【外观（HTML）】设置

图 1-41　设置链接样式

在【链接（CSS）】栏中，提供了两类设置，即链接文本设置和链接修饰设置，如表1-4所示。

表1-4　【链接（CSS）】属性

属　　性	作　　用
链接字体	设置网页文档中所有超链接的默认字体样式，如宋体、黑体等
加粗 **B**	为网页文档中的超链接文本默认加粗
倾斜 *I*	使网页文档中的超链接文本默认倾斜
大小	设置网页文档中所有超链接文本的默认尺寸，其单位可以为 px（像素）、pt（点）、in（英寸）、cm（厘米）等
链接颜色	设置网页文档中所有超链接文本的默认前景色
变换图像链接	设置网页文档中所有超链接文本在鼠标滑过时的默认前景色
已访问链接	设置网页文档中所有已访问过的超链接文本的默认前景色
活动链接	设置网页文档中所有超链接文本在被单击时显示的默认前景色
下划线样式	始终有下划线	为网页文档中所有超链接文本添加始终存在的下划线
	始终无下划线	禁用网页文档中所有超链接文本的下划线
	仅在变换图像时显示下划线	仅为鼠标滑过的超链接文本添加下划线
	变换图像时隐藏下划线	仅禁用网页文档中被鼠标滑过的超链接文本下划线

4．设置标题（CSS）属性

【标题（CSS）】属性的作用是定义网页文档中 H1～H6 这 6 种标题标签的 CSS 样式，如图 1-42 所示。

在【标题（CSS）】属性中，用户可为这 6 种标题标签设置统一的字体样式、加粗和倾斜属性，同时分别定义这 6 种标题标签的字体尺寸和颜色。

图1-42　【标题（CSS）】属性

5．设置标题/编码属性

【标题/编码】属性的作用是更改当前网页文档的文档属性，包括【标题】、【文档类型】、【编码】、【Unicode 标准化表单】等。除此之外，还可显示当前网页文档所存放的目录和站点的目录，如图 1-43 所示。

6．设置跟踪图像属性

跟踪图像是一种辅助网页设计的图像。在制作网页之前，如果已经使

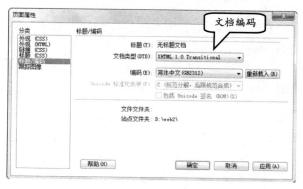

图1-43　【标题/编码】属性

用 Photoshop、Fireworks 等图像设计软件设计好了网页的效果图，则可将效果图作为跟踪图像，通过【跟踪图像】属性添加到网页文档中，并设置跟踪图像的透明度，如图 1-44 所示。

在添加跟踪图像后，Dreamweaver 会自动把半透明的预览图添加到网页背景中，此时，用户即可借助该背景对齐网页中的各种元素。

提 示

跟踪图像是一种仅 Dreamweaver 可识别的标签属性，因此其并不会被 Web 浏览器解析。但为保持网页代码的简洁以及内容的优化，在网页制作完成后，用户还是应将跟踪图像删除。

图 1-44　添加跟踪图像并设置透明度

1.9　网页的构成

Internet 中的网页内容各异，然而多数网页都是由一些基本的版块组成的，包括 Logo、导航条、Banner、内容版块、版尾和版权等。

1. Logo 图标

Logo 是企业或网站的标志，是徽标或者商标的英文说法，起到对徽标拥有公司的识别和推广的作用，通过形象的 Logo 可以让消费者记住公司主体和品牌文化。网络中的 Logo 徽标主要是各个网站用来与其他网站链接的图形标志，代表一个网站或网站的一个版块。例如，新浪网的 Logo 图标，如图 1-45 所示。

图 1-45　Logo 图标

2. 导航条

导航条是网站的重要组成标签。合理安排导航条可以帮助浏览者迅速查找需要的信息。例如，新浪网的导航条，如图 1-46 所示。

3. Banner

Banner 的中文直译为旗帜、网幅

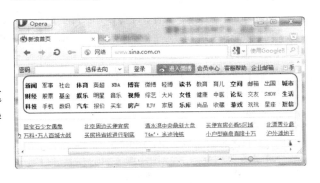

图 1-46　导航条

或横幅，意译则为网页中的广告。多数 Banner 都以 JavaScript 技术或 Flash 技术制作，通过一些动画效果，展示更多的内容，并吸引用户观看，如图 1-47 所示。

4．内容版块

网页的内容版块通常是网页的主体部分。这一版块可以包含各种文本、图像、动画、超链接等，如图 1-48 所示。

图 1-47　**Banner**

5．版尾版块

版尾是网页页面最底端版块，通常放置网站的联系方式、友情链接和版权信息等内容，如图 1-49 所示。

图 1-48　内容版块

图 1-49　版尾版块

1.10　课堂练习：创建普通网页

在创建网站之后，用户需要创建不同的页面，用于显示网站相关的信息。在创建网页时，最简单的创建方法莫过于创建静态网页。

操作步骤：

1. 启动 Dreamweaver 软件，并在【欢迎屏幕】中，单击【新建】列表中的 HTML 选项，如图 1-50 所示。

2. 弹出【Untitled-1】文档，并显示空白的文档内容，如图 1-51 所示。

图 1-50　选择 HTML 选项

提　示

用户在创建文档时，默认为"Untitled-1"文件名，并且再次创建时，将延续该文档名称为"Untitled-2"文件名，以此类推。

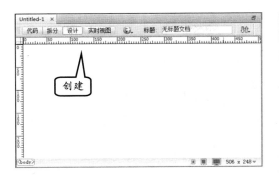

图 1-51 创建空白文档

图 1-55 所示。

图 1-53 保存文档

3. 在空白网页文档中，输入文本内容。然后，用户可以看到文档的标题名称后面出现一个"星号"（*），表示该文档内容已经改变，如图 1-52 所示。

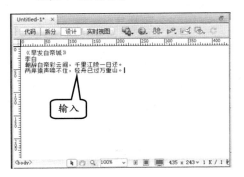

图 1-52 输入内容

图 1-54 保存当前文档

4. 如果用户想保存当前的文档内容为网页文件，则执行【文件】|【保存】命令，如图 1-53 所示。

5. 在弹出的【另存为】对话框中，用户可以更改文档的默认名称，并单击【保存】按钮，如图 1-54 所示。

6. 保存完当前的文档后，则在 Dreamweaver 软件的标题栏中，显示所保存的文件名称，并且在文件名后面显示文件的保存路径，如

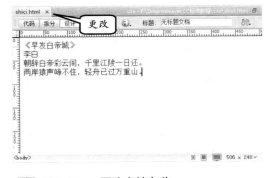

图 1-55 更改文档名称

1.11 课堂练习：修改文档默认编码

在创建新文档时，一般默认文档的编码为 UTF-8。这样，用户每次创建新文档时，文档的编码格式都为 UTF-8。如果想要更改创建文档时其默认的编码格式，可以进行相关设置。

操作步骤:

1 在 Dreamweaver 窗口中,用户可以执行【编辑】|【首选项】命令,如图 1-56 所示。

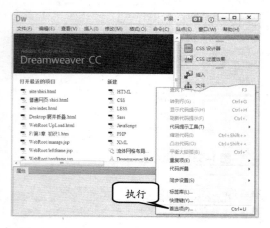

图 1-56 执行【首选项】命令

2 在弹出的【首选项】对话框中,用户可以从【分类】列表中,选择【新建文档】选项,如图 1-57 所示。

3 单击右侧的【默认编码】下拉按钮,并选择【简体中文(GB2312)】选项,单击【确定】按钮,如图 1-58 所示。

图 1-57 选择【新建文档】选项

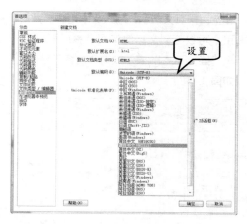

图 1-58 修改默认编码

1.12 思考与练习

一、填空题

1. Dreamweaver 主要包含两方面的功能,即_____和_____。

2. Dreamweaver CC 由 Adobe 最新推出的版本,具有自适应网格版面创建行业标准的_____和_____编码。

3. 用户还可以从【_____】界面中,了解产品介绍或教程,以及有关 Dreamweaver 的更多信息。

4. _____位于【文档】窗口底部的状态栏中,用于显示环绕当前选定内容的标签,以及该标签的父标签等,可体现出这些标签的层次结构。

5. 在【_____】面板中,可以方便地添加、删除和重命名文件及文件夹,以便根据需要更改组织结构。

6. 在建立网站之前,应通过各种_____,确定网站的整体规划,并对网站所要展示的内容进行基本的归纳。

二、选择题

1. 在 HTML 标记语言中,不支持以下_____标准化的结构语言。

   A. HTML 4.0

   B. XHTML 1.0

   C. JavaScript

   D. HTML 5.0

2. 在新文档中,下面方法执行错误的是_____。

   A. 执行【文件】|【新建】命令

   B. 在【欢迎屏幕】界面,单击 HTML

选项

    C．右击文档标题栏，执行【新建】命令

    D．在【页面属性】对话框中，单击【创建】按钮

3．在操作文档中的内容时，用户除了执行命令外，还可以通过_____进行操作。

    A．【文件】面板

    B．【服务器】面板

    C．【插入】面板

    D．【框架】面板

4．在【代码】视图中，为方便代码查找及调试，用户可以通过_____操作。

    A．折叠代码

    B．应用源格式

    C．显示代码浏览器

    D．显示行号

三、简答题

1．描述 Dreamweaver CC 新增功能。

2．Dreamweaver 包含几种文档视图？

3．Dreamweaver 包含多少面板组，分别是什么？

4．简述网页的设计流程。

四、上机练习

1．关闭当前文档

如果用户不想关闭 Dreamweaver 软件，而只想关闭当前所打开的文档时，可以右击文档标题栏，并执行【关闭】命令，如图1-59所示。

提　示

> 另外，用户也可以执行【文件】|【关闭】命令，关闭当前所显示的文档。如果文档已经添加或者修改内容，则关闭文件时将提示用户是否保存当前文档。

2．打开面板组

用户可以在 Dreamweaver 软件中执行【窗口】中的相关命令，即可打开相应的面板组，并处理展开状态，如图1-60所示。

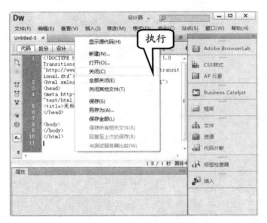

图1-59　关闭文档

图1-60　打开面板组

第 2 章

创建与管理站点

网站项目是建立在网站服务器内指定 Web 发布目录下的，通常情况下，网站项目的所有内容都应存放在 Web 发布目录下指定的位置。站点就是 Dreamweaver 在本地计算机中创建的一种 Web 发布目录镜像，用户可以将所制作的网页代码、素材资源等放置在 Dreamweaver 站点中，并通过同步功能维持其与网站服务器的更新，实现快速而便捷的网站内容管理。

本章学习要点：

➢ 了解站点及站点结构
➢ 创建本地站点
➢ 使用【文件】面板
➢ 站点文件及文件夹
➢ 远程文件操作

2.1 了解站点及站点结构

若要定义 Dreamweaver 站点，需要先创建一个本地文件夹。然后，再通过向导或者面板，设置站点属性选项。若要向 Web 服务器传输文件或开发 Web 应用程序，还必须添加远程站点和测试服务器信息。

2.1.1 什么是站点

Dreamweaver 站点提供了一种方法，使用户可以组织和管理所有的 Web 文档，将站点上传到 Web 服务器，跟踪和维护站点的链接，以及管理和共享文件。

站点由 3 个部分组成，具体取决于开发环境和所开发的 Web 站点类型。

1. 本地根文件夹

该文件夹用于存储正在处理的文件，Dreamweaver 将此文件夹称为"本地站点"。此文件夹通常位于本地计算机上，但也可能位于网络服务器上。

2. 远程文件夹

存储用于测试、生产和协作等用途的文件。Dreamweaver 在【文件】面板中将此文件夹称为"远程站点"。远程文件夹通常位于运行 Web 服务器的计算机上。远程文件夹包含用户从 Internet 访问的文件。

通过本地文件夹和远程文件夹的结合使用，用户可以在本地硬盘和 Web 服务器之间传输文件，这将帮助用户轻松地管理 Dreamweaver 站点中的文件。

用户可以在本地文件夹中处理文件，希望其他人查看时，再将它们发布到远程文件夹。

3. 测试服务器文件夹

Dreamweaver 在其中处理动态页的文件夹。

提 示

若要定义 Dreamweaver 站点，只需设置一个本地文件夹。若要向 Web 服务器传输文件或开发 Web 应用程序，还必须添加远程站点和测试服务器信息。

2.1.2 站点结构

如果用户希望使用 Dreamweaver 连接到某个远程文件夹，可在【站点设置对象】对话框的【服务器】类别中指定该远程文件夹，如图 2-1 所示。

在【服务器】类别中指定的远程文件夹（也称为"主机目录"）应该对应于 Dreamweaver 站点的本地根文件夹（本地根文件夹是 Dreamweaver 站点的顶级文件夹）。

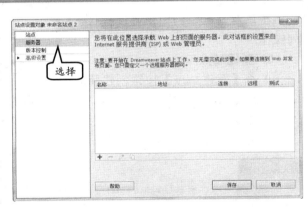

图 2-1 设置服务器

与本地文件夹一样，远程文件夹可以具有任何名称，但 Internet 服务提供商（ISP）通常会将各个用户账户的顶级远程文件夹命名为 public_html、pub_html 或者与此类似的其他名称。

如果用户亲自管理自己的远程服务器，并且可以将远程文件夹命名为所需的任意名称，则最好使本地根文件夹与远程文件夹同名。

例如，图 2-2 中左侧为一个本地根文件夹示例，右侧为一个远程文件夹示例。本地计算机上的本地根文件夹直接映射到 Web 服务器上的远程文件夹，而不是映射到远程文件夹的任何子文件夹或目录结构中位于远程文件夹之上的文件夹。

远程文件夹应始终与本地根文件夹具有相同的目录结构。如果远程文件夹的结构与本地根文件夹的结构不匹配，会将文件上传到错误的位置，站点访问者可能无法看到这些文件。

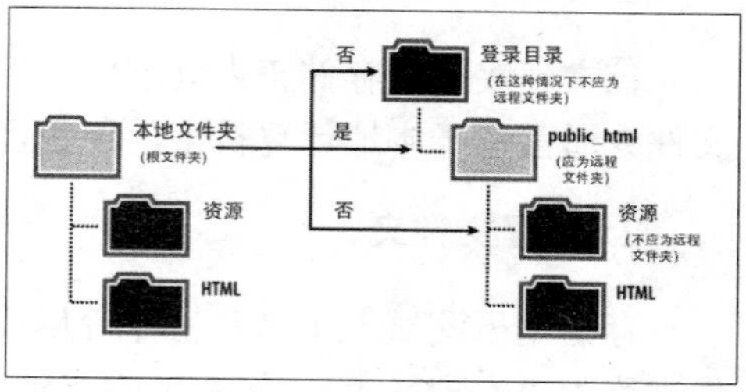

2.1.3 【管理站点】对话框

　　【管理站点】对话框是进入许多 Dreamweaver 站点功能的通路。从这个对话框中，可以启动创建新站点、编辑现有站点、复制站点、删除站点或者导入或导出站点设置的过程。

　　例如，执行【站点】|【管理站点】命令，即可在对话框中显示一个站点列表，如图 2-3 所示。但是，如果用户还没有创建任何站点，站点列表将是空白的。

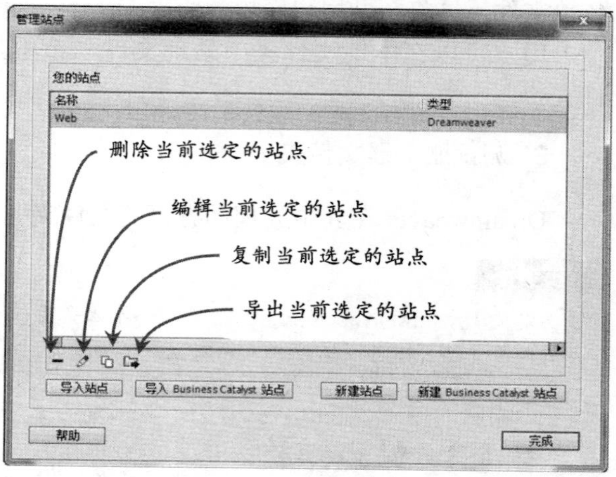

> **提　示**
>
> 【管理站点】对话框不允许用户连接到远程服务器或向其发布文件。

　　在该对话框中，用户可以执行下列操作：

❑ **新建站点**

　　单击【新建站点】按钮创建新的站点。在【站点设置】对话框中，指定新站点的名称和位置。

❑ **导入站点**

　　单击【导入站点】按钮，导入站点。

图 2-3　【管理站点】对话框

> **提　示**
>
> 导入功能仅导入以前从 Dreamweaver 导出的站点设置。它不会导入站点文件以创建新的 Dreamweaver 站点。

❑ **新建 Business Catalyst 站点**

　　单击【新建 Business Catalyst 站点】按钮，创建新的 Business Catalyst 站点。

❑ **导入 Business Catalyst 站点**

　　单击【导入 Business Catalyst 站点】按钮，导入现有的 Business Catalyst 站点。

　　而对于现有站点，用户可以通过下列选项，进行如下操作。

❑ **【删除】按钮**

　　从 Dreamweaver 站点列表中删除选定的站点及其所有设置信息，这并不会删除实际站点文件。

若要从 Dreamweaver 中删除站点，首先在站点列表中选择该站点，然后单击【删除】按钮图标。而当执行该操作后，则无法进行撤销。

❑ 【编辑】按钮✐

该按钮可以让用户编辑用户名、口令等信息，以及现有 Dreamweaver 站点的服务器信息。

在站点列表中选择现有站点，然后单击【编辑】按钮图标，并对该网站进行编辑操作。

❑ 【复制】按钮🗂

单击该按钮，即可创建现有站点的副本。例如，在站点列表中选择该站点，然后单击【复制】按钮图标。复制的站点将会显示在站点列表中，站点名称后面会附加 copy 字样。

若要更改复制站点的名称，可以选中该站点，然后单击【编辑】按钮图标，即可更改站点的名称。

❑ 【导出】按钮🖙

在导出站点内容时，用户可以将选定站点的设置导出为 XML 文件（*.ste）。

2.2 创建本地站点

站点是 Dreamweaver 内置的一项功能，其可以与 IIS 服务器进行连接，实现 Dreamweaver 与服务器的集成。在建立本地站点后，用户在设计网页时随时可通过 Dreamweaver 调用本地计算机的 Web 浏览器，浏览设计效果。

1．创建站点

在 Dreamweaver 中，执行【站点】|【新建站点】命令，打开【站点设置对象 XNML】对话框。在该对话框中，输入站点的名称为 XNML，并设置【本地站点文件夹】为"F:\xnml"，如图 2-4 所示。

在左侧的列表中，选择【服务器】项目，单击【添加新服务器】按钮，如图 2-5 所示。

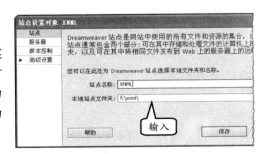

图 2-4 设置站点名称与路径

在弹出的对话框中，选择【连接方法】为【本地/网络】选项。然后，在 Web URL

文本框中，输入"http://127.0.0.1/xnml/"，再单击【高级】选项卡，如图 2-6 所示。

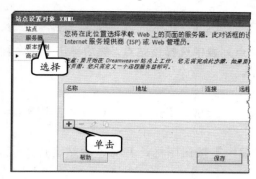

图 2-5　添加新服务器

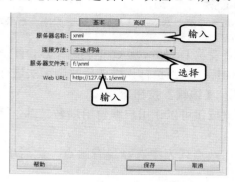

图 2-6　设置连接方法与站点 URL

在更新的对话框中，设置【测试服务器】的【服务器模型】为 ASP VBScript。然后，单击【保存】按钮，保存服务器，并返回【站点设置对象 XNML】对话框，如图 2-7 所示。

在【站点设置对象 XNML】对话框中，单击【保存】按钮，即可将 Dreamweaver 站点保存起来。执行【站点】|【管理站点】命令后，即可查看已创建的站点，对其进行编辑、复制、删除等操作，如图 2-8 所示。

图 2-7　设置服务器模型并保存

2．编辑站点

【管理站点】对话框也提供了对站点的编辑功能，允许用户修改已创建站点的设置和功能。

例如，执行【站点】|【管理站点】命令，即可在对话框中显示一个站点列表，如图 2-9 所示。但是，如果用户还没有创建任何站点，站点列表将是空白的。

3．删除站点

若用户对已经创建的站点不再使用，或者需要重新创建新的站点类型时，可以将原有不再使用的站点删除掉。

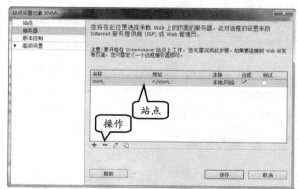

图 2-8　管理站点

例如，执行【站点】|【管理站点】命令，并在弹出的【管理站点】对话框中，选择需要删除的站点，单击【删除当前选定的站点】按钮，如图 2-10 所示。然后，在弹出的提示信息框中，单击【是】按钮。

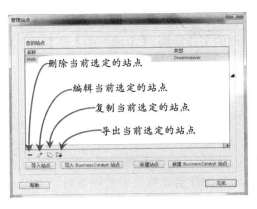

图 2-9　【管理站点】对话框

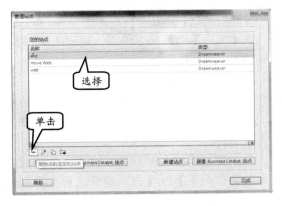

图 2-10　删除站点

2.3　使用【文件】面板

Dreamweaver 中的【文件】面板可帮助用户管理文件并在本地和远程服务器之间传输文件。

当用户在本地和远程站点之间传输文件时，会在这两种站点之间维持平行的文件和文件夹结构。

用户可以使用【文件】面板查看文件和文件夹（无论这些文件和文件夹是否与 Dreamweaver 站点相关联），以及执行标准文件维护操作（如打开和移动文件），如图 2-11 所示。

用户可以根据需要移动【文件】面板，并为该面板设置首选参数，如设置访问站点、服务器和本地驱动器，来查看文件和文件夹等。另外，用户可以通过面板中的一些工具按钮进行操作，如图 2-12 所示。

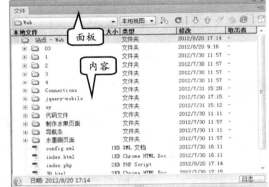

图 2-11　【文件】面板

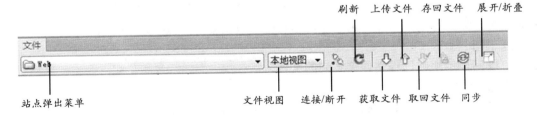

图 2-12　面板工具按钮

在【文件】面板中，工具栏中各按钮的含义如下。

❑ 站点弹出菜单

用于显示该站点的文件，还可以使用【站点弹出】菜单访问本地磁盘上的全部文件，非常类似于 Windows 资源管理器。

❑ **站点文件视图**

在【文件】面板的窗格中，显示远程和本地站点的文件结构。【本地视图】是【文件】面板的默认视图。

❑ **连接/断开**

用于连接到远程站点或断开与远程站点的连接。默认情况下，如果已空闲 30 分钟以上，则将断开与远程站点的连接（仅限 FTP）。

❑ **刷新**

用于刷新本地和远程目录列表。如果已取消选择【站点定义】对话框中的【自动刷新本地文件列表】或【自动刷新远程文件列表】，则可以使用此按钮手动刷新目录列表。

❑ **获取文件**

用于将选定文件从远程站点复制到本地站点（如果该文件有本地副本，则将其覆盖）。如果已启用【启用存回和取出】，则本地副本为只读，文件仍将留在远程站点上，可供其他小组成员取出。如果已禁用【启用存回和取出】，则文件副本将具有读写权限。

❑ **上传文件**

将选定的文件从本地站点复制到远程站点。

注　意

所复制的文件是在【文件】面板的活动窗格中选择的文件。如果【本地】窗格处于活动状态，则选定的本地文件将复制到远程站点或测试服务器；如果【远程】窗格处于活动状态，则会将选定的远程服务器文件的本地版本复制到远程站点。

注　意

如果上传的文件在远程站点上尚不存在，并且【启用存回和取出】已打开，则会以取出状态将该文件添加到远程站点。如果要不以取出状态添加文件，则单击【存回文件】按钮。

❑ **取出文件**

用于将文件从远程服务器传输到本地站点，并在本地站点中创建副本（如果该文件有本地副本，则将其覆盖）。而在服务器上将该文件标记为取出。如果对当前站点禁用了【站点定义】对话框中的【启用存回和取出】，则此选项不可用。

❑ **存回文件**

用于将本地文件的副本传输到远程服务器，并且使该文件可供他人编辑。本地文件变为只读。如果对当前站点禁用了【启用存回和取出】，则此选项不可用。

❑ **同步**

可以同步本地和远程文件夹之间的文件。

❑ **扩展/折叠按钮**

展开或折叠【文件】面板以显示一个和两个窗格。

2.4　站点文件及文件夹

用户也可以在本地和远程站点之间同步文件，站点管理会根据需要在两个方向上复制文件，并且在适当的情况下删除不需要的文件。

Dreamweaver CC 网页设计与制作标准教程

2.4.1 文件操作

在【文件】面板中，用户可以打开本地文件夹中的文件、对文件进行更名操作，还可以添加或删除文件。

1. 打开文件

在【文件】面板（可执行【窗口】|【文件】命令）中，从【站点弹出】菜单（其中显示当前站点、服务器或驱动器）中选择站点、服务器或驱动器，如图 2-13 所示。

然后，在显示的站点文件结构列表中，双击需要打开的文件，如图 2-14 所示。因此，文件将在 Dreamweaver 中打开。

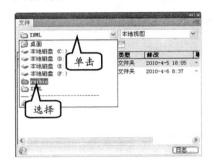

图 2-13 选择站点

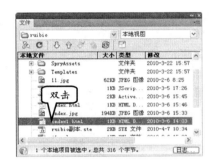

图 2-14 打开文件

技 巧

用户也可以右击需要打开的文件，并执行【打开】命令。

2. 创建文件或文件夹

在【文件】面板中，选择一个文件或文件夹。然后，右击所要选择的文件，并执行【新建文件】或【新建文件夹】命令，如图 2-15 所示。

在当前选定的文件夹中（或者在与当前选定文件所在的同一个文件夹中）新建文件或文件夹。此时，再输入新文件或新文件夹的名称即可，如图 2-16 所示。

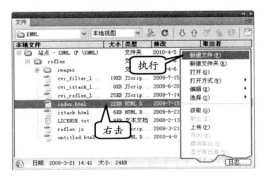

图 2-15 新建文件

图 2-16 创建新文件

第 2 章 创建与管理站点

37

3. 删除文件或文件夹

右击所要删除的文件或文件夹，并执行【编辑】|【删除】命令，如图2-17所示。然后，在弹出的对话框中，单击【是】按钮。

4. 重命名文件或文件夹

选择要重命名的文件或文件夹，右击该文件的图标，然后执行【编辑】|【重命名】命令，并按Enter键，如图2-18所示。或者，在选择文件后，稍停片刻，然后再次单击，修改文件名即可。

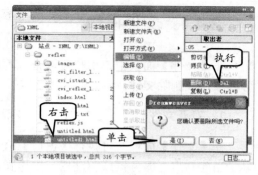

图2-17 删除文件

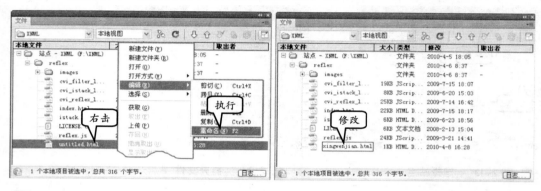

图2-18 重命名文件

5. 移动文件或文件夹

选择要移动的文件或文件夹，将该文件或文件夹拖到新位置，然后在弹出的【更新文件】对话框中，单击【更新】按钮，如图2-19所示。

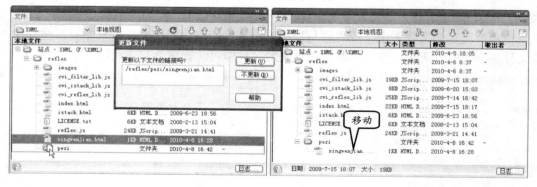

图2-19 拖动方式移动文件

或者，右击需要复制的文件或文件夹，并执行【编辑】|【拷贝】命令，如图2-20所示。

然后，右击该文件夹，执行【编辑】|【粘贴】命令，即可将文件或者文件夹移动到该文件位置或者文件夹中，如图 2-21 所示。而原位置的文件或者文件夹不变。

6. 刷新文件面板

右击任意文件或文件夹，然后执行【刷新】命令，如图 2-22 所示。也可以单击【文件】面板工具栏上的【刷新】按钮。

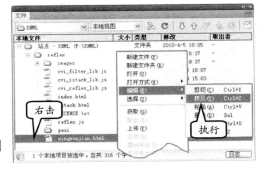

图 2-20　复制文件

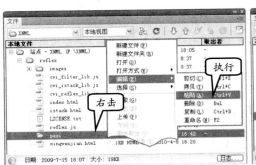

图 2-21　粘贴文件

注　意

在刷新【文件】面板中的文件列表时，列表中的文件将以文件名的第 1 个字母进行重新排列，而文件夹则排列在文件的前面。

2.4.2　查找和定位文件

在站点中查找、选定、打开最近修改过的文件非常容易。但是，如果要在本地站点或远程站点中查找较新的文件，则比较费时、费力。这是因为，用户可以通过站点管理的一些命令进行操作。

图 2-22　刷新列表

1. 查找并定位文件

如果对于一个较小的网站（几个文件），查找其中一个网站文件还是比较容易。而如果对于一个大型的网站（几十个文件），尤其包含有比较多的文件夹，则查找一个文件就比较困难。

因此，用户可以通过打开的文件来定位这个文件，即定位该文件在文件结构列表中的位置。例如，在【文档】窗口中，选择需要定位的文件，并执行【站点】|【在站点定位】命令，如图 2-23 所示。

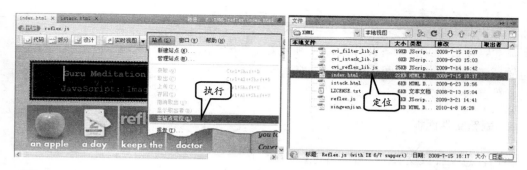

图 2-23 定位文件

注 意

如果【文档】窗口中打开的文件，不属于【文件】面板中的当前站点，则将尝试确定该文件所属的站点；如果当前文件仅属于一个本地站点，则将在【文件】面板中打开该站点，然后高亮显示该文件。

2. 查找最近修改的文件

在【文件】面板中，单击右上角的【选项】菜单，然后执行【编辑】|【选择最近修改日期】命令，如图 2-24 所示。

图 2-24 查找文件

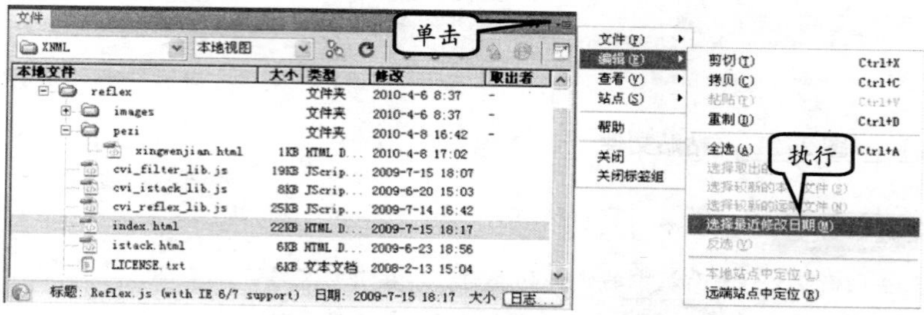

在弹出的【选择最近修改日期】对话框中输入 2 天，并单击【确定】按钮。然后，在【文件】面板中，以深灰色显示满足条件的文件，如图 2-25 所示。

图 2-25 查找满足条件的文件

在【选择最近修改日期】对话框中，将显示两个选项并用于设置查找的条件。其含义如下所示：

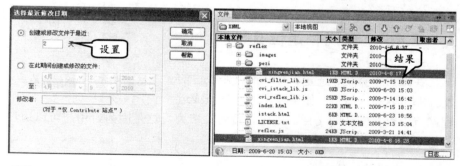

❑ **创建或修改文件于最近**

在该选项中，输入要查找文件离当日的天数。例如，要找到昨天和今天所修改过的文件，则可以输入 2 天。

❑ **在此期间创建或修改的文件**

该选项需要用户指定一个日期范围。

2.5 远程文件操作

用户除了可以对本地站点进行操作以外，还可以对远程站点文件进行操作。例如，可以将远程文件取出到本地站点中，也可将本地站点存回到远程的站点；可以将远程站点和本地站点之间的文件进行同步操作。

2.5.1 存回和取出文件

Dreamweaver 为用户提供协作工作的环境，即存回和取出文件。如果要对远程服务器中的站点文件进行存回和取出操作，则必须先将本地站点与远程服务器相关联，然后才能使用存回/取出系统。

例如，执行【站点】|【管理站点】命令，选择一个站点，并单击【编辑】按钮，如图 2-26 所示。

然后，从左侧的【分类】列表中，选择【服务器】选项，并在列表中查看已经创建的服务器列表。

如果没有连接服务器，则列表中将显示空白。此时，可以单击【添加新服务器】按钮图标，并添加服务器，如图 2-27 所示。

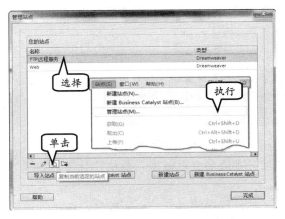

图 2-26 编辑网站

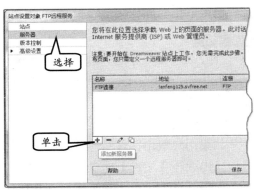

图 2-27 添加新服务器

在弹出的对话框中，用户可以输入【服务器名称】、【FTP 地址】、【用户名】、【密码】等内容，单击【保存】按钮，如图 2-28 所示。

提 示

当用户输入【FTP 地址】、【用户名】和【密码】内容后，为确保远程服务器可以正常使用，可以单击【测试】按钮，并尝试与当前服务器进行连接。

另外，用户还可以单击【高级】按钮，并在显示的面板中，设置 FTP 远程连接服务的相关参数，如图 2-29 所示。

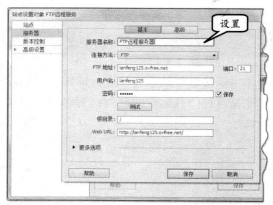

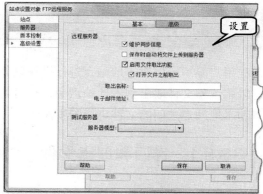

图 2-28　添加服务器信息　　　　　图 2-29　设置 FTP 相关参数

在该对话框的面板中，用户可以设置【远程服务器】相关内容，还可以设置【测试服务器】相关内容。其中，当用户启用【启用文件取出功能】复选框后，即可激活下面的选项及文本框。其含义如下：

❑ **打开文件之前取出**

当用户打开该站点文件时，即启动取出功能，并将远程服务器连接的网站内容取回到本地文本夹中。

❑ **取出名称**

取出名称显示在【文件】面板中已取出文件的旁边；这使开发人员可以在其需要的文件已被取出时和相关的人员联系。

❑ **电子邮件地址**

如果用户取出文件时，输入电子邮件地址，则姓名会以链接（蓝色并且带下划线）的形式出现在【文件】面板中的该文件旁边。

如果开发人员单击该链接，则其默认电子邮件程序将打开一个新邮件，该邮件使用该用户的电子邮件地址以及与该文件和站点名称对应的主题。

2.5.2　同步文件

单击【文件】面板右上角的【选项】菜单，然后执行【站点】|【同步】命令。或者，在【文件】面板顶部，单击【同步】按钮来同步文件，如图 2-30 所示。

在弹出的【与远程服务器同步】对话框中，若要同步整个站点，用户可以选择【同步】下拉列表中的【整个 FTP 远程服务站点】选项；若要只同步选定的文件，可以选择【仅选中的本地文件】选项，如图 2-31 所示。

在【同步】下拉列表中，包含有【整个 FTP 远程服务站点】和【仅选中的本地文件】两个选项。其中，各选项含义如下。

图 2-30 同步文件

❏ **整个 FTP 远程服务站点**

是将本地站点中的内容与服务器中的站点内容，以及全部文件进行同步操作。

❏ **仅选中的本地文件**

是将本地站点中已经选择的文件与远程服务器的文件进行同步操作。

另外，用户还可以设置同步的方向内容。其中，单击【方向】下拉按钮，并选择相关选项，如图 2-32 所示。

图 2-31 设置同步参数　　　　**图 2-32** 设置同步方向

选择复制文件的方向，其各选项含义如下。

❏ **放置较新的文件到远程**

上传在远程服务器上不存在或自从上次上传以来已更改的所有本地文件。

❏ **从远程获得较新的文件**

下载本地不存在或自从上次下载以来已更改的所有远程文件。

❏ **获得和放置较新的文件**

将所有文件的最新版本放置在本地和远程站点上。

用户还可以在该对话框中启用【删除本地驱动器上没有的远端文件】复选框，即可在目的地站点上删除在原始站点上没有对应文件的文件。

> **注　意**
>
> 在【方向】列表中，选择【获取和上传】选项时，该选项不可用。

2.6　课堂练习：本地虚拟服务器

如果用户在创建动态网站时，则必须创建一个本地的虚拟服务器。而动态网页文件，如果通过浏览器直接访问，则无法编译网页代码内容。例如，在 Windows 环境中，常见的本地虚拟服务器为 IIS 服务器。

操作步骤：

1　在 Windows 7 操作系统中，打开【控制面板】窗口。然后，单击【程序和功能】图标，如图 2-33 所示。

图 2-33　单击【程序和功能】图标

2　在弹出的【程序和功能】窗口中，单击左侧的【打开或关闭 Windows 功能】链接，如图 2-34 所示。

图 2-34　单击【打开或关闭 Windows 功能】链接

3　在弹出的【Windows 功能】对话框列表中，展开【Internet 信息服务】选项，并启用【Web 管理工具】选项，如图 2-35 所示。

4　再展开【Web 管理工具】选项的树形列表，启用【IIS 管理服务】、【IIS 管理脚本和工具】和【IIS 管理控制台】3 个项目，如图 2-36 所示。

图 2-35　选择选项

图 2-36　启用选项

5　依次展开【万维网服务】|【安全性】选项的树形列表，启用【请求筛选】选项。用同样的方式，启用【常见 HTTP 功能】选项及其下面的所有选项，如图 2-37 所示。

6　添加网络性能和所支持的程序。再启用【万维网服务】|【性能功能】选项下面的所有选项，如图 2-38 所示。

7　展开【应用程序开发功能】选项的树形列表，并启用除 CGI 和【服务器端包含】选项之外的所有选项，如图 2-39 所示。

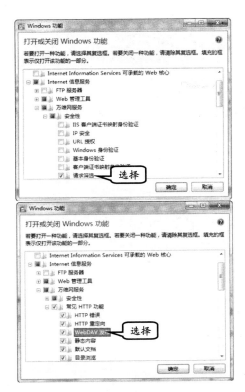

图 2-37　启用安全和 HTTP 选项

图 2-38　设置性能选项

图 2-39　启用应用程序

8　展开【运行状况和诊断】选项的树形列表，启用【HTTP 日志】、【ODBC 日志】和【跟踪】选项，如图 2-40 所示。

图 2-40　设置运行状态和诊断

9　展开 Microsoft .NET Framework 3.5.1 选项的树形列表，启用其中的所有选项，如图 2-41 所示。

图 2-41　启用.NET Framework 选项

10　单击【确定】按钮，即可开始安装 IIS 服务器。安装完成后，用户通过【管理工具】窗口，可以查看到【Internet 信息服务（IIS）管理器】选项，表示已经安装成功，如图 2-42 所示。

图 2-42　完成安装

当用户安装 IIS 服务器之后，并不可以直接浏览站点中的动态文件。用户还需要配置 IIS 服务器，这样才可以使用。本练习来介绍在 IIS 服务器中，如何配置服务器地址，以及相关的设置。

操作步骤：

1. 在【管理工具】窗口中，双击【Internet 信息服务（IIS）管理器】图标，如图 2-43 所示。

图 2-43　双击图标

2. 在弹出的【Internet 信息服务（IIS）管理器】窗口中，依次展开 WHF（whf\lanfeng）|【网站】目录选项，并右击该选项，执行【添加网站】命令，如图 2-44 所示。

图 2-44　添加网站

3. 在弹出的【添加网站】对话框中，输入【网站名称】为 Web，如图 2-45 所示。

图 2-45　输入网站名称

4. 单击【物理路径】文本框后面的【浏览】按钮，并在弹出的【浏览文件夹】对话框中，选择指定的站点文件夹，单击【确定】按钮，如图 2-46 所示。

图 2-46　添加物理地址

5 再单击【测试设置】按钮，并在【测试连接】对话框中查看结果信息，如在【授权】前边显示一个"感叹号"图标，如图 2-47 所示。

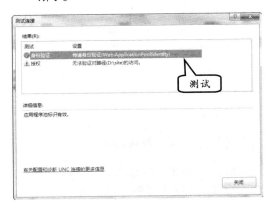

图 2-47 显示测试连接

6 由于 Windows 使用了账户和密码保护，所以用户需要单击【连接为】按钮，并在弹出的【连接为】对话框中，选择【特定用户】选项，并单击【设置】按钮。此时，在弹出的【设置凭据】对话框中，输入【用户名】和【密码】信息，并再次输入【确认密码】

信息，单击【确定】按钮，如图 2-48 所示。

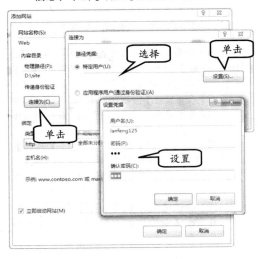

图 2-48 添加用户

7 再次打开【连接为】对话框，用户可以看到【物理路径】下面显示设置的账户名称，并再次单击【确定】按钮。

8 在【编辑网站】对话框的【连接为】按钮上方，将显示所设置的账户名。

9 用户可以单击【测试设置】按钮，并在弹出的【测试连接】中，查看其连接结果。

2.8 思考与练习

一、填空题

1. 远程文件夹是_____。

2. 用户可以使用【_____】面板查看文件和文件夹，以及执行标准文件维护操作。

3. 在弹出的【与远程服务器同步】对话框中，若要同步整个站点，用户可以选择【同步】下拉列表中的【_____】选项。

4. 如果远程文件夹的结构与_____的结构不匹配，会将文件上传到错误的位置，站点访问者可能无法看到这些文件。

5. 在【标准】模式中创建表格，可以单击【常用】选项卡中的【_____】按钮。

二、选择题

1. 站点由三个部分组成，具体取决于开发环境和所开发的 Web 站点类型。下列不属性这三

部分的选项是_____。

    A．服务器文件夹

    B．本地根文件夹

    C．远程文件夹

    D．测试服务器文件夹

2. 以下不属于应用程序服务器的是_____。

    A．网页服务器

    B．数据库服务器

    C．FTP 服务器

    D．代理服务器

3. 以下不属于相对路径的是_____。

    A．file://C|/inetpub/wwwroot/index.asp

    B．http://192.168.0.1/page.html

    C．ftp://mypub:wwwroot@localhost/ftpfolder/

    D．../default.php

4. 快速、准确地查找最近修改的文件，则下列描述正确的是_____。

A. 在【文件】面板中，单击右上角的【选项】菜单，然后执行【编辑】|【选择最近修改日期】命令，并设置文件修改的日期

B. 在【文件】面板中，单击右上角的【选项】菜单，然后执行【编辑】|【远程站点中定位】命令

C. 在【文件】面板中，单击右上角的【选项】菜单，然后执行【编辑】|【本地站点中定位】命令

D. 在【文档】窗口中，执行【站点】|【在站点定位】命令

5．在新文档中，下列方法中执行错误的是＿＿。

A. 执行【文件】|【新建】命令

B. 在【欢迎屏幕】界面，单击 HTML 选项

C. 右击文档标题栏，执行【新建】命令

D. 在【页面属性】对话框中，单击【创建】按钮

三、简答题

1．什么是本地根文件夹？
2．什么是远程文件夹？
3．什么是测试服务器文件夹？
4．描述存回和同步的含义。

四、上机练习

1. 添加 IIS 目录默认文档

默认文档是用户在浏览器中输入目录路径后，默认打开的文档。在安装 IIS 之后，系统会默认设置"default.htm"、"default.asp"、"index.html"和"iisstart.asp"4 个默认文档。

当用户使用浏览器访问某级目录时，IIS 系统就会依次检测该目录中是否有这 4 个文档，如有则允许用户的浏览器打开文档。

例如，在【Internet 信息服务（IIS）管理器】窗口中，双击【默认文档】图标，如图 2-49 所示。

图 2-49 选择功能

然后，在弹出的【默认文档】界面中，单击右侧的【添加】按钮，如图 2-50 所示。

图 2-50 添加默认文档

最后，在弹出的【添加默认文档】对话框中，输入文档的名称和扩展名，并单击【确定】按钮，如图 2-51 所示。

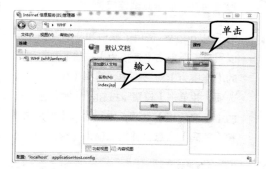

图 2-51 添加文档名称

2. 查看虚拟目录

在 IIS 中，用户可以添加多个虚拟目录，方便多个站点之间切换访问。例如，在【Internet 信息服务（IIS）管理器】窗口中，可以单击右侧的【查看虚拟目录】链接，如图 2-52 所示。

图 2-52 查看虚拟目录

然后，在【虚拟目录】界面中，再单击右侧的【添加虚拟目录】链接，如图 2-53 所示。

图 2-53　添加虚拟目录

最后，在弹出的【添加虚拟目录】对话框中，可以再次设置【别名】、【物理路径】、【传递身份验证】等内容，单击【确定】按钮，如图 2-54 所示。

图 2-54　设置虚拟目录

第 3 章

编辑网页元素

在网页中，用户可以直接插入文本，并在网页编辑器中对文本进行编辑操作。而在网页的文本中，用户还可以进行格式设置，以及定义网页的结构等。

对于复杂的文本显示，则必须对文本进行格式、列表或段落设置。本章就来学习网页中的文本内容，以及网页结构和格式设置。

本章学习要点：

➢ 编辑文本
➢ 项目列表设置
➢ 添加网页结构
➢ 格式化文本

3.1 编辑文本

在网页中的文本一般以普通文字、段落或者各种项目符号等形式显示。文本是网页中不可缺少的内容之一，是网页中最基本的对象。由于其存储空间非常小，所以在一些大型网站中，文字占有不可替代的主要地位。

3.1.1 插入文本

在 Dreamweaver 中提供了 3 种插入文本的方式，包括直接输入文本、从外部文件中粘贴、从外部文件中导入。

1. 直接输入文本

直接输入是最常用的插入文本的方式。在 Dreamweaver 中，创建一个网页文档，即可直接在【设计视图】中输入英文字母。或者，切换到中文输入法，输入中文字符，如

图 3-1 所示。

提 示

除此之外，用户也可以在【代码视图】中相关的 XHTML 标签中输入字符，同样可以将其添加到网页中。

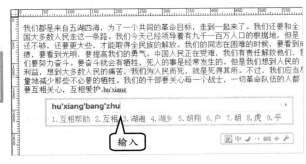

图 3-1 输入文本

2. 从外部文件中粘贴

用户还可以从其他软件或文档中，将文本内容进行复制操作。然后，在 Dreamweaver 文档中，执行【粘贴】命令或按 Ctrl+V 快捷键，将文本粘贴到网页文档中，如图 3-2 所示。

而在 Dreamweaver 粘贴过程中，用户还可以选择粘贴类型。例如，在 Dreamweaver 打开的网页文档中右击，执行【选择性粘贴】命令，打开【选择性粘贴】对话框，如图 3-3 所示。

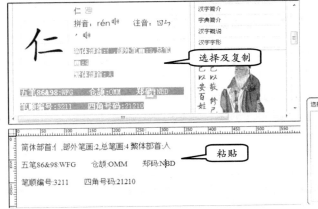

图 3-2 粘贴文本

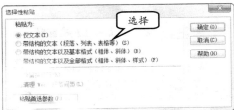

图 3-3 选择粘贴方式

在弹出的【选择性粘贴】对话框中，用户可对多种属性进行设置，如表 3-1 所示。

表 3-1 选择性粘贴参数

属 性	作 用
仅文本	仅粘贴文本字符，不保留任何格式
带结构的文本	包含段落、列表和表格等结构的文本
带结构的文本以及基本格式	包含段落、列表、表格以及粗体和斜体的文本
带结构的文本以及全部格式	包含段落、列表、表格以及粗体、斜体和色彩等所有样式的文本
保留换行符	选中该选项后，在粘贴文本时将自动添加换行符号
清理 Word 段落间距	选中该选项后，在复制 Word 文本后将自动清除段落间距
粘贴首选参数	更改选择性粘贴的默认设置

3. 从外部文件中导入

在 Dreamweaver 中，将光标定位到导入文本的位置，然后执行【文件】|【导入】|

【Word 文档】命令，选择要导入的 Word
文档，即可将文档中的内容导入到网页
文档中，如图 3-4 所示。

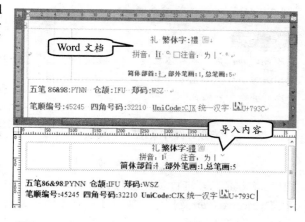

3.1.2 设置文本属性

　　无论是输入文本还是导入文本，或
者是新建的空白文档，【属性】检查器中
的选项均为文本的基本属性，如图 3-5
所示。

　　通过【属性】检查器，可以方便地
修改文本的各种属性。其中，相关的按
钮都具有不同的功能，如表 3-2 所示。

图 3-4 导入文本

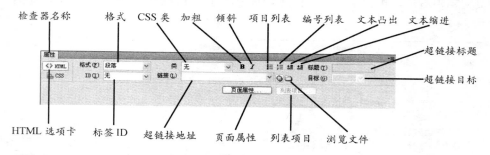

图 3-5 文本的【属性】检查器

表 3-2 【属性】检查器中的文本属性

名　称	作　用
格式	用于设置文本的基本格式，可选择无格式文本、段落或各种标题文本
CSS 类	定义当前文档所应用的 CSS 类名称
粗体	定义以 HTML 的方式将文本加粗
斜体	定义以 HTML 的方式使文本倾斜
项目列表	为普通文本或标题、段落文本应用项目列表
编号列表	为普通文本或标题、段落文本应用编号列表
文本突出	将选择的文本向左侧推移一个制表位
文本缩进	将选择的文本向右侧推移一个制表位
超链接标题	当选择的文本为超链接时，定义当鼠标滑过该段文本时显示的工具提示信息
超链接目标 _blank	当选择的文本为超链接时，定义将链接的文档以新窗口的方式打开
超链接目标 _parent	当选择的文本为超链接时，定义将链接文档加载到包含该链接的父框架集或窗口中。如果包含链接的框架不是嵌套的，则链接文档加载到整个浏览器窗口中
超链接目标 _self	当选择的文本为超链接时，定义在当前的窗口中打开链接的文档
超链接目标 _top	当选择的文本为超链接时，定义将链接的文档加载到整个浏览器窗口中，并删除所有框架
浏览文件	单击该按钮，将允许用户通过弹出的对话框选择链接的文档

名 称	作 用
列表项目	当选择的文本为项目列表或编号列表时，可通过该按钮定义列表的样式
页面属性	单击该按钮，可打开【页面属性】对话框，定义整个文档的属性
超链接地址	在该输入文本域中，可直接输入文档的 URL 地址供链接使用
标签 ID	定义当前选择的文本所属的标签 ID 属性，从而通过脚本或 CSS 样式表对其进行调用，添加行为或定义样式
HTML/CSS 选项卡	单击相应的选项卡，可以定义通过 HTML 或 CSS 定义文本的样式

在【属性】检查器中，可以方便地设置文本的基本属性，主要包括粗体和斜体。单击【粗体】按钮 **B**，即可将文本加粗；而单击【斜体】按钮 *I*，则可以使文本倾斜，如图 3-6 所示。

通过【格式】下拉列表中的选项，可以格式化文本的显示效果。方法是选中文本后，单击【属性】检查器【格式】下拉三角按钮，选择列表中的某个选项，即可为文本添加效果，如图 3-7 所示。

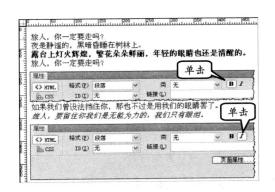

图 3-6 文本加粗和斜体

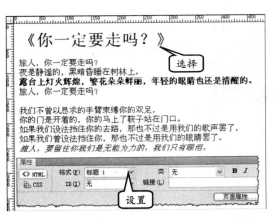

图 3-7 设置文本格式

3.1.3 插入特殊符号

在 Dreamweaver 中，执行【插入】|【字符】命令，即可在弹出的菜单中选择各种特殊符号，如图 3-8 所示。或者，在【插入】面板中，选择【常用】选项，并在【字符】下拉列表中，选择需要插入的符号。

Dreamweaver 允许为网页文档插入 12 种基本的特殊符号，如表 3-3 所示。

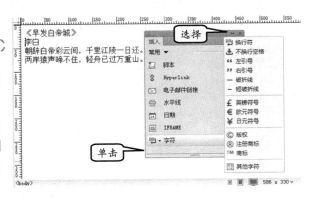

图 3-8 插入符号

表 3-3　特殊符号

图　标	名　　称	显示（作用）
⏎	换行符	两段间距较小
⊥	不换行空格	非间断空格
"	左引号	"
"	右引号	"
—	破折线	——
-	短破折线	–
£	英镑符号	£
€	欧元符号	€
¥	日元符号	¥
©	版权	©
®	注册商标	®
™	商标	**TM**
📝	其他字符	插入其他字符

　　除了表 3-2 前 12 种符号以外，用户还可选择【其他字符】选项📝 ▾字符：其他字符，在弹出的【插入其他字符】对话框中，选择更多的字符，如图 3-9 所示。

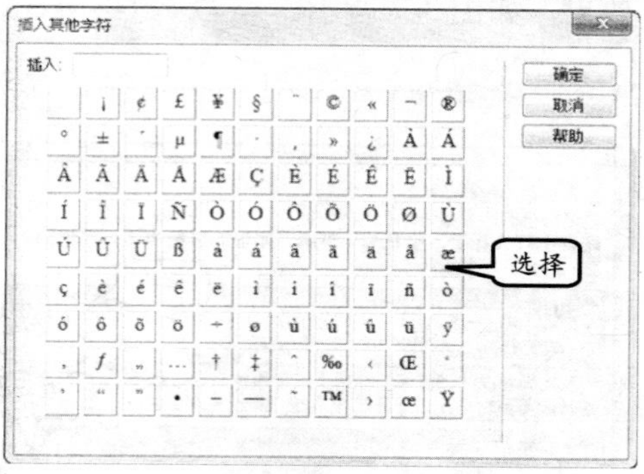

提示

在选中相关的特殊符号后，即可单击按钮，将这些特殊符号插入到网页中。

3.1.4　使用水平线

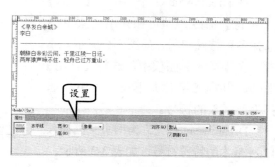

图 3-9　其他符号

　　在 Dreamweaver 中，也可方便地插入水平线。例如，执行【插入】|【水平线】命令，在光标所在的位置插入水平线，如图 3-10 所示。

　　用户也可以在【插入】面板中，选择【常用】选项，并单击列表中的【水平线】按钮。在选中水平线后，即可在【属性】检查器中，设置水平线的各种属性，如图 3-11 所示。

图 3-10　插入水平线

图 3-11　水平线属性

水平线的属性并不复杂，主要包括以下一些种类，如表 3-4 所示。

表 3-4　水平线属性

属 性 名	作 用
水平线	设置水平线的 ID
宽和高	设置水平线的宽度和高度，单位可以是像素或百分比
对齐	指定水平线的对齐方式，包括默认、左对齐、居中对齐和右对齐
阴影	可为水平线添加投影

提 示

设置水平线的宽度为 1，然后设置其高度为较大的值，可得到垂直线。

3.1.5　插入日期

Dreamweaver 还支持为网页插入本地计算机当前的时间和日期。例如，执行【插入】|【日期】命令，或者在【插入】面板中，选择【常用】选项，单击【日期】按钮，即可打开【插入日期】对话框，如图 3-12 所示。

在【插入日期】对话框中，允许用户设置各种格式，如表 3-5 所示。

图 3-12　选择日期格式

表 3-5　日期格式

选 项 名 称	作 用
星期格式	在选项的下拉列表中可选择中文或英文的星期格式，也可选择不要星期
日期格式	在选项框中可选择要插入的日期格式
时间格式	在该项的下拉列表中可选择时间格式或者不要时间
储存时自动更新	如选中该复选框，则每次保存网页文档时都会自动更新插入的日期时间

3.2　项目列表设置

列表是网页中常见的一种文本排列方式。而现在，来介绍一下在 Dreamweaver 中，如何创建列表，并设置列表的样式。

3.2.1　项目列表与编号

如果不通过 XHTML 标签的方式创建，则在 Dreamweaver 中有两种创建方法。

1. 通过【插入】面板

在文档中，选择定义好的段落内容。在【插入】面板中，选择【结构】选项，并在该列表中，单击【项目列表】按钮，如图 3-13 所示。

在文档中，选择定义好的段落内容。在【插入】面板中，选择【文本】选项，并在该列表中，单击【编号列表】按钮，如图 3-14 所示。

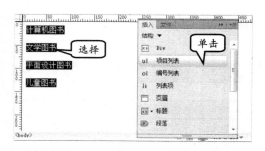

图 3-13　插入项目列表

图 3-14　插入编号

提 示

用户也可以先单击【项目列表】或者【编号列表】按钮，在输入完一个列表项后，按 Enter 键，即可再输入下一个列表项。如已完成列表项的输入，则可连续按两次 Enter 键，结束列表的输入。

2. 通过【属性】检查器

在 Dreamweaver 中，输入文本作为列表的项目，再在【属性】检查器中单击【项目列表】按钮 ≣ 或【编号列表】按钮 ≣，将段落内容转换为项目列表或编号列表的列表项，如图 3-15 所示。

注 意

Dreamweaver 只能以段落文本转换列表。在一个段落中的多行内容在转换列表时只会转换到同一个列表项目中。

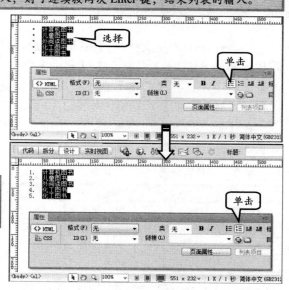

图 3-15　插入列表或者编号

3.2.2 嵌套项目

列表中能够嵌套其他列表。例如，可能希望一个编号列表包含多个单独的列表，每个列表对应于编号列表中的一项。

例如，在<ul></ul>标签中，用户还可以再次插入<ul></ul>标签，而位于<ul></ul>标签内部的<ul></ul>标签为嵌套项目，如图 3-16 所示。

在插入嵌套列表项时，用户可以在【代码】视图中将光标置于<ul></ul>标签内，并单击【项目列表】或者【编号列表】按钮，如图 3-17 所示

图 3-16　插入嵌套列表项

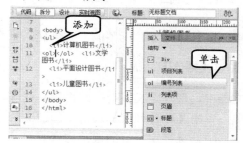

图 3-17　插入嵌套编号列表

然后，在编号列表中，再单击【列表项】按钮，并添加文本内容即可实现嵌套列表，如图 3-18 所示。

3.2.3 设置列表属性

在创建列表之后，Dreamweaver 还可以设置列表的一些简单属性。对于项目列表，Dreamweaver 允许用户设置其整个列表的项目符号，或某个列表项的项目符号。

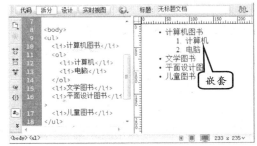

图 3-18 插入编号列表

选中列表的某个项目，在【属性】检查器中，单击【列表项目】按钮，即可在弹出的【列表属性】对话框中，单击【列表类型】下拉按钮，并选择列表类型，如图 3-19 所示。

除修改【列表类型】外，Dreamweaver 还允许用户修改列表的样式，将项目符号改为正方形等。

图 3-19 设置列表类型

3.3 添加结构

HTML 5 变革最明显的地方是让人机交互、人网交互变得更加舒适，更贴合用户。这其中对文档结构和语义化标签体系革新，起到了很大的作用。语义化编码是一个合格前端开发者必备的技能，但随着网页的日渐丰富化，仅仅用原有的 XHTML 标签去语义化显然已经力不从心。于是，HTML 5 提供了一系列新的标签及相应属性，以反应现代网站典型语义。

3.3.1 插入页眉

<header>标签是页面加载的第一个标签，包含了站点的标题、Logo、网站导航等。是一种具有引导和导航作用的结构标签，通常用来放置整个页面或页面内的一个内容区块的标题。

一个网页内并未限制<header>标签的个数，可以拥有多个，可以为每个内容区块增加一个。<header>标签中可以包含多个<h1>~<h6>标签、<hgroup>标签、<nav>标签、<form>标签、<table>标签等。

```
<article>
    <header>
        <hgroup>
            <h1>主标题</h1>
            <h2>副标题</h2>
        </hgroup>
    </header>
</article>
```

用户通过浏览上述代码，可以在浏览器中看到所显示的内容，如图 3-20 所示。

3.3.2 插入标题

<hgroup>标签是将标题及其子标题进行分组的标签，通常用于对网页或区段（section）的标题进行组合。特别惯用于标题类的组合，如文章的标题与副标题。

```
<hgroup>
    <h1>这是一篇介绍 HTML 5 结构标签的文章</h1>
    <h2>HTML 5 的革新</h2>
</hgroup>
```

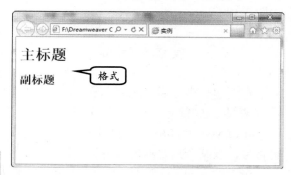

图 3-20 浏览网页内容

上述代码则在<hgroup>标签中添加了<h1>和<h2>标签内容，而通过浏览器来查看标签内容，如图 3-21 所示。

3.3.3 添加段落

<p>标签用来定义段落，它会自动在其前后创建一些空白。浏览器会自动添加这些空间，用户也可以在样式表中规定。

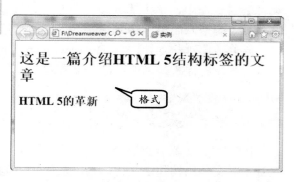

图 3-21 浏览标签内容

```
<body>
<article>
  <header>
    <p>这个段落在源代码中包含许多行，但是浏览器忽略了它们。</p>
    <p>段落的行数依赖于浏览器窗口的大小。如果调节浏览器窗口的大小，将改变段落中的行数。</p>
  </header>
</article>
</body>
```

通过上述代码，用户可以在浏览器中查看到<p></p>标签中的内容，并且以两个段落显示，如图 3-22 所示。

3.3.4 导航链接

<nav>标签用于构建一个页面或一个站点内的链接，表示一个可以用作页面导航的链接组。其中的导航标签链接到其他

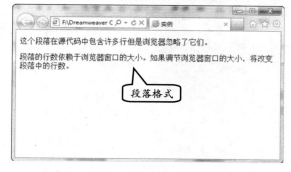

图 3-22 显示段落内容

页面或当前页面的其他部分。

但是，并不是链接的每一个集合都是一个\<nav>，例如，赞助商的链接列表及搜索结果页面就不是，因为它们是当前页面的主内容。代码如下所示：

```
<nav>
<ul>
<li><a>首页</a></li>
<li><a>公司简介</a></li>
<li><a>产品展示</a></li>
<li><a>资源下载</a></li>
</ul>
</nav>
```

提 示

\<nav>标签适用的版块包括普通的导航、侧边栏的导航和页内导航。

3.3.5 侧边结构

\<aside>标签用于定义\<article>标签以外的内容，\<aside>标签的内容应该与\<article>标签的内容相关。表示当前页面或文章的附属信息部分，可以包含与当前页面或主要内容相关的引用、侧边栏、导航条以及广告；或者 Web 2.0 博客网站的 Tag。用于成节的内容，会在文档流中开始一个新的节。

```
<!DOCTYPE HTML>
<html>
<head>
<meta charset="utf-8">
<title>无标题文档</title>
</head>
<aside>
<h1>作者简介</h1>
<p>Mr.Think, 专注 Web 前端技术的凡夫俗子。</p>
</aside>
<aside>
<nav>
<ul><li><a href=" ">asp.net</a></li>
<li><a href=" ">jQuery</a></li>
</ul>
</nav>
</aside>
</body>
</html>
```

此实例第一个\<aside>标签展示了文章版权信息，第二个\<aside>标签展示了相关文章的友情链接，如图 3-23 所示。

<aside>标签的主要用法：

❑ 被包含在<article>标签中作为主要内容的附属信息部分，其中的内容可以是与当前文档有关的参考资料、名词解释等。

❑ 在<article>标签之外使用，作为页面或站点全局的附属信息部分。

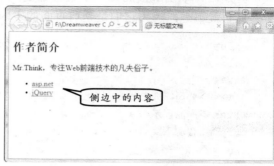

图 3-23 显示网页内容

3.3.6 文章结构

<article>标签表示文档、页面、应用程序或站点中的自包含成分所构成的一个页面的一部分，并且这部分专用于独立地分类或复用。例如，一个博客的帖子，一篇文章，一个视频文件等。

```html
<!DOCTYPE HTML>
<html>
<head>
<meta charset="utf-8">
<title>无标题文档</title>
</head>
<article>
<header>
<h1>文章标题</h1>
<p>发表日期：<time pubdate="pubdate">2010/07/20 </time></p>
</header>
<p>文章正文</p>
<footer>
<p><span>阅读：1320</span><span>推荐：5</span></p>
</footer>
</article>
</body>
</html>
```

从上面的示例可以看到，<article>标签中嵌套了<header>、<footer>、<p>等标签。其显示结果如图3-24所示。

3.3.7 章节结构

<section>标签用来定义文档中的节（section），如章节、页眉、页脚或文档中的其他部分。一般用于成节的内容，会在文档流中开始一个新的节。它主要用于对网站或应用程序中页面上的内容进行分块。<section>标签通常由内容及其标题组成，代码如下所示：

图 3-24 显示网页内容

```
<section>
<h1>section 是什么？</h1>
<h2>一个新的章节</h2>
<article>
<h2>关于 section</h1>
<p>section 的介绍</p>
...
</article>
</section>
```

提 示

<section>标签和<article>标签的区别是：<section>标签的作用是对页面上内容进行分块，<article>标签是独立的、完整的内容。

3.3.8 页脚结构

<footer>标签包含了与页面、文章或是部分内容有关的信息，可以作为上层父级内容区块，或是一个根区块的脚注，通常包括其相关区块的脚注信息，如文章的作者或是日期。作为页面的页脚，其有可能包含了版权或是其他重要的法律信息。

```
<body>
<header>
  <h1>文章标题</h1>
  <p>发表日期：
    <time pubdate="pubdate">2010/07/20 </time>
  </p>
</header>
<section>
<p>文章正文</p>
<p>section 的介绍</p>
</section>
<footer>
    <p>Copyright 2011 Acme United. All rights reserved.</p>
</footer>
</body>
```

一个页面中也未限制<footer>标签的个数，可以为<article>标签或<section>标签添加<footer>标签，如图 3-25 所示。

3.3.9 图结构

<figure>标签用于规定独立的流内容（图像、图表、照片、代码等）。<figure>标签中的内容应该与主内容相关，但如果被删除，则不应对文档流产生影响。

图 3-25 显示页面内容

```
<figure>
 <p>黄浦江上的的卢浦大桥</p>
 <img src="images/flower1.png" width="350" height="234" />
</figure>
```

在<figure>标签中添加的文本与图片，则将在左侧对齐显示，效果如图 3-26 所示。

3.4 格式化文本

对于输入网页中的文本内容，用户还可以进行格式设置。格式化文本的目的是使页面内容更加美观、具有层次感，以及突出重要信息等。

图 3-26 显示图结构内容

3.4.1 HTML 样式

样式是 HTML 4 引入的，它是一种新的首选的改变 HTML 元素样式的方式。通过HTML 样式，能够通过使用 style 属性直接将样式添加到 HTML 元素，或者间接地在独立的样式表中（CSS 文件）进行定义。

1. 下划线

<u></u> 下划线标签告诉浏览器把其加<u>标签的文本加下划线样式呈现给用户。对于所有浏览器来说，这意味着要把这段文字采用加下划线的样式显示。

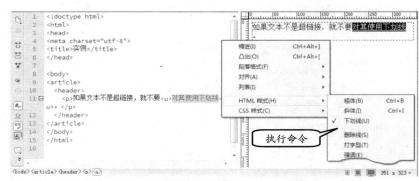

图 3-27 添加下划线

例如，选择需要添加下划线的文本，并执行【格式】|【HTML 样式】|【下划线】命令，如图 3-27 所示。

2. 删除线

<s></s>删除线标签告诉浏览器把其加<s>标签的文本文字加删除线样式（文字中间一道横线）呈现给用户。

例如，选择需要添加删除线的文本，并执行【格式】|【HTML 样式】|【删除线】命令，如图 3-28 所示。

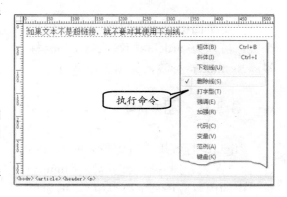

图 3-28 添加删除线

3．打字型

<tt>标签呈现类似打字机或者等宽的文本效果。<tt>标签与<code>和<kbd>标签一样，<tt>标签和</tt>结束标签告诉浏览器，要把其中包含的文本显示为等宽字体。对于那些已经使用了等宽字体的浏览器来说，这个标签在文本的显示上就没有什么特殊效果了。

例如，选择需要添加打字型效果的文本，并执行【格式】|【HTML 样式】|【打字型】命令，如图 3-29 所示。

4．强调/斜体

<em></em>标签告诉浏览器把其中的文本表示为强调的内容。对于所有浏览器来说，这意味着要把这段文字用斜体方式呈现给大家，它与HTML 斜体效果相同。

例如，选择文本，并执行【格式】|【HTML 样式】|【强调】命令，如图3-30 所示。

图 3-29 添加打字效果

当用户对所选择文本进行强调显示时，则同时在菜单中执行【斜体】命令，即强调与斜体的效果相同。

5．加强/粗体

<strong>标签用于强调文本，但它强调的程度要更强一些。通常是用加粗的字体（相对于斜体）来显示其中的内容。

例如，选择文本，并执行【格式】|【HTML 样式】|【加强】命令，如图 3-31 所示。

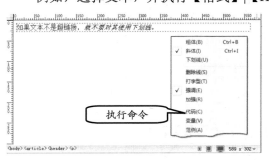

图 3-30 对文本强调显示

图 3-31 文本加强显示

如果常识告诉我们应该较少使用<em>标签的话，那么<strong>标签出现的次数应该更少。如果说用<em>标签修饰的文本好像是在大声呼喊，那么用<strong>标签修饰的文本就无异于尖叫了。

而实际上，使用这个标签的理由是，认为教程摘要不仅概括了其所在页面的内容，而且还位于页面的最重要的位置，其内容自然是非常重要的且值得强调的。

6．代码

<code>标签用于表示计算机源代码或者其他机器可以阅读的文本内容。软件代码的

开发人员已经习惯了编写源代码时文本表示的特殊样式。

在该标签内的文本将用等宽、类似电传打字机样式的字体（Courier）显示出来，对于大多数程序员和用户来说，这应该是十分熟悉的。

例如，选择文本，并执行【格式】|【HTML 样式】|【代码】命令，如图3-32 所示。

只应该在表示计算机程序源代码，或者其他机器可以阅读的文本内容上使用 <code>标签。虽然<code>标签通常只是把文本变成等宽字体，但它暗示着这段文本是源程序代码。

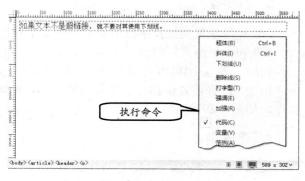

图 3-32　代码格式

7．变量

<var>标签表示变量的名称，或者由用户提供的值。<var>标签是计算机文档中应用的另一个小窍门，这个标签经常与<code>和<pre>标签一起使用，用来显示计算机编程代码范例及类似方面的特定元素。

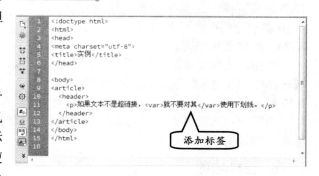

图 3-33　添加变量标签

用<var>标签标记的文本通常显示为斜体。就像其他与计算机编程和文档相关的标签一样，<var>标签不只是让用户更容易理解和浏览文档，而且将来某些自动系统还可以利用这些恰当的标签，从文档中提取信息以及文档中提到的有用参数。

用户也可在【代码】视图中，通过文本插入该标签内容，如图3-33 所示。

8．范例

<samp>标签表示一段用户应该对其没有什么其他解释的文本字符。要从正常的上下文抽取这些字符时，通常要用到这个标签。

例如，在代码中，用户直接在文本中添加<samp>标签后，可以在【设计】视图中，看到文本字体已经变小，如图3-34 所示。

9．键盘

<kbd>标签用于定义键盘文本。说到技术概念上的特殊样式时，就要提到<kbd>标签，它用来表示文本是从键盘上输入的。

例如，在【代码】视图中，可以输入以下代码：

```
<!doctype html>
<html>
<head>
<meta charset="utf-8">
<title>实例</title>
</head>
<body>
<article>
  <header>
    <p>输入 <kbd>quit</kbd> 来退出程序，或者输入 <kbd>menu</kbd> 来返回主菜单。
    </p>
  </header>
</article>
</body>
</html>
```

<kbd>标签经常用于计算机相关的文档和手册中。浏览器通常用等宽字体来显示该标签中包含的文本，如图 3-35 所示。

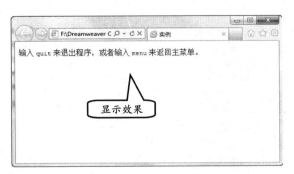

图 3-35 浏览标签中的内容

10. 引用

<cite>标签通常表示它所包含的文本对某个参考文献的引用，如书籍或者杂志的标题。按照惯例，引用的文本将以斜体显示。

例如，在【代码】视图中，可以输入以下代码：

```
<!doctype html>
<html>
<head>
<meta charset="utf-8">
<title>实例</title>
</head>
<body>
<article>
  <header>
    <cite cite="http://www.dreamdu.com/xhtml/">一步步地教你学会 HTML 与
    XHTML</cite>
  </header>
</article>
</body>
</html>
```

通过上述代码，用户可以在浏览器中看到标签中所显示的效果，如图 3-36 所示。

用<cite>标签把指向其他文档的引用分离出来，尤其是分离那些传统媒体中的文档，如书籍、杂志、期刊等。如果引用的这些文档有联机版本，还应该把引用包括在一个<a>

标签中，从而把一个超链接指向该联机版本。

<cite>标签还有一个隐藏的功能：它可以从文档中自动摘录参考书目。我们可以很容易地想象一个浏览器，它能够自动整理引用表格，并把它们作为脚注或者独立的文档来显示。<cite>标签的语义已经远远超过了改变它所包含的文本外观的作用，它使浏览器能够以各种实用的方式来向用户表达文档的内容。

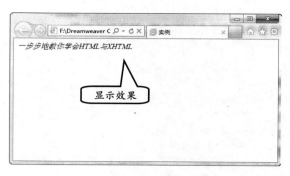

11．定义

图 3-36 显示引用效果

<dfn>标签可标记那些对特殊术语或短语的定义。现在流行的浏览器通常用斜体来显示<dfn>标签中的文本。将来，<dfn>还可能有助于创建文档的索引或术语表。

例如，在【代码】视图中，可以输入以下代码：

```
<!doctype html>
<html>
<head>
<meta charset="utf-8">
<title>实例</title>
</head>
<body>
<article>
  <header>
    <p><dfn>梦之都</dfn>是一个单词,更是一种向往!</p>
  </header>
</article>
</body>
</html>
```

通过上述代码，用户可以在浏览器中看到标签中所显示的效果，如图 3-37 所示。

12．已删除

<del>标签是成对出现的，以<del>开始，</del>结束。<del>标签通常应与<ins>标签一同使用，表示被删除与被插入的文本。

通过<del>与<ins>标签定义文档，可以了解文档内容的修改过程，利于多人编辑系统。

例如，在【代码】视图中，可以输入以下代码：

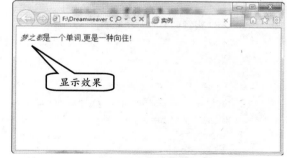

图 3-37 显示<dfn>标签内容

```
<!doctype html>
<html>
```

```
<head>
<meta charset="utf-8">
<title>实例</title>
</head>
<body>
<article>
  <header>
     <p>梦之都教程的网址<del title="del url" cite="http://www.dreamdu.com/"
datetime="2013-10-21T08:08:03-05:00">http://www.dreamdu.com/xhtml/</del><i
ns>http://www.dreamdu.com/css/</ins>，原先<del>http://www.dreamdu.com/xhtml/
</del>网址已经删除。</p>
  </header>
</article>
</body>
</html>
```

通过上述代码，用户可以在浏览器中看到标签中所显示的效果，如图 3-38 所示。

13．已插入

<ins>标签也是成对出现的，以<ins>开始，</ins>结束。<ins>标签通常应与<del>标签一同使用，表示被插入与被删除的文本。使用<ins>标签定义的文本通常带有下划线。

图 3-38 查看删除文本效果

例如，在【代码】视图中，可以输入以下代码：

```
<!doctype html>
<html>
<head>
<meta charset="utf-8">
<title>实例</title>
</head>
<body>
<article>
  <header>
    <p>学习网页设计，非常
       <del title="del_Text" cite="语法">
               有利学习
       </del>
       <ins>轻松、方便。</ins>
       ，原先
       <del>用户有方法</del>
       用户需要注重方法。
  </p>
  </header>
```

```
</article>
</body>
</html>
```

通过上述代码，用户可以在浏览器中看到标签中所显示的效果，如图 3-39 所示。

3.4.2 对齐方式

在网页中编辑文档时，用户也可以像设置 Word 文档中的文本一样，对文本进行对齐方式设置。

1. 左对齐

在设计网页时，默认的文本排列方式为左对齐方式。

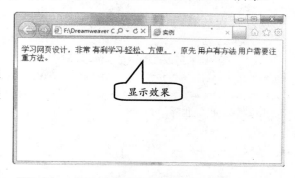

图 3-39 显示删除和插入内容效果

如果用户需要在编辑状态设置文本为左对齐方式，需将光标放置到段落中，执行【格式】|【对齐】|【左对齐】命令即可，如图 3-40 所示。

通过设置文本左对齐之后，用户可以在【代码】视图中，看到<p>标签中添加了 align 属性，并设置参数为 left，如图 3-41 所示。

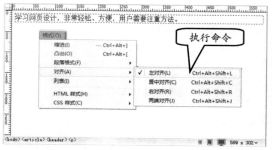

图 3-40 设置文本左对齐

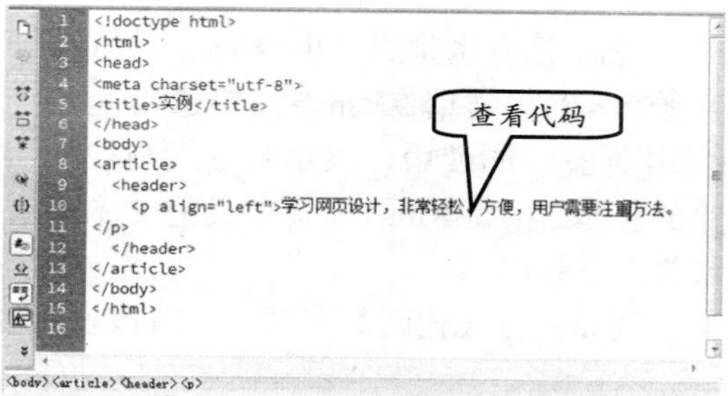

图 3-41 查看代码

2. 居中对齐

居中对齐是通过设置文本内容，调整文字的水平间距，使段落的文字沿水平方向向中间集中对齐的一种对齐方式。居中对齐使文章两侧文字整齐地向中间集中，使整个段落都整齐地在页面中间显示。

将光标放置到段落中，执行【格式】|【对齐】|【居中对齐】命令，如图 3-42 所示。

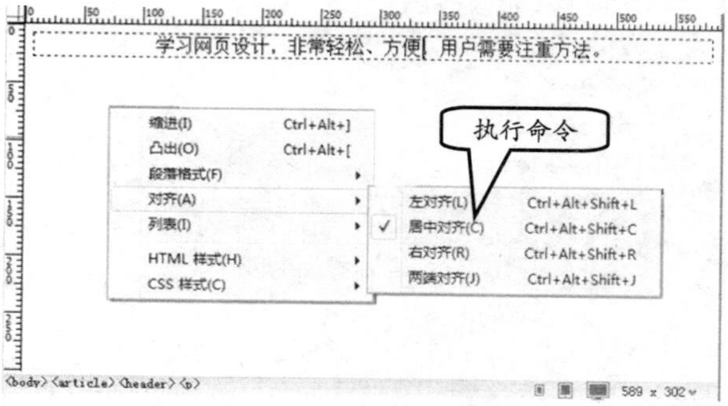

图 3-42 设置居中对齐

用户可以通过浏览器查看居中对齐方式的效果，如图 3-43 所示。而当用户改变浏览器窗口的宽度时，则文本也将随着宽度调整，并始终保持居中对齐方式。

3．右对齐

右对齐是通过调整文字的水平间距，使段落或者文章中的文字沿水平方向向右对齐的一种对齐方式。右对齐使文章右侧文字具有整齐的边缘。

将光标放置到段落中，执行【格式】|【对齐】|【右对齐】命令，如图 3-44 所示。

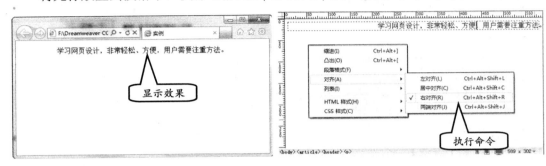

图 3-43　居中对齐效果　　　　图 3-44　设置右对齐方式

用户可以通过浏览器查看右对齐方式的效果，如图 3-45 所示。而当用户改变浏览器窗口的宽度时，则文本也将随着宽度调整，并始终保持右对齐方式。

4．两端对齐

两端对齐是通过设置文本内容的两端，调整文字的水平间距，使其均匀分布在左右页边距之间的一种对齐方式。两端对齐使两侧文字具有整齐的边缘。所选的内容每一行全部向页面两边对齐，字与字之间的距离根据每一行字符的多少自动分配。

将光标放置到段落中，执行【格式】|【对齐】|【两端对齐】命令，如图 3-46 所示。

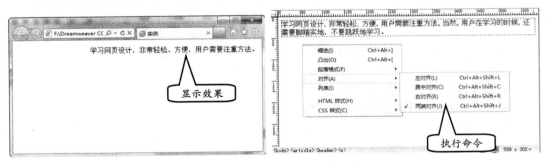

图 3-45　右对齐效果　　　　图 3-46　设置文本两端对齐

3.4.3　段落样式

Dreamweaver 中的段落样式与 Word 中的段落样式不同，Dreamweaver 中的段落样式只是设置标题内容。例如，在 Dreamweaver 中段落的标题样式分为"标题 1"、"标题 2"、"标题 3"…"标题 6"。

1．设置段落

当用户执行【格式】|【段落格式】|【段落】命令时，与执行【插入】|【结构】|【段落】命令一样，它们都会在【代码】编辑器中添加一个<p>标签，如图 3-47 所示。

另外，用户也可以在文档中，先选择文本，再执行【格式】|【段落格式】|【段落】命令，而所选择内容将添加段落标签，如图 3-48 所示。

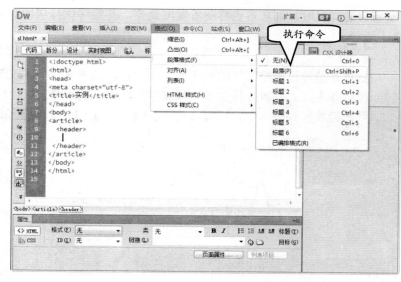

图 3-47 添加段落标签

2．设置标题

标题是文章的眉目。各类文章的标题，样式繁多，但无论是何种形式，总要以全部或不同的侧面体现作者的写作意图和文章的主旨。标题一般分为总标题、副标题、分标题等。

因此，在 Dreamweaver 中，标题可以分为 6 个级别，不同级别的标题的格式不相同，"标题 1"为最大字号，"标题 6"为最小字号。

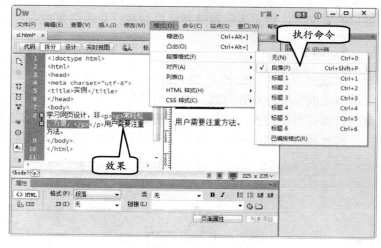

图 3-48 添加段落标签

当用户执行【格式】|【段落格式】|【标题 1】命令时，则段落文本将以"标题 1"格式显示，如图 3-49 所示。

除此之外，用户还可以将文本设置为其他的标题，如"标题 2"、"标题 3"、"标题 4"等。通过对文本进行标题设置之后在文档中看到的文本样式效果，如图 3-50 所示。

3．编排格式

<pre>标签可定义预格式化的文本。被包围在<pre>标签中的文本通常会保留空格和

换行符。同时文本也会呈现为等宽字体。<pre>标签的一个常见应用就是用来表示计算机的源代码。

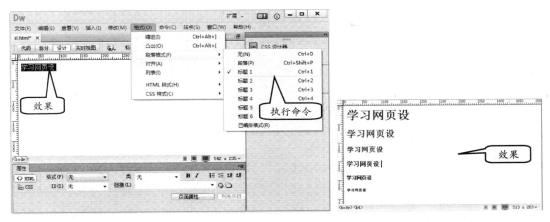

图 3-49　设置"标题 1"格式　　　　　　　　图 3-50　标题设置

在代码中，可以导致段落断开的标签（如标题、<p>和<address>标签）绝不能包含在<pre>标签所定义的块里。尽管有些浏览器会把段落结束标签解释为简单地换行，但是这种行为在所有浏览器上并不都是一样的。

<pre>标签中允许的文本可以包括物理样式和基于内容的样式变化，还有链接、图像和水平分隔线。当把其他标签（如<a>标签）放到<pre>标签块中时，就像放在HTML/XHTML 文档的其他部分中一样即可。

例如，在<pre>标签中，用户可以将文本进行换行，并插入空格，以测试显示效果，如图 3-51 所示。

调整文本格式后，在浏览器中浏览网页内容，可以看到所调整的文本格式不同，如图 3-52 所示。

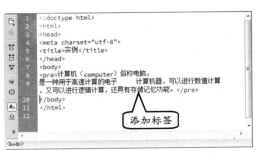

图 3-51　调整文本格式

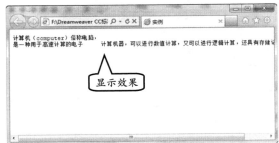

图 3-52　显示文本效果

3.5　课堂练习：制作诗词欣赏页

在制作诗词页面中，用户对文本内容可以进行一些格式设置，如标题、段落等。并且，用户在输入文本时，需要插入特殊字符，如图 3-53 所示。

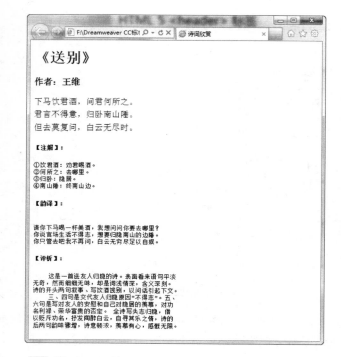

图 3-53 诗词页

操作步骤：

1. 执行【文件】|【新建】命令，弹出【新建文档】对话框。在该对话框中，用户可以选择【空白页】选项，并在【页面类型】列表中选择 HTML 选项，单击【创建】按钮，如图 3-54 所示。

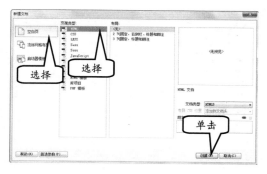

图 3-54 新建文档

2. 在【代码】视图中，将光标定位于<body>标签之后，并按 Enter 键。然后，执行【插入】|【结构】|【页眉】命令，如图 3-55 所示。

3. 在弹出的【插入 Header】对话框中，单击【确定】按钮。此时，在代码中将插入<header></header>标签，如图 3-56 所示。

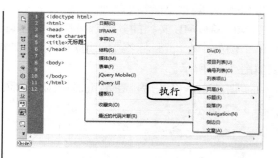

图 3-55 插入页眉

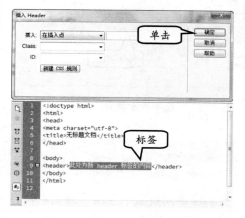

图 3-56 插入页眉标签

4 执行【插入】|【结构】|【标题】|【标题 1】命令,插入<h1></h1>标签,如图 3-57 所示。

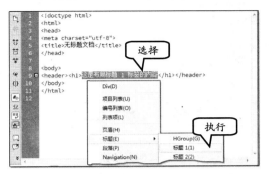

图 3-57　插入标题名

5 在<h1>标签中,用户可以输入诗词的名称,如"《送别》",如图 3-58 所示。

图 3-58　插入标题内容

6 在<h1>标签之后,再插入<h3></h3>标题标签,并输入诗词的作者信息,如图 3-59 所示。

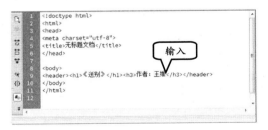

图 3-59　输入作者信息

7 将光标置于</h3>标签之后,并执行【插入】|【结构】|【文章】命令,如图 3-60 所示。

8 在弹出的【插入 Article】对话框中,单击【确定】按钮,即可在文档中添加该标签,如图 3-61 所示。

9 将光标置于<article></article>标签中,并执行【格式】|【段落格式】|【已编排格式】

命令,如图 3-62 所示。

图 3-60　插入文章结构

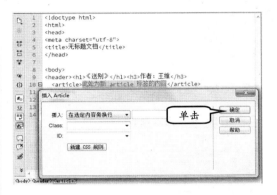

图 3-61　插入文章结构

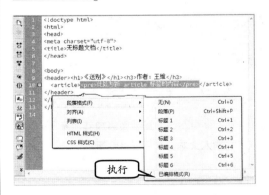

图 3-62　添加格式

10 在<pre></pre>标签中,输入诗词的内容,如图 3-63 所示。

11 在</pre>标签后面再执行【插入】|【结构】|【章节】命令,插入<section></section>标签,如图 3-64 所示。

12 在<section></section>标签中,输入文本内容,如图 3-65 所示。

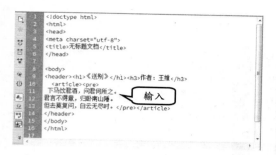

图 3-63 录入文本

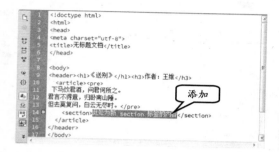

图 3-64 插入章节标签

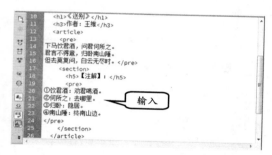

图 3-65 添加文本内容

13 在</section>标签后面添加其他章节内容，并输入文本，如图 3-66 所示。

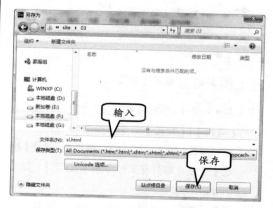

图 3-66 添加章节内容

14 修改<title></title>标签中的网页标题名称，

如图 3-67 所示。

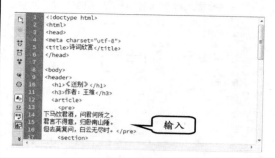

图 3-67 修改网页名称

15 执行【文件】|【保存】命令，将当前的文档进行存储，如图 3-68 所示。

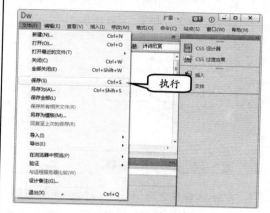

图 3-68 存储文档

16 在弹出的【另存为】对话框中，用户可以修改【文件名】为"sl.html"，并单击【保存】按钮，如图 3-69 所示。

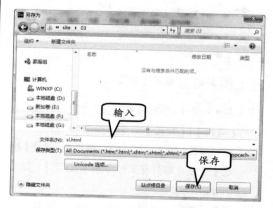

图 3-69 保存文档

在班级管理制度页面中，主要以文本为主。因此，如果用户想要使网页看起来比较美观，需要对网页中的文本进行格式化设置，如图 3-70 所示。

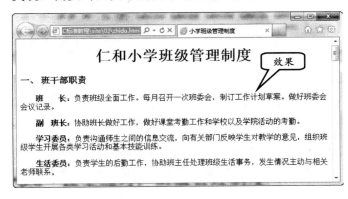

图 3-70 管理制度页面

操作步骤：

1 将在文本编辑器中编写好的"仁和小学班级管理制度"内容直接复制到网页编辑器中，如图 3-71 所示。

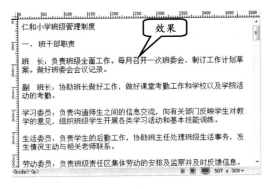

图 3-71 粘贴文本

2 选择全部文本内容，并执行【插入】|Div 命令。即可将文本包含在一个<div></div>标签中，如图 3-72 所示。

3 选择标题名称，并执行【格式】|【段落格式】|【标题 1】命令，如图 3-73 所示。

4 再次选择标题名称，并执行【格式】|【对齐】|【居中对齐】命令，即可设置标题为居中显示，如图 3-74 所示。

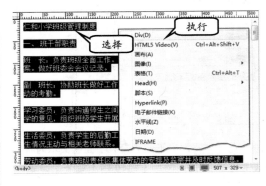

图 3-72 添加标签

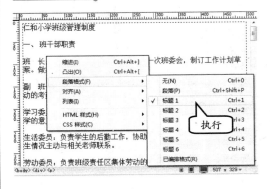

图 3-73 设置标题

5 选择标题以下的内容，并执行【插入】|【结构】|【文章】命令，即可在文档中所选内容

外添加<article></article>标签，如图3-75
所示。

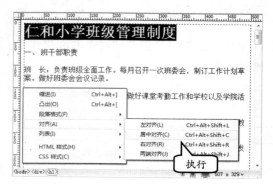

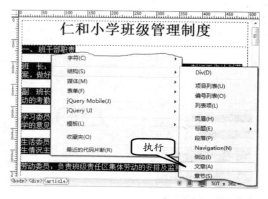

6 选择"一、班干部职责"下面的文本内容，
并执行【插入】|【结构】|【章节】命令，
如图3-76所示。

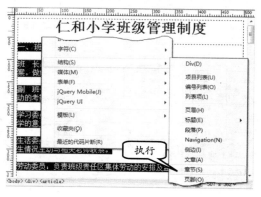

7 选择"一、班干部职责"文本内容，并执行
【格式】|【段落格式】|【标题3】命令，如

图3-77所示。

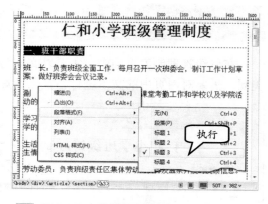

8 分别选择"一、班干部职责"下面每段内容
中"冒号"（：）之前的文本，并在【属性】
检查器中单击【加粗】按钮，如图3-78所示。

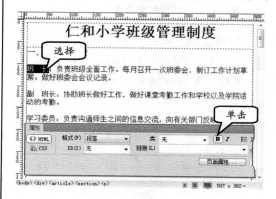

9 同理，分别选择"二、学生课堂常规"、"三、
班级环境管理制度"等内容，分别设置为章
节内容，并设置节标题为"标题 3"，如图
3-79所示。

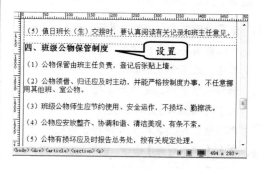

10　在【CSS 设计器】面板中，单击【源】标签
　　栏后面的【添加 CSS 源】下拉按钮 ，执行
　　【创建新的 CSS 文件】命令，如图 3-80 所示。

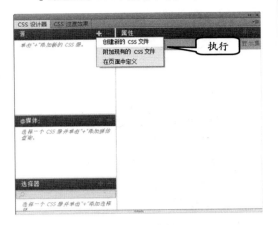

图 3-80　创建 CSS 样式

11　在弹出的【创建新的 CSS 文件】对话框中，
　　单击【浏览】按钮，并在弹出的【将样式表
　　文件另存为】对话框中，选择已经创建的　样
　　式文件，单击【保存】按钮，如图 3-81 所示。

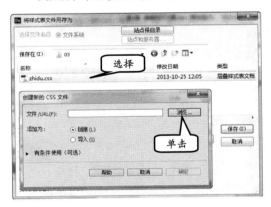

图 3-81　链接外部文件

12　在【选择器】标签栏中，单击【添加选择器】
　　按钮 ，并输入<p>标签选择器。然后，在【属
　　性】标签栏中，单击【添加 CSS 属性】按钮 ，
　　并输入属性与参数内容，如图 3-82 所示。

13　选择最后落款内容，并设置文本为右对齐方
　　式显示，如选择"仁和小学一年级二班班委
　　会"段落，并执行【格式】|【对齐】|【右
　　对齐】命令，如图 3-83 所示。

图 3-82　添加选择器

图 3-83　设置对齐方式

14　再选择落款中其他文本段落，并设置文本右
　　对齐方式显示，如图 3-84 所示。

图 3-84　设置对齐方式

15　保存当前的文档，如执行【文件】|【保存】命
　　令，并在弹出的【另存为】对话框中，修改文
　　件名称，单击【保存】按钮，如图 3-85 所示。

图 3-85　保存文档

一、填空题

1．在网页中输入文本有三种方法：直接输入法、_____和导入文档法。

2．在 Dreamweaver 中，执行【插入】|【_____】命令，即可在弹出的菜单中选择各种特殊符号。

3．在 `<ul></ul>` 标签中，用户还可以再次插入 `<ul></ul>` 标签，而位于内部的标签为_____。

4．_____标签是页面加载的第一个标签，包含了站点的标题、Logo、网站导航等。

5．_____标签包含了与页面、文章或是部分内容有关的信息，可以作为上层父级内容区块，或是一个根区块的脚注。

二、选择题

1．在网页中连续输入空格的方法是_____。
- A．连续按空格键
- B．按下 Ctrl 键再连续按空格键
- C．转换到中文的全角状态下连续按空格键
- D．按下 Shift 键再连续按空格键

2．如果不想在段落间留有空行，可以按_____快捷键。
- A．Enter
- B．Ctrl+Enter
- C．Alt+Enter
- D．Shift+Enter

3．如果将一段文本标识为段落，则需要在文本前后添加_____标签。
- A．`<p>`
- B．`<section>`
- C．`<footer>`
- D．`<li>`

4．`<nav>`标签_____。
- A．用于添加导航
- B．用于构建一个页面或一个站点内的链接
- C．表示一个可以用作页面的链接
- D．添加链接文本

5．在_____标签中的文本通常会保留空格和换行符。

- A．`<section>`
- B．`<footer>`
- C．`<pre>`
- D．`<p>`

三、简答题

1．描述页眉的含义。
2．文本包含几种对齐方式？
3．段落样式有几种？
4．如何插入日期？

四、上机练习

1．制作古诗网页

在制作与古诗有关的网页时，可以将诗歌内容与具有古典特色的背景图像相搭配，这样无论从文本内容还是背景图像上来说，都可以表现页面的主题内容，如图 3-86 所示。

图 3-86 古诗网页

2．插入脚本

用户可以在 HTML 文档中，直接插入脚本文件（如扩展名为 .js 的文件）。并且，在文档中，插入创建脚本文件的链接。

例如，在文档中，执行【插入】|【脚本】命令，如图 3-87 所示。

然后，在弹出的【选择文件】对话框中，选择已经创建的脚本文件，并单击【确定】按钮，如图 3-88 所示。

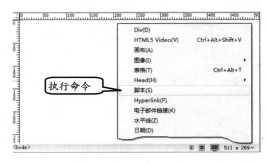

图 3-87 执行【脚本】命令

最后，在【代码】视图中，用户可以看到文档中所添加的代码，并用于链接所选择的脚本文件，如图 3-89 所示。

图 3-89 插入链接代码

图 3-88 选择脚本文件

第4章

图像与多媒体

在网页中，除了插入文本内容之外，还可以插入图像和多媒体素材内容。由于文本给人的感觉单调、枯燥，所以通过添加图像和多媒体素材，可以使网页更加生动。

通过插入图像，可以使网页中的文本内容和图像进行混排，并实现图文结合，内容上更加具有说服力。

而对于多媒体素材，在网页中应用比较广泛，如一些动画广告、动画网页，以及流媒体视频，还有音乐网站等。

本章学习要点：

➤ 插入图像
➤ 编辑图像
➤ 图像对象操作
➤ 插入多媒体

4.1 插入图像

在网页中插入图像，不但可以将内容表现得更加形象、生动，还能够跨越语言、编码标准、人种、地域和年龄的差异。但是，过多的图像也会影响网页的下载速度，所以在设计网页时要整体考虑图像的数目和大小。

4.1.1 网页图像格式

插入网页的图像其特定格式可以有很多种，但 GIF 格式和 JPEG 格式的图片文件由于文件较小，适合于网络上的传输，并且许多浏览器完全支持，所以是网页制作中最为常用的文件格式。除此之外，还包含一些其他格式的文件。

1．JPEG

JPEG（Joint Photographic Experts Group）格式是 Web 上仅次于 GIF 的常用图像格式。JPEG 是一种压缩得非常紧凑的格式，专门用于不含大色块的图像。

JPEG 格式的图像有一定的失真度，但是在正常的损失下肉眼分辨不出 JPEG 和 GIF 图像的差别。而 JPEG 文件只有 GIF 文件的 1/4 大小。JPEG 对图标之类的含大色块的图像不是很有效，不支持透明图和动态图。

2．PNG

PNG（Portable Network Graphic）格式是 Web 图像中最通用的格式。它是一种无损压缩格式，但是如果没有插件支持，有的浏览器可能不支持这种格式。PNG 格式最多可以支持 32 位颜色，但是不支持动画图。

3．GIF

GIF（Graphics Interchange Format）格式是 Web 上最常用的图像格式，它可以用来存储各种图像文件。特别适用于存储线条、图标和计算机生成的图像、卡通和其他有大色块的图像。

GIF 格式的文件容量非常小，形成的是一种压缩的 8 位图像文件，所以最多只支持 256 种不同的颜色。GIF 格式支持动态图、透明图和交织图。

4．BMP

BMP（Windows Bitmap）格式使用的是索引色彩，它的图像具有极其丰富的色彩，可以使用 16M 色彩渲染图像。此格式一般用在多媒体演示和视频输出等情况下。

5．TIFF

TIFF（Tag Image File Format）格式是对色彩通道图像来说最有用的格式，支持 24 个通道，能存储多于 4 个通道的文件格式。TIFF 格式的结果要比其他格式更大、更复杂，它非常适合于印刷和输出。

6．TGA

TGA（Taged Graphics）格式与 TIFF 格式相同，都可以用来处理高质量的色彩通道图形。另外，PDD、PSD 格式也是存储包括通道的 RGB 图像的最常见的文件格式。

4.1.2　网页中添加图像

在 Dreamweaver 中，将光标放置到文档的空白位置，即进行插入图像。然后，执行【插入】|【图像】命令，或按 Ctrl+Alt+I 快捷键。

此时，在弹出的【选择图像源文件】对话框中，选择图像，单击【确定】按钮将图像插入到网页文档中，如图 4-1 所示。

此时，用户可以在鼠标所在文档的位置，查看到已经插入的图像，如图 4-2 所示。

图 4-1　选择需要插入的图像　　　　图 4-2　显示插入的图像

另外，用户还可以在【插入】面板中选择【常用】选项，并单击【图像】按钮，如图 4-3 所示。

此时，在弹出的【选择图像源文件】对话框中，选择需要插入的图像，并将其插入到文档中。

图 4-3　通过面板插入图像

提　示

如果在插入图像之前未将文档保存到站点中，则 Dreamweaver 会生成一个对图像文件的 file:// 绝对路径引用，而并非相对路径。只有将文档保存到站点中，Dreamweaver 才会将该绝对路径转换为相对路径。

4.1.3　更改图像属性

Dreamweaver 中的【属性】检查器是相对应的，选中不同的元素会显示不同的属性参数。例如，选中图片后，在【属性】检查器中将显示该图片的各个属性参数，如图 4-4 所示。

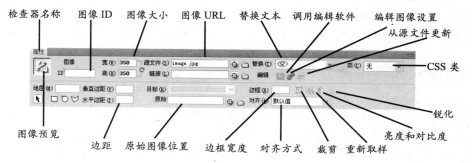

图 4-4　图像【属性】检查器

图像【属性】检查器中的各项参数设置如表 4-1 所示。

表 4-1 图像属性

属 性			作 用
图像 ID			图像在网页中唯一的标识
宽和高			图像在水平方向（宽）和垂直方向（高）的尺寸
源文件			图像在本地计算机或互联网中的 URL 路径
链接			图像所应用的超链接 URL 地址
替换文本			当鼠标滑过图像时显示的工具提示信息
编辑按钮组	编辑	Fw	调用相关的图像处理软件编辑图像（例如，PSD 使用 Photoshop，PNG 使用 Fireworks）
	编辑图像设置		在使用相关的图像处理软件编辑图像时所采用的设置项目
	从源文件更新		如使用的是 PSD 文档输出的图像文件，可将图像与源 PSD 关联，单击此按钮进行动态更新
类			图像在网页中可应用的 CSS 样式
地图	指针热点工具		选择图像上方的热点链接，并进行移动或其他操作
	矩形热点工具		在图像上方绘制一个矩形的热点链接区域
	圆形热点工具		在图像上方绘制一个圆形的热点链接区域
	多边形热点工具		在图像上方绘制一个多边形的热点链接区域
边距	垂直边距		定义图像与其上方或下方各种网页元素之间的距离
	水平边距		定义图像与其左侧或右侧各种网页元素之间的距离
目标			定义图像所应用的超链接的打开方式
原始			如使用的是 PSD 文档输出的图像文件，此处将显示 PSD 文档的 URL 路径
边框			定义图像外部的边框宽度
编辑按钮组	裁剪		对图像进行裁剪操作，删除被裁剪掉的区域
	重新取样		对已经调整大小的图像重新取样
	亮度和对比度		调整图像的亮度和对比度
	锐化		消除图像的模糊效果
对齐	默认值		指定图像与基线对齐
	基线和底部		将文本或者同一段落中的其他元素的基线与选定对象的底部对齐
	顶端		将图像的顶端与当前行中最高项（图像或文本）的顶端对齐
	居中		将图像的中部与当前行的基线对齐
	文本上方		将图像的顶端与文本行中最高字符的顶端对齐
	绝对居中		将图像的中部与当前行中文本的中部对齐
	绝对底部		将图像的底部与文本行的底部对齐
	左对齐		将所选图像放置在左边，文本在图像的右侧换行。如果左对齐文本在行上处于对象之前，它通常强制左对齐对象换到一个新行
	右对齐		将图像放置在右边，文本在对象的左侧换行。如果右对齐文本在行上处于对象之前，它通常强制右对齐对象换到一个新行

4.2 编辑图像

　　根据不同的网页要求，需要适当地重新调整图像的属性。图像属性中既包括基本属性，如大小、对齐方式等，也包括改变图像本身的属性，如亮度/对比度、锐化等。

4.2.1 裁剪图像

在文档中，选中要裁剪的图像，单击【属性】检查器中的【裁剪】按钮 ，如图4-5所示。

此时，弹出提示信息框，并提示"必须先分离智能对象，然后才能编辑 Web 图像。是否要继续？"的信息，单击【是】按钮，如图4-6所示。

图 4-5　单击【裁剪】按钮

图 4-6　分离智能对象

这时在文档的图像中，将显示一个可以调整的区域，并且四周显示控制点，如图4-7所示。

用户拖动黑色方块调整大小，在图像中移动图像显示区域，调整完成后双击或者按Enter 键完成操作，如图4-8所示。

图 4-7　调整裁剪区域

图 4-8　裁剪后的图像

4.2.2 优化图像

在网站优化中，如果图片优化得好，不但可以提高页面的加载速度，提升网站的用户体验，而且还可以通过图片优化来节省网站的带宽。

例如，选择图像并单击【属性】检查器中的【编辑图像设置】按钮，如图4-9所示。

图 4-9　编辑图像设置

在弹出的【图像优化】对话框中，用户可以从【预置】下拉列表框中，选择预定好的优化方案，或者在【格式】和【品质】选项中，调整图像的优化参数，如图 4-10 所示。

4.2.3 更改图像大小

图像插入网页后，显示的是原始尺寸。重新调整图像尺寸的方法有以下两种。

一种是通过单击图像后的调节边框拖动图像改变图像大小，如图 4-11 所示。

图 4-10 设置优化参数

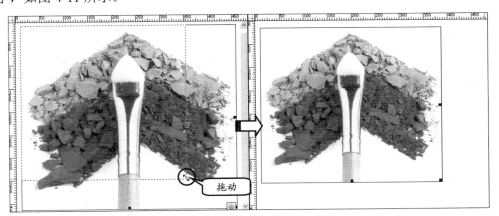

图 4-11 缩小图像尺寸

> **注 意**
>
> 可以更改这些值来缩放该图像实例的显示大小，但这不会缩短下载时间，因为浏览器在缩放图像前会下载所有图像数据。若要缩短下载时间并确保所有图像实例以相同大小显示，应使用图像编辑应用程序缩放图像。

另外一种方法是，在【属性】面板中，直接设置图像的【宽】和【高】值，通过输入数值精确地改变图像的大小，如图 4-12 所示。

通过上述两种方法调整图像大小时，在【属性】面板的【宽】和【高】文本框后，都将出现【锁】和【重置为原始大小】按钮图标，如图 4-13 所示。

另外，如果用户拖动改变图像的大小，则在上述两个图标后面，显示【提交图像大小】按钮图标。

图 4-12 设置精确尺寸大小

图 4-13 设置属性大小

4.2.4　通过 Photoshop 调整图像

选择要编辑的图像，单击【属性】面板中的【编辑】按钮，该图像将会在 Photoshop 软件中打开，并可进行编辑。编辑完成后，Dreamweaver 中的图像被更新，如图 4-14 所示。

> **提　示**
>
> 将 Dreamweaver 中的图像在 Photoshop 中打开并且编辑，还可以通过其他方法，那就是按住 Ctrl 键双击图像即可。

4.2.5　调整亮度和对比度

修改图像中像素的对比度或亮度。这将影响图像的高亮显示、阴影和中间色调。修正过暗或过亮的图像时通常使用【亮度和对比度】命令。

首先，选择图像，单击【属性】面板中的【亮度和对比度】按钮，然后通过拖动【亮度】和【对比度】滑动块调整参数，如图 4-15 所示。

4.2.6　锐化图像

锐化可以通过增加图像边缘的对比度来调整图像的焦点。大多数图像捕获软件的默认操作是柔化图像中各对象的边缘，这可以防止特别精细的细节从组成数码图像的像素中丢失。

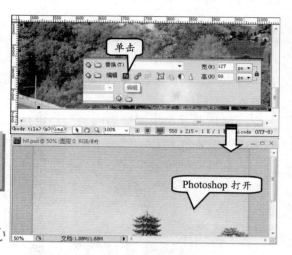

图 4-14　编辑图像

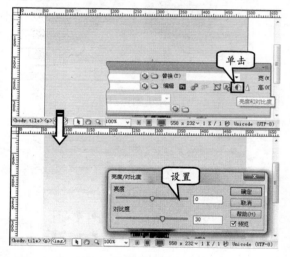

图 4-15　调整图像颜色

不过，要显示数码图像文件中的细节，经常需要锐化图像，从而提高边缘的对比度，使图像更清晰。

首先，选中要锐化的图像，单击【属性】面板中的【锐化】按钮，然后通过拖动滑块控件来指定应用于图像的锐化程度，如图 4-16 所示。

4.2.7　重新取样

在 Dreamweaver 中调整图像大小时，用户可以对图像进行重新取样，以适应其新尺寸。

对位图对象进行重新取样时，会在图像中添加或删除像素，以使其变大或变小。

对图像进行重新取样以取得更高的分辨率，一般不会导致品质下降。但重新取样以取得较低的分辨率总会导致数据丢失，并且通常会使品质下降。

例如，在文档中，调整图像大小，并单击【属性】面板中的【重新取样】按钮，如图 4-17 所示。

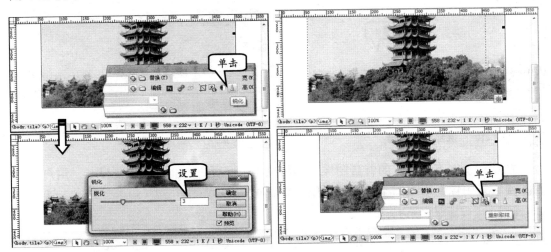

图 4-16　锐化图像　　　　　图 4-17　对图像取样

4.3　图像对象

用户除了在网页中插入图像以外，还可以插入其他与图像相关的对象，如背景图像、图像的占位符、鼠标经过图像等。

4.3.1　添加背景图像

在网页中，是不允许在普通图像上输入文本或插入其他类型文件的。要想在图像上输入文本，必须将图像插入为背景图像。

在网页文档中，单击【属性】面板中的【页面属性】按钮，即可打开【页面属性】对话框。

在【页面属性】对话框中，选择【外观（CSS）】类别，并在右侧的【背景图像】文本框后面，单击【浏览】按钮，如图 4-18 所示。

图 4-18　单击【浏览】按钮

然后，在弹出的【选择图像源文件】对话框中，选择需要作为网页背景的图像，并单击【确定】按钮，如图 4-19 所示。

当添加背景图像后，在文本内容的下面将会显示所添加的图像，如图 4-20 所示。

图 4-19　选择背景图像　　　　图 4-20　添加背景图像

在默认状态下，网页的背景图像大小如果小于网页，则会自动重复显示。用户可以设置【背景图像】下方的【重复】选项，如表 4-2 所示。

表 4-2　【重复】选项内容

选 项 名	作 用
no-repeat	背景图像不重复
repeat	背景图像重复
repeat-x	背景图像只在水平方向重复
repeat-y	背景图像只在垂直方向重复

分别设置图像参数为上述选项时，图像在网页中的显示效果如图 4-21 所示。

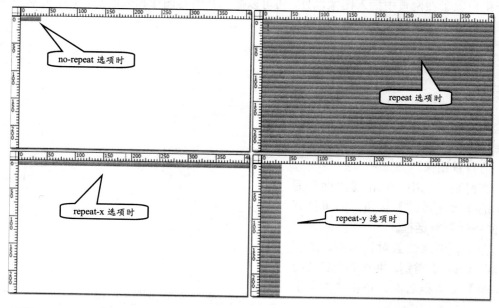

图 4-21　不同选项效果

4.3.2 添加图像占位符

在设计网页过程中，经常会遇到在进行网页的整体布局时，但是图像还没有准备好的情况。这时候就可以使用图像占位符插入到需要插入图像的位置，等以后图像制作完成再插入图像。

将光标置于要插入占位图像的位置，然后在【插入】面板的【常用】选项卡上单击【图像：图像占位符】按钮，打开如图 4-22 所示对话框设置插入占位图像。对话框中的各个选项及作用如表 4-3 所示。

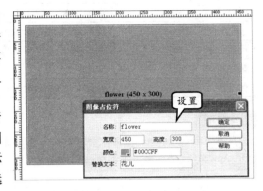

图 4-22　图像占位符

表 4-3　图像占位符

选 项 名 称	作　用
名称	设置占位图像的名称，在 Dreamweaver 中显示，并且只能是字母或者数字
宽度	设置占位图像的宽度，默认为 32 像素
高度	设置占位图像的高度，默认为 32 像素
颜色	设置占位图像的颜色，该选项可以不用设置，显示效果为背景颜色
替换文本	设置占位图像的替换文字，该选项可以不用设置，显示没有任何提示的图像

图像占位符不是在浏览器中显示的图形图像。在发布站点之前，应该用适用于 Web 的图像文件（如 GIF 或者 JPEG 格式图像）替换所有添加的图像占位符。方法是在文档中双击图像占位符，选择要替换的图像即可，如图 4-23 所示。

注　意

要用图像替换图像占位符之前，必须确定该图像与占位符图像是相同的大小。

图 4-23　将图像占位符替换为图像

4.3.3 插入鼠标经过图像

在 Dreamweaver 中，执行【插入】|【图像对象】|【鼠标经过图像】命令，即可打开【插入鼠标经过图像】对话框，如图 4-24 所示。

在该对话框中，包含多种选项，可设置鼠标经过图像的各种属性，如表 4-4 所示。

图 4-24　设置鼠标经过参数

表 4-4 鼠标经过设置参数

选 项 名 称	作 用
图像名称	鼠标经过图像的名称，不能与同页面其他网页对象的名称相同
原始图像	页面加载时显示的图像
鼠标经过图像	鼠标经过时显示的图像
预载鼠标经过图像	浏览网页时原始图像和鼠标经过图像都将被显示出来
替换文本	文本注释
前往的 URL	鼠标单击该图像后转向的目标

提 示

虽然在 Dreamweaver 中并未将【前往的 URL】选项设置为必须的选项，但如用户不设置该选项，Dreamweaver 将自动将该选项设置为井号"#"。

4.4 插入多媒体

在网页中适当地添加一些多媒体元素，可以给浏览者的听觉或视觉带来强烈的震撼，从而能够留下深刻的印象。

4.4.1 插入 HTML 5 媒体

在 HTML 5 中，可以使用<video>标签和<audio>标签来播放音频和视频文件。其中，<video>标签专门用来播放网络上的视频文件或电影，而<audio>标签专门用来播放网络上的视频数据。

在支持 HTML 5 的浏览器中，使用<video>标签和<audio>标签播放音频或视频文件，不需要安装插件，浏览器可以直接识别。

```
<!DOCTYPE HTML>
<html>
<head>
<meta charset="utf-8">
<title>HTML 5 中播放音频</title>
</head>
<body>
  <audio controls>
    <source src="sky.ogg">
  </audio>
</body>
</html>
```

在上述代码中，使用<audio>标签在 HTML 5 文件中插入一段 OGG 格式的音频文件，如图 4-25 所示。

1. 属性

在 HTML 5 中，使用<audio>标签与<video>标签播放音频或视频文件，具有的属性大致相同，详细介绍如下。

❑ **src 属性**

该属性主要用于设置音频或视频文件的 URL 地址。

图 4-25　插入音频文件

```
<!DOCTYPE HTML>
<html>
<head>
<meta charset="utf-8">
<title>src 属性应用</title>
</head>
<body>
<h5>src 属性应用</h5>
 <audio src="sky.ogg" controls></audio>
</body>
</html>
```

在上述代码的<audio>标签中，使用src 属性指定音频文件的 URL 地址，如图4-26 所示。

❑ **preload 属性**

preload 属性默认为只读，主要用于指定在浏览器中播放音频和视频文件时，是否对数据进行预加载。如果是的话，浏览器会预先对视频或音频文件进行缓冲，这样可以提高播放的速度。

图 4-26　设置属性

preload 属性有三个可选值，包括 none、metadata 与 auto，默认值为 auto。none 表示不进行预加载。metadata 表示只预加载媒体的元数据（媒体字节数、第一帧、插入列表、持续时间等）。auto 表示加载全部视频或音频。使用方法如下：

```
< audio src="sky.ogg" preload="auto"></ audio >
```

❑ **poster 属性**

该属性为<video>标签的独有属性，主要用于当视频不可用时，使用该标签向用户展示一幅代用的图片。使用方法如下：

```
<video src="sky.ogv" poster="tp1.jpg"></video>
```

❑ **autoplay 属性**

该属性主要用于指定在页面中加载音频视频文件后，设置为自动播放。

```
<!DOCTYPE HTML>
<html>
<head>
<meta charset="utf-8">
<title>autoplay 属性应用</title>
</head>
<body>
<h5>autoplay 属性应用</h5>
 <audio src="sky.ogg" controls autoplay="true" ></audio>
</body>
</html>
```

在上述代码中，使用 autoplay 属性将 OGG 视频文件设置为自动播放，如图 4-27
所示。

❏ **loop 属性**

该属性主要用于设置是否循环播放
视频或音频文件。使用方法如下：

图 4-27　设置属性

```
< audio src="sky.ogg" autoplay
loop></ audio >
```

❏ **controls 属性**

该属性主要用于设置是否为视频或
音频文件添加浏览器自带的播放控制条。
该控制条主要包括播放、暂停和音乐控制等功能。使用方法如下：

```
<audio src="sky.ogg" controls ></ audio >
```

❏ **width 和 height 属性**

该属性主要用于设置视频的宽度和高度，以像素为单位。使用方法如下：

```
<video src="sky.ogv" width="300" height="200" ></video>
```

❏ **networkState 属性**

默认属性为只读，当音频或视频文件在加载时，可以使用<video>标签或<audio>标
签的 networkState 属性读取当前的网络状态。

❏ **error 属性**

在播放音频和视频文件时，如果出现错误，error 属性将返回一个 MediaError 对象，
该对象的 code 属性返回对应的错误状态。

```
<!DOCTYPE HTML>
<html>
<head>
<meta charset="utf-8">
<title>Error 属性应用</title>
<script>
function err()
```

```
{
    var audio = document.getElementById("Audio1");
    audio.addEventListener("error",function(){
    switch (audio.error.code)
        {
        case MediaError.MEDIA_ERROR_ABORTED:
        aa.innerHTML="音频的下载过程被中止";
        break;
        case MediaError.MEDIA_ERROR_NETWORK:
        aa.innerHTML="网络发生故障，音频的下载过程被中止";
        break;
        case MediaError.MEDIA_ERROR_DECODE:
        aa.innerHTML="解码失败";
        break;
            case MediaError.MEDIA_ERROR_SRC_NOT_SUPPORTED:
        aa.innerHTML="不支持播放的视频格式";
            break;
            default:
                aa.innerHTML="发生未知错误";
        }
            },false);
        aa.innerHTML="error 属性未发现错误";
}
</script>
</head>
<body onload="err()">
<h5 id="aa"></h5>
 <audio id="Audio1" src="sky.ogg" controls></audio>
</body>
</html>
```

上述代码中，页面加载时，会触发 err()
事件。err() 事件读取 OGG 视频文件，使用
error 属性返回错误信息。如果没有出现错
误，则显示"error 属性未发现错误"；否
则，显示相应的错误信息，如图 4-28 所示。

❑ **readyState 属性**

可以使用<video>标签或<audio>标签
的 readyState 属性返回媒体当前播放位置
的就绪状态，共有 5 个可能值。

❑ **currentSrc 属性**

默认属性为只读，主要用于读取播放中的音频或视频文件的 URL 地址。

❑ **buffered 属性**

属性为只读，可以使用<video>标签或<audio>标签的 buffered 属性来返回一个对象，

图 4-28 设置 err()事件

该对象实现 TimeRanges 接口，以确认浏览器是否已缓冲媒体数据。

❏ **paused 属性**

该属性主要用来返回一个布尔值，表示是否处于暂停播放中，true 表示音频或视频文件暂停播放，false 表示音频或视频文件正在播放。

```
<!DOCTYPE HTML>
<html>
<head>
<meta charset="utf-8">
<title>paused 属性应用</title>
<script>
    function toggleSound() {
        var Audio1 = document.getElementById("Audio1");
        var btn = document.getElementById("btn");
        if (Audio1.paused) {
          Audio1.play();
          btn.innerHTML = "暂停";
        }
        else {
          Audio1.pause();
          btn.innerHTML ="播放";
        }
    }
</script>
</head>
<body>
<h5>paused 属性应用</h5>
 <audio id="Audio1" src="sky.ogg" controls></audio>
 <br/> <br/>
  <button id="btn" onclick="toggleSound()">播放</button>
</body>
</html>
```

通过浏览器，用户可以单击【播放】或【暂停】按钮来控制音频文件当前是播放状态，还是暂停状态，如图 4-29 所示。

图 4-29　单击【播放】或【暂停】按钮

2. 方法

<Video>标签与<audio>标签都具有以下四种方法，介绍如下：

❑ **play 方法**

play 方法用来播放音频或视频文件。在调用该方法后，paused 属性的值变为 false。

❑ **pause 方法**

pause 方法用来暂停播放音频或视频文件，在调用该方法后，paused 属性的值变为 true。

❑ **load 方法**

load 方法用来重新载入音频或视频文件，进行播放。这时，标签的 error 值设为 null，playbackRat 属性值变为 defaultPlaybackRate 属性值。

❑ **canPlayType 方法**

canPlayType 方法用来测试浏览器是否支持要播放音频或视频的文件类型。语法如下：

```
Var support = videoElement.canPlayType(type);
```

videoElement 表示<video>标签或<audio>标签。方法中使用参数 type 来指定播放文件的 MIME 类型。

```
<!DOCTYPE HTML>
<html>
<head>
<meta charset="utf-8">
<title>视频播放</title>
<script>
var video;
function play()
{
    video = document.getElementById("video");
    video.play();
}
function pause()
 {
    video = document.getElementById("video");
    video.pause();
}
</script>
</head>
<body>
  <video id="video" autobuffer="true">
   <source src="4.ogv" type='video/ogg; codecs="theora, vorbis"'>
  </video>
 <p>
<input name="play" type="button" onClick="play()" value="播放">
```

```
    <input name="pause" type="button" onClick="pause()" value="暂停">
</p>
</body>
</html>
```

在上述代码中，向网页中插入一段 OGV 视频，通过单击【播放】或【暂停】按钮实现视频的播放或暂停功能，如图 4-30 所示。

3. 事件

在页面中，对视频或音频文件进行加载或播放时，会触发一系列事件。用户可以使用 JavaScript 脚本捕捉该事件并进行处理。事件的捕捉和处理主要使用<video>标签和<audio>标签的 addEventListener 方法对触发事件进行监听。语法如下：

图 4-30　插入视频

```
videoElement.addEventListener(type,listener,useCapture);
```

在上述代码中，videoElement 表示<video>标签和<audio>标签，type 表示事件名称，listener 表示绑定的函数，useCapture 表示事件的响应顺序，是一个布尔值。

在使用<video>标签与<audio>标签播放视频或音频文件时，触发的一系列事件介绍如表 4-5 所示。

表 4-5　<video>标签与<audio>标签事件

名　　称	描　　述
pause	播放暂停，当执行了 pause 方法时触发
loadedmetadata	浏览器获取完毕媒体的时间长和字节数
loadeddata	浏览器已加载完毕当前播放位置的媒体数据，准备播放
waiting	播放过程由于得不到下一帧而暂停播放，但很快就能够得到下一帧
bort	浏览器在下载完全部媒体数据之前中止获取媒体数据，但是并不是由错误引起的
loadstart	浏览器开始在网上寻找媒体数据
seeked	seeking 属性变为 false，浏览器停止请求数据
timeupdate	当前播放位置被改变，可能是播放过程中的自然改变，也可能是人为改变，或是由于播放不能连续而发生的跳变
error	获取媒体数据过程中出错
emptied	<video>标签和<audio>标签所在网络突然变为未初始化状态
playing	正在播放
canplay	浏览器能够播放媒体，但估计以当前播放速率不能直接将媒体播放完毕，播放期间需要缓冲
durationchange	播放时长被改变
volumechange	volume 属性（音量）被改变或 muted 属性（静音状态）被改变

名　　称	描　　述
canplaythrough	浏览器能够播放媒体，而且以当前播放速率能够直接将媒体播放完毕，不再需要缓冲
seeking	seeking 属性变为 true，浏览器正在请求数据
progress	浏览器正在获取媒体数据
suspend	浏览器暂停获取媒体数据，但是下载过程并没有正常结束
ended	播放结束后停止播放
ratechange	defaultplaybackRate 属性（默认播放速率）或 playbackRate 属性（当前播放速率）被改变
loadstart	浏览器开始在网上寻找媒体数据
stalled	浏览器尝试获取媒体数据失败
play	即将开始播放，当执行了 play 方法时触发，或数据下载后标签被设置为 autoplay（自动播放）属性

```html
<!DOCTYPE HTML>
<html>
<head>
<meta charset="utf-8">
<title>捕捉事件</title>
<script>
var video;
function play() {
    video = document.getElementById("video");
    video.addEventListener("pause", function(){
        catchs = document.getElementById("catchs");
        catchs.innerHTML="捕捉到 pause 事件";
    }, false);
    video.addEventListener("play", function(){
        catchs = document.getElementById("catchs");
        catchs.innerHTML="捕捉到 play 事件";
    }, false);
    if(video.paused) {
        video.play();
    }
    else {
        video.pause();
    }
}
</script>
</head>
<body>
  <video id="video" autobuffer="true">
   <source src="4.ogv" type='video/ogg; codecs="theora, vorbis"'>
  </video>
  <input name="play" type="button" onClick="play()" value="播放">
```

```
    <span id="catchs"></span>
</body>
</html>
```

在上述代码中，为页面添加视频播放和暂停的事件捕捉功能。当用户单击【播放】
按钮播放视频时，会自动捕捉事件，如图 4-31 所示。

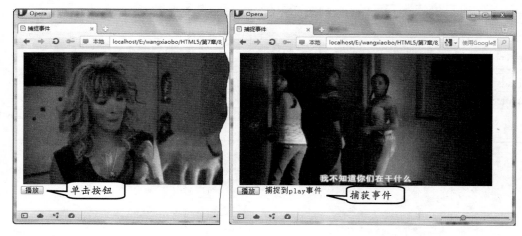

图 4-31　play 事件

4.4.2　Flash SWF

用户可以直接在文档中插入 Flash 动画，即 SWF 格式的文件。并且，对于插入的
SWF 文件，可以在【属性】面板中进行设置。

1. 插入 SWF 文件

插入普通 Flash 动画的方法非常简单，将光标放置在将要插入动画的位置，在【插入】
面板中，单击【常用】选项中的【媒体】下拉按钮，并执行 SWF 命令，如图 4-32 所示。

在弹出的【选择 SWF】对话框中，选择文档中将要插入的 SWF 文件，单击【确定】
按钮，如图 4-33 所示。

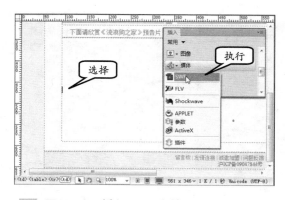

图 4-32　插入 SWF 文件

图 4-33　选择 SWF 文件

在插入 SWF 文件后，即可在该区域中显示一个灰色的图块，并且添加有 Flash 图标。

2. SWF 文件属性

用户可以选择所插入的 Flash 动画文件，并在【属性】面板中设置其选项，如图 4-34 所示。

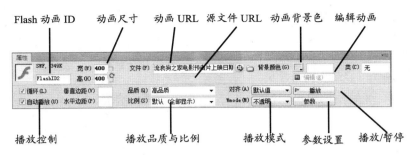

Flash 动画 ID　动画尺寸　动画 URL　源文件 URL　动画背景色　编辑动画

播放控制　　　　播放品质与比例　　　播放模式　参数设置　播放/暂停

图 4-34　SWF 文件属性

在该动画的【属性】面板中，各选项含义如下表 4-6 所示。

表 4-6　SWF 文件属性参数

属　　性		作　　用
动画尺寸		定义插入的 Flash 动画垂直（高）和水平（宽）大小
文件		定义 Flash 文件的 URL 路径
源文件		定义 Flash 文件可编辑的 FLA 源文件 URL 路径
背景颜色		如 Flash 文件为纯色背景，则可在此修改其背景颜色
编辑		启动 Flash 修改对象文件。如果没有安装 Flash，则此按钮被禁用
循环		启用此复选框，Flash 对象在浏览页面时将连续播放，如果没有启用该项，则在播放一次后就停止播放
自动播放		启用该复选框，在浏览页面时将自动播放影片
品质	低品质	自动以最低品质播放 Flash 动画以节省资源
	自动低品质	检测用户计算机，尽量以较低品质播放 Flash 动画以节省资源
	自动高品质	检测用户计算机，尽量以较高品质播放 Flash 动画以节省资源
	高品质	自动以最高品质播放 Flash 动画
比例	默认	显示整个 Flash 动画
	无边框	使影片适合设定的尺寸，因此无边框显示并维持原始的纵横比
	严格匹配	对影片进行缩放以适合设定的尺寸，而不管纵横比例如何
Wmode	窗口	默认方式显示 Flash 动画，定义 Flash 动画在 DHTML 内容上方
	不透明	定义 Flash 动画不透明显示，并位于 DHTML 元素下方
	透明	定义 Flash 动画透明显示，并位于 DHTML 元素上方
播放/停止		控制工作区中的 Flash 动画播放或停止
参数		定义传递给 Flash 影片的各种参数

3. 播放动画

要想在文档中直接查看动画效果，可以在【属性】面板中，单击【播放】按钮，如图 4-35 所示。当然也可以保存文档后，在 IE 浏览器窗口中查看效果。

4．透明动画

如果 Flash 动画没有背景图像，则可以在【属性】面板中的【参数】选项中将其设置为透明动画。例如，插入一个没有透明背景 Flash 文件的方法与插入普通 Flash 相同，如图 4-36 所示。

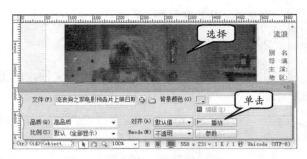

图 4-35　播放动画

此时，保存文档内容后，在 IE 浏览器中浏览网页中的 Flash 动画效果，如图 4-37 所示。此时，用户可以发现该动画为黑色背景，并且覆盖了背景图像。

图 4-36　插入 Flash 动画

然后，在 Dreamweaver 文档中，选中该 Flash 动画后，在【属性】面板中设置 Wmode 选项为【透明】，如图 4-38 所示。

图 4-37　浏览 Flash 动画

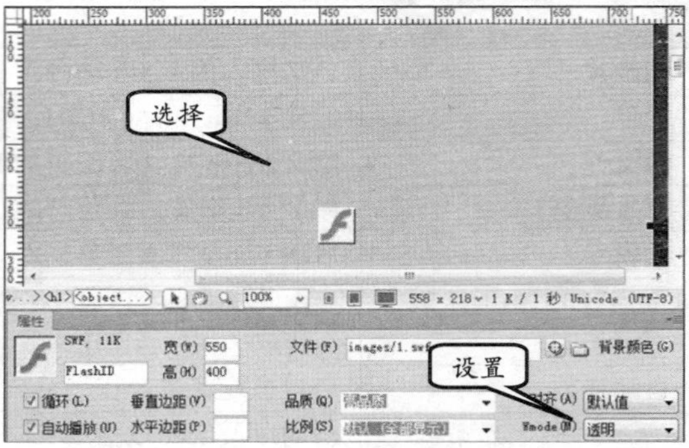

图 4-38　设置参数

设置完成后，再次保存该文档。并通过 IE 浏览器浏览网页中的动画效果。此时，可以发现 Flash 动画的黑色背景被隐藏，网页背景图像完全显示，如图 4-39 所示。

4.4.3　Flash Video

FLV 是一种新的视频格式，全称为 Flash Video。用户可以向网页中轻松添加 FLV 视频，而无须使用 Flash 创作工具。

图 4-39　浏览透明背景的动画

1. 累进式下载视频

在文档中，将光标置于需要添加动画的位置，并在【插入】面板中的【常用】选项中，单击【媒体】下拉按钮，并执行 FLV 命令，如图 4-40 所示。

在弹出的【插入 FLV】对话框中，单击【浏览】按钮，在弹出的【选择 FLV】对话框中，选择动画文件，如图 4-41 所示。

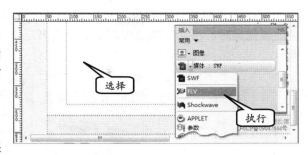

图 4-40 插入 FLV 文件

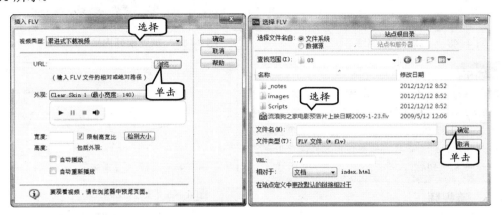

图 4-41 选择 FLV 文件

累进式下载视频类型的各个选项名称及作用详细介绍如表 4-7 所示。

表 4-7 【累进式下载视频】属性

选 项 名 称	作 用
URL	指定 FLV 文件的相对路径或绝对路径
外观	指定视频组件的外观
宽度	以像素为单位指定 FLV 文件的宽度
高度	以像素为单位指定 FLV 文件的高度
限制高宽比	保持视频组件的宽度和高度之间的比例不变
检测大小	返回所选文件的宽和高尺寸
自动播放	指定在 Web 页面打开时是否播放视频
自动重新播放	指定播放控件在视频播放完之后是否返回起始位置

设置完成后，单击【确定】按钮，文档中将会出现一个带有 Flash Video 图标的灰色方框，如图 4-42 所示。

此时，还可以在【属性】面板中重新设置 FLV 视频的尺寸、文件 URL 地址、外观等参数，如图 4-43 所示。

图 4-42 显示添加的视图

保存该文档并预览效果，可以发现一个生动的多媒体视频显示在网页中。当鼠标经过该视频时，将显示播放控制条；反之离开该视频时，则隐藏播放控制条，如图 4-44 所示。

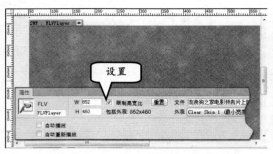

图 4-43　设置 FLV 属性

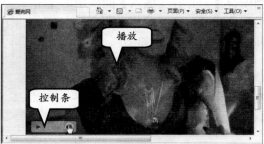

图 4-44　浏览视频内容

2. 流视频

对视频内容进行流式处理，确保流畅播放的视频，并自动缓冲播放内容。例如，在文档中，将光标置于放置视频的位置，单击【插入】面板中的【媒体：FLV】按钮，如图 4-45 所示。

在弹出的【插入 FLV】对话框中，选择【视频类型】为【流视频】，然后在该对话框的下面将显示相应的选项，如图 4-46 所示。

流视频类型的各个选项名称及作用详细介绍如表 4-8 所示。

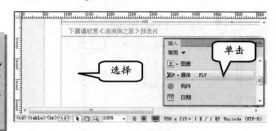

图 4-45　插入视频

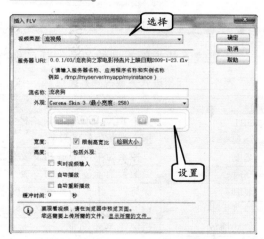

图 4-46　设置流视频参数

表 4-8　流视频各参数

选 项 名 称	作　　　用
服务器 URI	指定服务器名称、应用程序名称和实例名称
流名称	指定想要播放的 FLV 文件的名称。扩展名为 ".flv" 是可选的
外观	指定视频组件的外观。所选外观的预览会显示在【外观】弹出菜单的下方
宽度	以像素为单位指定 FLV 文件的宽度
高度	以像素为单位指定 FLV 文件的高度
限制高宽比	保持视频组件的宽度和高度之间的比例不变。默认情况下会选择此选项

选项名称	作用
实时视频输入	指定视频内容是否是实时的
自动播放	指定在 Web 页面打开时是否播放视频
自动重新播放	指定播放控件在视频播放完之后是否返回起始位置
缓冲时间	指定在视频开始播放之前进行缓冲处理所需的时间（以秒为单位）

提 示

如果选择了【实时视频输入】选项，组件的外观上只会显示音量控件，因此用户无法操纵实时视频。此外，【自动播放】和【自动重新播放】选项也不起作用。

设置完成后，文档中同样会出现一个带有 Flash Video 图标的灰色方框。此时，用户还可以在【属性】面板中，重新设置 FLV 视频的尺寸、服务器 URI、外观等参数，如图 4-47 所示。

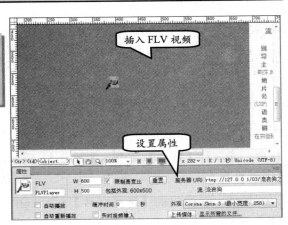

图 4-47 设置流视频属性

4.4.4 插件

用户除了通过 HTML 5 和 Flash 方式插入动画和视频外，还可插入其他格式的视频或者音频文件。

1. 插入视频文件

用户可以在【插入】面板中，选择【媒体】选项，并执行【插件】命令，如图 4-48 所示。或者，用户可以执行【插入】|【媒体】|【插件】命令。

图 4-48 执行【插件】命令

然后，在弹出的【选择文件】对话框中，选择需要插入到网页中的视频文件，如 AVI、MPEG 等格式的文件，单击【确定】按钮，如图 4-49 所示。

此时，在文档中即可看到所插入的视频文件，并且可以在【属性】检查器中设置对象的参数，如图 4-50 所示。

调整插件的尺寸大小之后，用户可以通过浏览器查看并播放视频文件，如图 4-51 所示。

图 4-49 选择视频文件

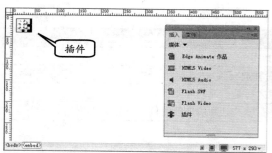

图 4-50 查看插入的插件

图 4-51 播放视频文件

2. 插入音频文件

插入音频文件与插入视频文件的方法相同，也可以在【插入】面板中，选择【媒体】选项，并执行【插件】命令，如图 4-52 所示。或者，用户可以执行【插入】|【媒体】|【插件】命令。

然后，在弹出的【选择文件】对话框中，选择需要插入到网页中的视频文件，如 MP3 等格式的文件，单击【确定】按钮，如图 4-53 所示。调整插件的尺寸大小之后，用户可以通过浏览器查看并播放音频文件。

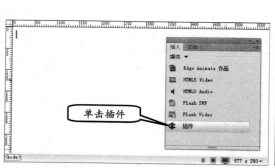

图 4-52 执行【插件】命令

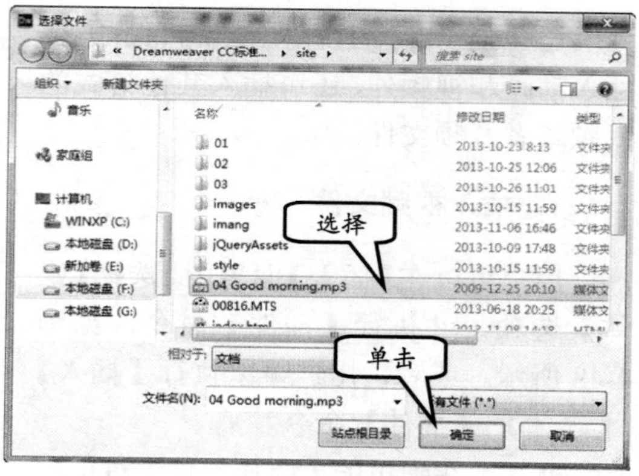

图 4-53 选择视频文件

4.5 课堂练习：制作视频播放页面

目前，许多网站的首页都设计有较大篇幅的广告，多数是 FLV 或者 MP4 等格式的视频文件。

下面制作一个页面，在页面中添加一个放置视频的位置，并插入 HTML 5 Video 内容，如图 4-54 所示。

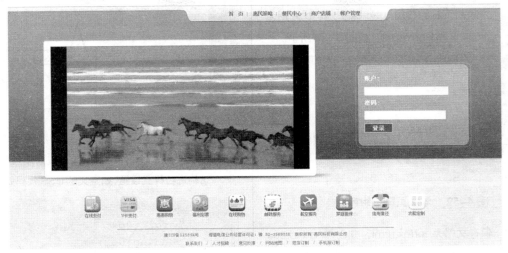

图 4-54 制作播放页面

操作步骤：

1 创建 HTML 5 文档，并在文档中执行【插入】|【结构】|【页眉】命令，添加页眉标签，如图 4-55 所示。

图 4-55 添加结构标签

2 在<header></header>标签中，分别添加<div></div>标签，并设置 id 分别为 logo 和 navigation，如图 4-56 所示。

图 4-56 设置页眉布局

3 在 <header> 标签下面，插入 <article></article>标签，并用于放置网页的内容，如图 4-57 所示。

图 4-57 添加文章标签

4 在 <article> 标签中，分别添加 id 为 video 和 register 的<div>标签，如图 4-58 所示。

图 4-58 对内容进行布局设置

5 插入<footer></footer>页脚标签，并在标签中添加页脚的布局<div>标签，其 id 分别为 pic_link 和 copyright，如图 4-59 所示。

图 4-59　添加页脚结构内容

6 保存文档为 index.html，并创建 video.css 文件。通过 video.css 来定义网页布局样式，如图 4-60 所示。

图 4-60　保存文档

7 修改<title></title>标签中的网页名称，并按 Ctrl+S 键保存文件，如图 4-61 所示。

图 4-61　修改网页名称

8 将外部的 CSS 文件载入到当前的文档中，如图 4-62 所示。

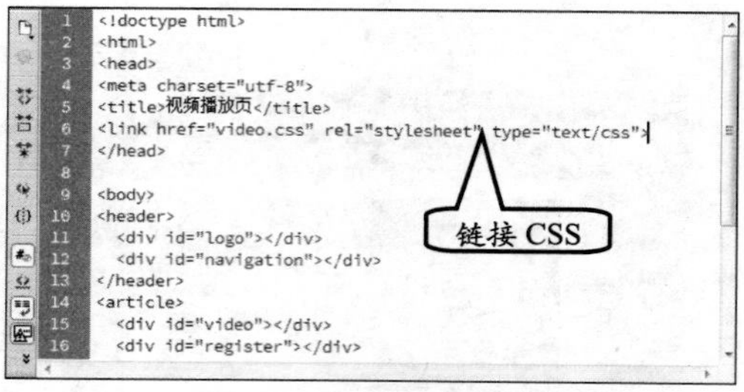

```
1  <!doctype html>
2  <html>
3  <head>
4  <meta charset="utf-8">
5  <title>视频播放页</title>
6  <link href="video.css" rel="stylesheet" type="text/css">
7  </head>
8
9  <body>
10 <header>
11     <div id="logo"></div>
12     <div id="navigation"></div>
13 </header>
14 <article>
15     <div id="video"></div>
16     <div id="register"></div>
```

链接 CSS

图 4-62　链接 CSS 文件

9 在 video.css 文件中，用户可以对所添加的结构进行样式设置，如定义的 CSS 代码如下。

```css
body{
    margin:0px;
    padding:0px;
    font:"宋体";
    font-size:12px;
}
header {
    margin: auto;
    padding: 0px;
    width: 1425px;
    height: 115px;
}
header #logo {
    width: 100%;
    height: 65px;
    background-color: #f4f4f4;
    float:left;
}
header #navigation {
    width: 100%;
    height: 50px;
    background-image: url(imange/
navigation_bj_01.jpg);
    float: left;
}
article {
    margin: auto;
    padding: 50px 0px 0px 0px;
    width: 1425px;
    height: 442px;
    background-image: url(imange/
bj_01.jpg);
}
article #video {
    margin-left: 35px;
```

```
    width: 919px;
    height: 419px;
    background-image:url(imange/
player.png);
    float: left;
}
article #register {
    width: 334px;
    height: 252px;
    margin-top: 75px;
    margin-left: 50px;
    float: left;
    background-image: url(imange/
login.png);
}
footer {
    margin: auto;
    height: 170px;
    width: 1425px;
    background-color: #e5e5e3;
    padding-top:10px;
}
footer #pic_link {
    margin: auto;
    padding:0px;
    width: 1170px;
    height: 100px;
}
footer #copyright{
    margin: auto;
    width:800px;
    height:60px;
    border-top:#666 1px solid;
}
```

10 通过上述对布局标签进行 CSS 样式定义之后，用户通过浏览器可以看到页面的布局结构，如图 4-63 所示。

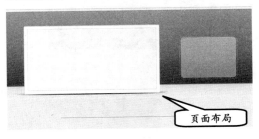

页面布局

图 4-63 页面布局结构

11 在各布局块，添加相应的内容，并通过 CSS 定义样式。例如，在<div id="logo"></div>标签中添加 logo 内容，HTML 代码和 CSS 代码如下。

HTML 代码：

```
<div id="head"><img src="imange/
bt.png"/></div>
    <div id="logo_link"><a href="#">
    免费注册</a>|<a href="#">登录
    </a></div>
    <div id="phone">全国免费电话：
    400-7895641X</div>
</div>
```

CSS 代码：

```
header #logo #head{
    margin-left:200px;
    margin-top:10px;
    width:170px;
    height:40px;
    float:left;
    }
header #logo #logo_link{
    margin-top:10px;
    margin-left:57%;
    float:left;
}
header #logo #logo_link a{
    padding-left:5px;
    padding-right:5px;
    width:30px;
    text-decoration:none;
    color:#666;
}
header #logo #logo_link a:hover{
    color:#068518;
}
header #logo #phone{
    margin-top:30px;
    margin-left:80%;
    color:#666;
}
```

12 在<div id="navigation"></div>标签中，添加导航信息，其 HTML 代码与 CSS 代码如下。
    HTML 代码：

```
<div id="left"><img src="imange/
navigation_bj_02.jpg" /></div>
<div id="n_menu">
    <ul>
        <li><a href="#">首页</a></li>
        |
        <li><a href="#">惠民策略
        </a></li>
        |
        <li><a href="#">便民中心
        </a></li>
        |
        <li><a href="#">商户店铺
        </a></li>
        |
        <li><a href="#">账户管理
        </a></li>
    </ul>
</div>
<div id="right"><img src="imange/
navigation_bj_03.jpg" /></div>
```

CSS 代码:

```
header #navigation #left {
    margin-left: 500px;
    width: 32px;
    height: 50px;
    float: left;
}
header #navigation #n_menu {
    text-align:center;
    width: 550px;
    height: 50px;
    background-image:url(imange/
```

```
navigation_bj_04.jpg);
    float: left;
}
header #navigation #n_menu ul{
    list-style:none;
    }
header #navigation #n_menu ul li{
    display:inline;
    width:25px;
    padding:7px;
    padding-left:12px;
    line-height:2.5em;
}
header #navigation #n_menu ul li a{
    font-family:"宋体";
    font-size:14px;
    color:#666;
    text-decoration:none;
    font-weight:bold;
}
header #navigation #n_menu ul li
a:hover{
    font-size:14px;
    color:#F30;
    }
header #navigation #right {
    widows: 32px;
    height: 50px;
    float: left;
    }
```

13 通过上述 logo 和 navigation 布局中，内容
添加之后，则可以在页面中显示网页的页眉
内容，如图 4-64 所示。

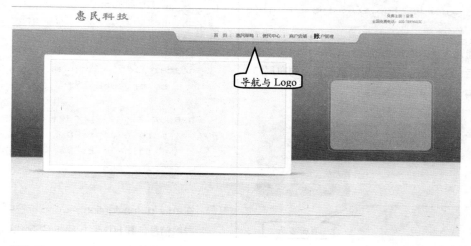

图 4-64　显示页眉内容

14 在<div id="pic_link"></div>标签中添加页脚内容，其 HTML 代码和 CSS 代码如下。

HTML 代码：

```
<ul>
    <li>
        <div id="link1"><a href="#">
        在线支付</a></div>
    </li>
    <li>
        <div id="link2"><a href="#">
        V 卡支付</a></div>
    </li>
    <li>
        <div id="link3"><a href="#">
        惠惠购物</a></div>
    </li>
    <li>
        <div id="link4"><a href="#">
        福利彩票</a></div>
    </li>
    <li>
        <div id="link5"><a href="#">
        在线购物</a></div>
    </li>
    <li>
        <div id="link6"><a href="#">
        邮政服务</a></div>
    </li>
    <li>
        <div id="link7"><a href="#">
        航空服务</a></div>
    </li>
    <li>
        <div id="link8"><a href="#">
        家庭医保</a></div>
    </li>
    <li>
        <div id="link9"><a href="#">
        信用借还</a></div>
    </li>
    <li>
        <div id="link10"><a href="#">
        功能定制</a></div>
```

```
    </li>
</ul>
```

CSS 代码：

```
footer #pic_link ul {
    list-style: none;
}
footer #pic_link ul li {
    float: left;
    width:54px;
    height:73px;
    margin-left:50px;
}
footer #pic_link ul li #link1 {
    width:50px;
    height:73px;
    background:url(imange/inter
    linkage.png) no-repeat;
    background-position: 0px 0px;
    text-align:center;
}
footer #pic_link ul li #link2{
    width:50px;
    height:73px;
    background:url(imange/inter
    linkage.png) no-repeat;
    background-position: -91px 0px;
    text-align:center;
}
footer #pic_link ul li #link3{
    width:50px;
    height:73px;
    background:url(imange/inter
    linkage.png) no-repeat;
    background-position: -184px 0px;
    text-align:center;
}
footer #pic_link ul li #link4{
    width:50px;
    height:73px;
    background:url(imange/inter
    linkage.png) no-repeat;
    background-position: -280px 0px;
    text-align:center;
```

```
    }
    footer #pic_link ul li #link5{
        width:50px;
        height:73px;
        background:url(imange/inter
        linkage.png) no-repeat;
        background-position: -370px 0px;
        text-align:center;
    }
    footer #pic_link ul li #link6{
        width:50px;
        height:73px;
        background:url(imange/inter
        linkage.png) no-repeat;
        background-position: -463px 0px;
        text-align:center;
    }
    footer #pic_link ul li #link7{
        width:50px;
        height:73px;
        background:url(imange/inter
        linkage.png) no-repeat;
        background-position: -556px 0px;
        text-align:center;
    }
    footer #pic_link ul li #link8{
        width:50px;
        height:73px;
        background:url(imange/inter
        linkage.png) no-repeat;
        background-position: -650px 0px;
        text-align:center;
    }
    footer #pic_link ul li #link9{
        width:50px;
        height:73px;
        background:url(imange/inter
        linkage.png) no-repeat;
        background-position: -742px 0px;
        text-align:center;
    }
    footer #pic_link ul li #link10{
        width:50px;
        height:73px;
```

```
        background:url(imange/inter
        linkage.png) no-repeat;
        background-position: -830px
        0px;
        text-align:center;
    }
    footer #pic_link ul li a{
        line-height:120px;
        text-decoration:none;
    }
```

15 在<div id="copyright"></div>标签中，添加
页面的版权信息，其 HTML 代码和 CSS 代
码如下。

HTML 代码：

```
<div id="text">
    <pre>豫 ICP 备 12589X 号      增
    值电信业务经营许可证：豫 B2-
    356985X 版权所有惠民科技有限
    公司</pre>
</div>
<div id="contact">
    <ul
    <li><a href="#">联系我们</a>
    </li>
    /
    <li><a href="#">人才招聘</a>
    </li>
    /
    <li><a href="#">意见反馈</a>
    </li>
    /
    <li><a href="#">网站地图</a>
    </li>
    /
    <li><a href="#">短信订制</a>
     </li>
    /
    <li><a href="#">手机报订制</a>
        </li>
    </ul>
</div>
```

CSS 代码：

```
footer #copyright #text{
    text-align:center;
    color:#666;
}
footer #copyright #contact{
    text-align:center;
}
footer #copyright #contact ul{
    list-style: none;
}
footer #copyright #contact ul li{
```

```
    display:inline;
    margin-left:10px;
    margin-right:10px;
    }
footer #copyright #contact ul li a{
    text-decoration:none;
    color:#666;
}
```

16 通过对页脚添加内容，并定义 CSS 样式之后，在浏览器中可以看到其效果，如图 4-65 所示。

添加页脚内容

图 4-65 添加页脚内容

17 在 <div id="register"></div> 标签中，添加用户登录的表单内容，HTML 代码和 CSS 代码如下。

HTML 代码：

```
<form id="form1" name="form1" method
="post" >
    <p>
        <label for="textfield">账
        户:</label>
    </p>
    <p>
        <input type="text" name=
        "textfield" id="textfield"
```

```
        size="25">
    </p>
    <p>
        <label for="password">密
        码:</label>
    </p>
    <p>
        <input type="password" name=
        "password" id="password"
        size="25">
    </p>
    <p>
        <div id="dl"><a href="#"
        value="提交">登录</a></div>
```

```
    <div id="reg"><a href="#">
    马上注册</a></div>
      </p>
</form>
```

CSS 代码：

```
article #register form{
    padding:25px;
    }
article #register form label{
    font-family:"宋体";
    font-size:18px;
    color:#FFF;
    font-weight:bold;
}
article #register form input{
    font-size:18px;
    }
article #register form #dl{
    width:80px;
    height:25px;
    background-color:#058417;
    border:#FFF 1px solid;
    float:left;
    text-align:center;

    }
article #register form #dl a{
    font-family:"黑体";
    font-size:18px;
    text-decoration:none;
    line-height:1.5em;
    color:#FFF;
    }
article #register form #dl a:hover{
    color:#C00;
}
```

```
article #register form  #reg{
    margin-left:50px;
    margin-top:10px;
    float:left;
    }
article #register form  #reg a{
    font-family:"宋体";
    font-size:18px;
    color:#F60;
}
```

18 在<div id="video"></div>标签中，添加播放视频的 HTML 代码，并定义 CSS 样式。
HTML 代码：

```
<div id="play">
    <video width="745" height="368"
    preload="auto"controls autoplay>
      <source src="imange
      /987646485.mp4" type=
      "video/mp4">
    </video>
</div>
```

CSS 代码：

```
article #video #play{
    margin-left:88px;
    margin-top:19px;
    width:745px;
    height:368px;
    border:1px #666666 solid;
}
```

19 现在用户可以通过浏览器，来查看网页的制作效果，并且在浏览网页时，会自动播放视频文件。

4.6 课堂练习：制作个人日记

　　用户可以制作一个简单而个性的页面，来展示自己相关信息。例如，个人简介、相片、自己喜欢的歌曲，以及记录自己的日记内容等。个人日记主要突出日记内容，而其他内容与个人网站别无区别，如图 4-66 所示。

图 4-66 个人日记网页

操作步骤:

1 创建一个 index.html 文件,并在【代码】视图中,修改网页标题为"个人日记",再在 `<body></body>` 标签之间,添加 `<div>` 标签,并设置 class 属性为 page,如图 4-67 所示。

图 4-67 添加代码

2 创建 CSS 文件名为 main.css,并保存到所创建的 style 文件夹中。然后,在 `<head></head>` 标签中,添加 `<link href="style/main.css" rel="stylesheet" type="text/css" />` 链接标签,如图 4-68 所示。

3 在 class 类为 page 的 `<div>` 标签中,分别

添加 class 为 left 和 right 名的 `<div>` 标签,用于将页面布局为两栏内容,如图 4-69 所示。

图 4-68 添加 CSS 链接

图 4-69 布局页面

4 由于页面布局的不规则性，所以需要用户定义每个网页元素在网页中的位置。例如，先定义左侧花束的位置，所以添加 class 为 flower1 的<div>标签，并在标签中添加图像，如图 4-70 所示。

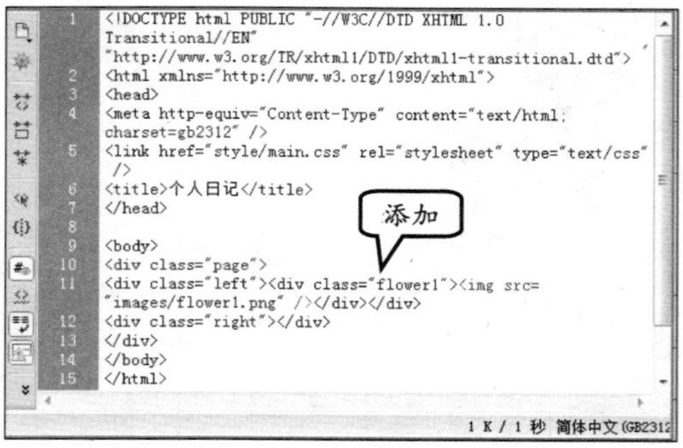

```
<!DOCTYPE html PUBLIC "-//W3C//DTD XHTML 1.0
Transitional//EN"
"http://www.w3.org/TR/xhtml1/DTD/xhtml1-transitional.dtd">
<html xmlns="http://www.w3.org/1999/xhtml">
<head>
<meta http-equiv="Content-Type" content="text/html;
charset=gb2312" />
<link href="style/main.css" rel="stylesheet" type="text/css"
 />
<title>个人日记</title>
</head>

<body>
<div class="page">
<div class="left"><div class="flower1"><img src=
"images/flower1.png" /></div></div>
<div class="right"></div>
</div>
</body>
</html>
```


图 4-70 定义花束位置

5 此时，用户可以在 main.css 文件中，分别定义 body、page、left 和 flower1 的样式。代码如下：

```
body{
    margin:0px;
    padding:0px;
    font-family:"宋体";
    font-size:12px;
}
.page{
    margin-left:auto;
    margin-right:auto;
    width:800px;
    height:604px;
    background-image:url(../ima
    ges/left_bg.jpg);
    background-repeat:no-repeat;
    border:1px #333333 solid;
}
.page .left{
    width:430px;
    float:left;
    height:560px;

}
.page .left .flower1{
    margin-top:25px;
    margin-left:25px;
    width:213px;
    height:236px;
    float:left;
}
```

6 在添加图像后，用户可以添加网页的导航栏内容，如图 4-71 所示。由于自己定义网页元素显示的位置，所以用户不必严格要求网页元素和插入的先后顺序。

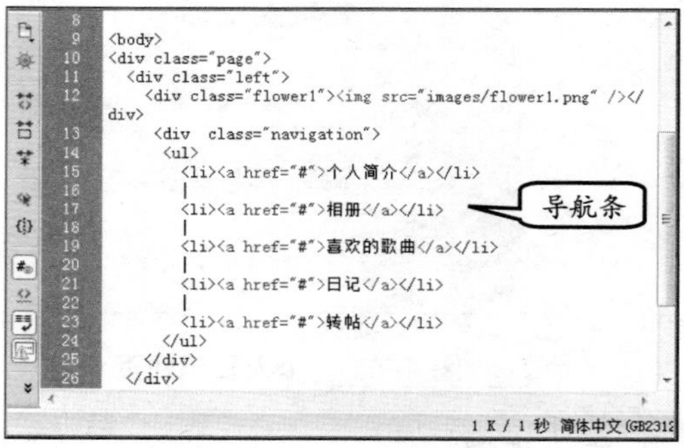

```

<body>
<div class="page">
  <div class="left">
    <div class="flower1"><img src="images/flower1.png" /></
div>
      <div  class="navigation">
       <ul>
         <li><a href="#">个人简介</a></li>
         |
         <li><a href="#">相册</a></li>
         |
         <li><a href="#">喜欢的歌曲</a></li>
         |
         <li><a href="#">日记</a></li>
         |
         <li><a href="#">转帖</a></li>
       </ul>
     </div>
   </div>
```


图 4-71 添加导航栏

7 用户再切换到 CSS 文件中，并添加对导航栏所定义显示的样式代码，如下所示。

```
.page .left .navigation{
    width:600px;
    height:30px;
    background-image:url(../ima
    ges/navigation_bg.jpg)
    !important;
    margin-left:200px;
    background-repeat:no-repeat;
    background-position:bottom;
}
.page .left .navigation ul{
    list-style:none;
}
.page .left .navigation ul li{
    display:inline;
}
.page .left .navigation ul li a{
    padding:10px;
    font-family:"宋体";
    font-size:12px;
    text-decoration:none;
}
```

8 再在导航栏下面，添加花束旁边的艺术文字，以及格言文本等内容，如分别添加 motto_title1、motto_title2 和 text 类标签，如图 4-72 所示。

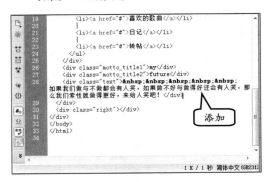

图 4-72 添加艺术文本

9 在 CSS 文件中，定义艺术文本的样式。

```css
.page .left .motto_title1{
    margin-top:40px;
    width:160px;
    text-align:right;
    font-family:Arial, Helvetica,
    sans-serif;
    font-size:58px;
    color:#53a709;
    float:left;
    font-style:italic;
}
.page .left .motto_title2{
    width:160px;
    text-align:left;
    font-family:"Comic Sans MS",
    cursive;
    font-size:36px;
    color:#86a931;
    float:left;
}
.page .left .text{
    margin-left:200px;
    color:#999;
    line-height:1.5em;
    width:160px;
}
```

10 在 right 类标签中，添加右侧的一些图片和文本内容，如图 4-73 所示。

图 4-73 添加右侧内容

11 用户再切换到 CSS 文件中，并定义右侧相关文本和图像的样式。代码如下：

```css
.page .right{
    margin-top:45px;
    margin-left:450px;
    width:340px;
    height:510px;
    background-image:url(../ima
    ges/flower2.jpg) !important;
    background-repeat:no-repeat;
}
.page .right .pic{
    text-align:center;
}
.page .right .xz{
    text-align:right;
}
.page .right .xztext{
    margin-top:15px;
    width:100px;
    float:right;
    font-family:"隶书";
    font-size:14px;
    font-style:oblique;
    color:#999;
}
.page .right .person{
    margin-top:100px;
    margin-left:270px;
}
```

12 再在左侧添加日记标题内容，如图 4-74 所示。

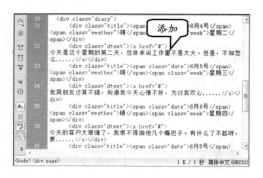

图 4-74 添加日记信息

13 再切换到 CSS 文件，并添加对日记内容的样式定义。代码如下：

```
.page .left .diary{
    margin-left:100px;
    height:250px;
    width:320px;
}
.page .left .diary .title{
    margin-top:5px;
    height:18px;
    background-image:url(../ima
ges/diary_bg.jpg) !important;
    background-repeat:no-repeat;
    font-style:oblique;
}
.page .left .diary .title .date{
    margin-left:15px;
}
.page .left .diary .title .weat
her{
```

```
    margin-left:170px;
}
.page .left .diary .title .week{
    margin-left:30px;
}
.page .left .diary .dtext{
    margin-top:3px;
    width:320px;
    text-indent:2em;
    line-height:1.5em;

}
.page .left .diary .dtext a{
    text-decoration:none;
    color:#333;
}
```

14 在 page 类的标签最后，添加一张图像，用于增强页尾的显示效果，更为美观，如图 4-75 所示。

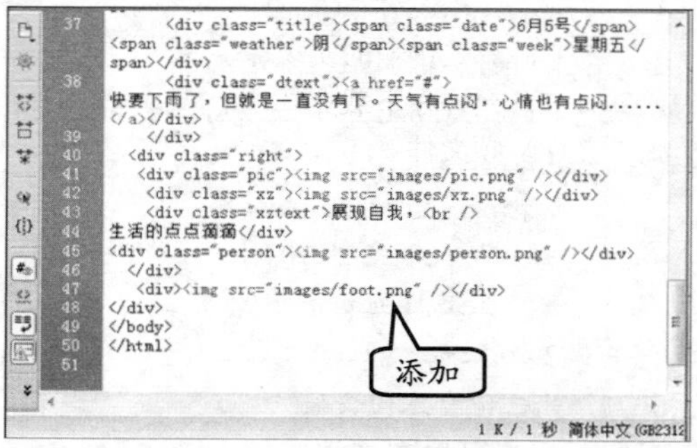

图 4-75 添加页尾图像

4.7 思考与练习

一、填空题

1. 插入图像，可以执行【插入】|【图像】命令，或按_____快捷键。

2. 图片优化得好，可以提高页面的_____速度。

3. 在 HTML 5 中，_____标签专门用来播放网络上的视频文件或电影。

4. 如果在插入图像之前未将文档保存到站点中，则 Dreamweaver 会生成一个对图像文件的_____引用。

5. 在【属性】检查器中，通过【_____】和【_____】选项可以更改图像的尺寸。

6. Flash 动画的扩展名为_____。

二、选择题

1. 如果背景图像尺寸小于网页尺寸，则会自动重复显示。如果不想让图像重复显示，则需要设置_____属性。

    A. no-repeat   B. repeat

C. repeat-x   D. repeat-y

2．主要用于指定在浏览器中播放音频和视频文件时，是否对数据进行预加载的属性是_____。

    A．poster 属性   B．preload 属性

    C．autoplay 属性   D．controls 属性

3．_____能够制作出包含 2 种状态的按钮。

    A．背景图像

    B．鼠标经过图像

    C．图像

    D．占位图像

4．在【属性】检查器中，单击_____按钮可以裁切网页文档中的图像。

    A．【裁剪】

    B．【重新取样】

    C．【亮度和对比度】

    D．【锐化】

5．在创建 FLV 流媒体视频时，对其优势描述错误的是_____。

    A．启动延时大幅度地缩短，浏览速度快

    B．对系统缓存容量的需求降低

    C．流式传输的实现有特定的实时传输

    D．允许在下载完成之前就开始播放视频文件

三、简答题

1．将文本添加到网页文档，可以通过几种方法实现？

2．格式化文本包含哪些操作？

3．用户可以在文档中插入的图像格式有哪些？

4．如何插入 Flash 媒体文件？

四、上机练习

1．制作简单的列表

在网页中，很多位置需要插入一些列表样式的内容，而列表的方法包含多种。例如，通过文本换行操作，直接制作成列表格式；通过<ul>和<li>标签制作；也可以通过表格来制作。

下面用户可以通过表格，制作成一个简单的列表内容，如图 4-76 所示。

图 4-76　制作简单的列表

2．制作诗歌列表

列表是最能够清晰明了地查看文本内容的一种方式，而项目列表与编号列表又能够恰到好处地了解哪些是有序的，哪些是无序的。其制作方法非常简单，选中输入的文本后，使用【属性】检查器中的【项目列表】按钮、【文本缩进】按钮、【编号列表】按钮即可制作完成，如图 4-77 所示。

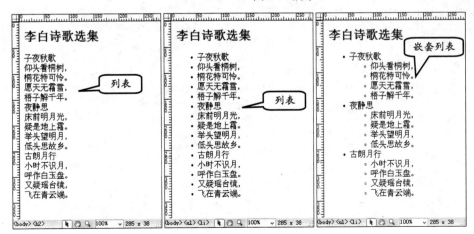

图 4-77　制作诗歌列表

第 5 章

网页超级链接

超级链接可以将网页与其他内容连接在一起，如网页、文档、应用程序、音频、视频等。使内容融入网络，为网页与浏览者之间构建一个互动的纽带。

当然，在网页中，超级链接最常用于帮助用户从一个页面跳转到另一个页面，也可以帮助用户跳转到当前页面指定的标记位置

本章学习要点：

➤ 链接与路径
➤ 创建超级链接
➤ 添加热链接
➤ 特殊链接

5.1 链接与路径

在制作网页过程中，用户需要对部分内容进行链接。而链接过程中，需要注意其正确的路径，否则无法实现页面跳转或者内容切换的效果。下面来了解一下网页中的内部链接和外部链接，以及链接过程中的路径问题。

5.1.1 网页中的链接

Dreamweaver 提供多种创建链接的方法，可创建到文档、图像、多媒体文件或可下载软件的链接。

用户可以建立到文档内任意位置的任何文本或图像的链接，包括标题、列表、表、绝对定位的元素（AP 元素）或框架中的文本或图像，如图 5-1 所示。

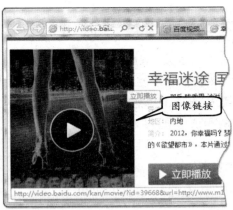

图 5-1 文本与图像链接

有些设计人员喜欢在工作时创建一些指向尚未建立的页面或文件的链接。而另一些设计人员则倾向于首先创建所有的文件和页面，然后再添加相应的链接。

此外，还有一些设计人员，先创建占位符页面，在完成所有站点页面之前，可在这些页面中添加和测试链接，如图 5-2 所示。

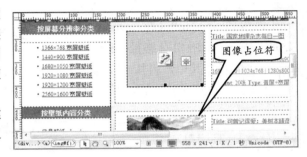

图 5-2 先创建链接

5.1.2　网页中的路径

路径用于表现网页文档和相关资源间的位置关系，也表现了网页文档和相关资源的访问方式，故了解路径对于网页设计十分重要。

每个网页都有唯一地址，称作统一资源定位器（URL）。不过，在创建本地链接（即从一个文档到同一站点上另一个文档的链接）时，通常不指定作为链接目标的文档的完整 URL，而是指定一个始于当前文档或站点根文件夹的相对路径。

1．绝对路径

绝对路径提供所链接文档的完整 URL，其中包括所使用的协议（如对于网页，通常为 http://）。

例如，网页的完整路径，可以为 http://www. baidu.com。对于百度的 Logo 图像，完整的 URL 为 http://www.baidu.com/img/baidu_sylogo5.gif，如图 5-3 所示。

提　示

对本地链接（即到同一站点内文档的链接）也可以使用绝对路径链接，但不建议采用这种方式，因为一旦将此站点移动到其他域，则所有本地绝对路径链接都将断开。通过对本地链接使用相对路径，还可在站点内移动文件时提高灵活性。

2. 文档相对路径

对于大多数 Web 站点的本地链接来说，文档中通常使用相对路径。文档相对路径的基本思想是省略掉对于当前文档和所链接的文档都相同的绝对路径部分，而只提供不同的路径部分，如图 5-4 所示。

例如，若要从 contents.html 链接到 hours.html（两个文件位于同一文件夹中），可使用相对路径，则直接输入 hours.html 名称即可。若要从 contents.html 链接到 tips.html（在 resources 子文件夹中），使用相对路径 resources/

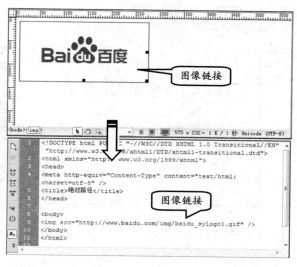

图 5-3 绝对路径

tips.html 即可。其中，斜杠（/）表示在文件夹层次结构中向下移动一个级别。这种应用非常普通，如在文档中插入同级文件夹中的图像文件，如图 5-5 所示。

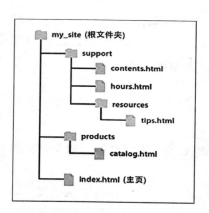

图 5-4 路径结构

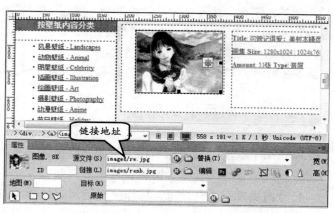

图 5-5 链接图像文件

若要从 contents.html 链接到 index.html（位于父文件夹中 contents.html 的上一级），使用相对路径../index.html。两个点和一个斜杠（../）可使文件夹层次结构中向上移动一个级别。

若要从 contents.html 链接到 catalog.html（位于父文件夹的不同子文件夹中），使用相对路径../products/catalog.html。其中，两个点和斜杠（../），使路径向上移至父文件夹，而"products/"使路径向下移至 products 子文件夹中。

如果用户对于使用路径不是太熟悉，则可以在设计网页之前，先创建站点。

例如，在进行文本或者图像链接时，可以单击【源文件】或者【链接】文本框后面的【浏览文件】图标按钮，如图 5-6 所示。

3．根目录相对路径

站点根目录相对路径是指从站点的根文件夹到文档的路径。如果在处理使用多个服务器的 Web 站点，或者在使用承载多个站点的服务器，则可能需要使用这些路径。

不过，如果用户不熟悉此类型的路径，最好坚持使用文档的相对路径。站点根目录相对路径以一个正斜杠开始，表示站点根文件夹。例如，"/support/tips.html"是文件（tips.html）的站点根目录相对路径，该文件位于站点根文件夹的 support 子文件夹中。

图 5-6 添加图像链接

5.2 创建超级链接

所谓链接，就是当鼠标移动到某些文字或者图片上时，单击就会跳转到其他的页面。这些文字或者图片称为热点，跳转到的页面称为链接目标，使热点与链接目标相联系的就是链接路径。

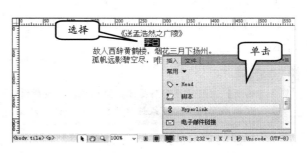

图 5-7 单击 Hyperlink 按钮

5.2.1 文本链接

创建文本链接时，首先应选中文本。然后，在【插入】面板中，选择【常用】选项，单击 Hyperlink 按钮，如图 5-7 所示。

在弹出的 Hyperlink 对话框中，分别设置链接、目标、标题等参数内容，如图 5-8 所示。

单击右侧的【确定】按钮，被选中的文本将由原本的颜色和样式转

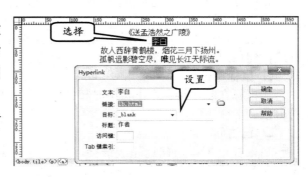

图 5-8 设置链接参数

变为默认的带下划线的蓝色样式。在 Hyperlink 对话框中，包含 6 种参数设置，如表 5-1 所示。

表 5-1　　Hyperlink 对话框参数

参　数　名		作　　用
文本		显示在设置超级链接时选择的文本，是要设置的超链接文本内容
链接		显示链接的文件路径。如单击文本框后面的【浏览】图标按钮▢，可以从打开的对话框中选择要链接的文件
目标	_blank	单击下拉按钮，在下拉列表中，以选择链接到的目标框架
		将链接文件载入到新的未命名浏览器中
	_parent	将链接文件载入到父框架集或包含该链接的框架窗口中。如果包含该链接的框架不是嵌套的，则链接文件将载入到整个浏览器窗口中
	_self	将链接文件作为链接载入同一框架或窗口中。本目标是默认的，所以通常无须指定
	_top	将链接文件载入到整个浏览器窗口并删除所有框架
标题		显示鼠标经过链接文本所显示的文字信息
访问键		在其中设置键盘快捷键以便在浏览器中选择该超级链接
Tab 键索引		设置 Tab 键顺序的编号

在为文本添加超级链接后，用户还可在【属性】面板中，选择 HTML 选项卡 `<> HTML`。然后，在【链接】右侧的文本框中，输入超级链接的地址或修改超级链接，以及设置【标题】和【目标】等属性，如图 5-9 所示。

图 5-9　设置文本链接属性

提　示

> 单击【属性】面板的【页面属性】按钮或在网页的【设计】视图右击空白区域，并执行【页面属性】命令，可以改变网页中超级链接的样式。除此之外，使用 CSS 也可以改变超级链接的样式。

在创建的文本链接中，包含有 4 种状态，其详细内容如下：

❏ **普通**

是在打开的网页中超级链接最基本的状态。在 IE 浏览器中，默认显示为蓝色带下划线。

❏ **鼠标滑过**

当鼠标滑过超链接文本时的状态。虽然多数浏览器不会为鼠标滑过的超级链接添加样式，但用户可以对其进行修改，使之变为新的样式。

❏ **鼠标单击**

当鼠标在超链接文本上按下时超链接文本的状态。在 IE 浏览器中，默认为无下划线的橙色。

❏ **已访问**

当鼠标已单击访问过超级链接，且在浏览器的历史记录中可找到访问记录时的状态。在 IE 浏览器中，默认为紫红色带下划线。

提　示

> 创建链接后，会发现黑色文本变成带有下划线的蓝色文本，保存文档后按 F12 快捷键预览。用户可以发现添加链接后的文本颜色变成蓝色，并且加有下划线，当单击链接文本后，除了可以打开链接目标外，链接文本的颜色变成紫色。

5.2.2 图像链接

选择插入的图像后，在【属性】面板中，单击【链接】文本框右侧的【浏览文件】按钮 。在弹出的【选择文件】对话框中，选择要链接的图像文件，并单击【确定】按钮，如图5-10所示。

在为图像添加超级链接后，图像将会添加蓝色边框。设置完成后保存文档，按F12快捷键打开IE窗口，当鼠标指向链接图像并且单击后，在新窗口中将打开所链接的文件，如图5-11所示。

提 示

在为图像添加超级链接时，同样可以为其设置链接文件的打开方式，这里设置【目标】为_blank，是指在新窗口中打开链接文件。

5.3 添加热点链接

热点链接是另一种超级链接形式，又被称作热区链接、图像地图等。尤其在用户创建不规则的图像链接时，该链接方式非常适用。

5.3.1 创建热点链接

Dreamweaver也提供了便捷的插入热点链接的方式，包括插入矩形热点链接、圆形热点链接以及多边形热点链接等。

1. 矩形热点链接

选择图像，在【属性】面板中单击【矩形热点工具】按钮 。当鼠标光标变为"十"（十字形）形状时，即可在图像上绘制热点区域，如图5-12所示。
在绘制完成热点区域后，用户即可在【属性】面板中设置热点区域的各种属性，包

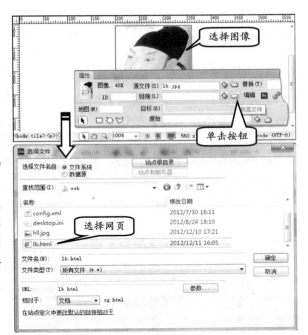

图 5-10 选择图像文件

图 5-11 浏览添加链接的图像

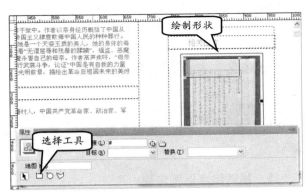

图 5-12 创建矩形热点链接

括【链接】、【目标】、【替换】和【地图】等。其中，【地图】参数的作用是为热区设置唯一的 ID，以供脚本调用。

2．圆形热点链接

选择图像，然后在【属性】面板中单击【圆形热点工具】按钮○。当鼠标光标转变"十"（十字形）形状时，即可绘制圆形热点链接，如图 5-13 所示。

3．多边形热点链接

选择图像，然后在【属性】面板中单击【多边形热点工具】按钮▽。当鼠标光标变为"十"（十字形）形状时，在图像上绘制不规则形状的热点链接。如先单击鼠标，在图像中绘制第一个调节点，如图 5-14 所示。

然后，继续在图像上绘制第 2 个、第 3 个调节点，将这些调节点连接成一个闭合的图形，如图 5-15 所示。

用户可以继续在图像中添加新的调节点，直到不再需要绘制调节点时，用户可右击鼠标，退出多边形热点绘制状态。此时，鼠标光标将返回普通的样式。

用户也可以在【属性】面板中单击【指针热点工具】按钮▶，同样可以退出多边形热点区域的绘制。

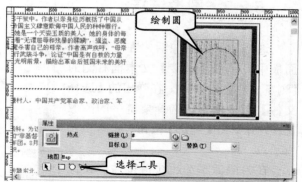

图 5-13 创建圆形热点链接

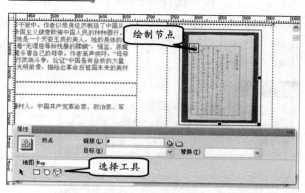

图 5-14 创建起始位置

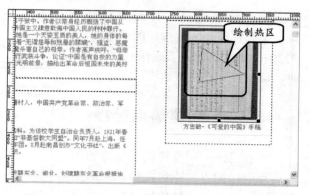

图 5-15 创建其他多边节点

5.3.2 编辑热点链接

在绘制热点区域之后，用户可以对其进行编辑，以使之更符合网页的需要。

1．移动热点区域位置

图像中的热点区域，其位置并非是固定不可变的。用户可方便地更改热点区域在图像中的位置。

在 Dreamweaver 中，选中图像后，单击【属性】面板的【指针热点工具】按钮▶，即可使用鼠标选中热点区域，对其进行拖动。或者在选中热点区域后，使用键盘上的向左、向上、向下、向右等方向键，同样可以方便地移动其位置。

2. 对齐热点区域

Dreamweaver 提供了一些简单的命令，可以对某个图像中两个或更多的热点区域进行对齐。

在 Dreamweaver 中选中图像，然后在【属性】面板中单击【指针热点工具】按钮，按住 Shift 键后连续选中图像中需要对齐的热点区域，如图 5-16 所示。

右击图像上方，即可执行 4 种对齐命令，如表 5-2 所示。

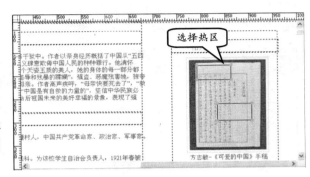

图 5-16　选择多个热点区域

表 5-2　热点对齐方式

命　　令	作　　用
左对齐	将两个或更多的热区以最左侧的调节点为准，进行对齐
右对齐	将两个或更多的热区以最右侧的调节点为准，进行对齐
顶对齐	将两个或更多的热区以最顶部的调节点为准，进行对齐
对齐下缘	将两个或更多的热区以最底部的调节点为准，进行对齐

用户通过执行不同的命令，即可对热点进行排序，如图 5-17 所示。

3. 调节热点区域大小

在 Dreamweaver 中选择图像，在【属性】面板中单击【指针热点工具】按钮。然后，将光标放置在热点区域的调节点上方，当光标转换为"黑色"箭头时，即可按住鼠标左键，改变热点区域的大小，如图 5-18 所示。

除此之外，当图像中有两个或两个以上的热点区域时，还可以右击热

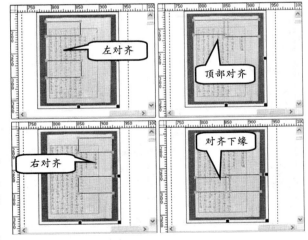

图 5-17　热点排列效果

点区域，执行【设成宽度相同】或【设成高度相同】等命令，将其宽度或高度设置为相同大小。

4．设置重叠热点区域层次

Dreamweaver 允许用户为重叠的热点区域设置简单的层次。选中图像，在【属性】面板中单击【指针热点工具】按钮。然后，右击热点区域，执行【移到最上层】或【移到最下层】等命令，修改热点区域的层次。

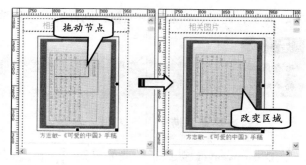

图 5-18 调整热点区域大小

5.4 特殊链接

在网页中，除了上述的一些文本、图像、锚点和热点链接外，还可以创建像电子邮件、脚本或者空链接。

5.4.1 电子邮件链接

无论是文本还是图像都可以作为电子邮件链接的载体，其创建方法相同。方法是选择载体后，在【属性】检查器的【链接】文本框中输入 E-mail 地址，其输入格式为 mailto:name@ server.com。其中，name@server.com 替换为要填写的 E-mail 地址。这里是为图像添加邮件链接，如图 5-19 所示。

除了使用上述方法为文本添加邮件链接外，还有另外一种方法。如将光标放置在空白区域，单击【常用】选项卡中的【电子邮件链接】按钮，设置【文本】与【电子邮件】选项后即可，如图 5-20 所示。

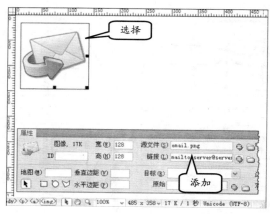

图 5-19 为图像添加邮件链接

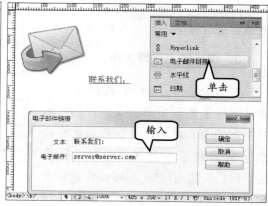

图 5-20 为文本添加邮件链接

完成设置后保存文档，按 F12 快捷键打开 IE 窗口，如图 5-21 所示。无论是在网页中单击图像链接还是文本链接，都可以打开【新邮件】对话框进行书写并且发送邮件。

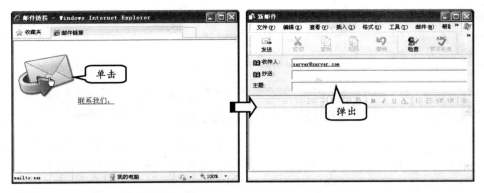

图 5-21 电子邮件链接预览

5.4.2 脚本链接

脚本链接是指执行 JavaScript 代码或调用 JavaScript 函数。例如，在【属性】面板的【链接】文本框中，输入"javascript:"内容，并且后跟 JavaScript 代码或一个函数调用，如图 5-22 所示。

5.4.3 空链接

空链接是未指派的链接。空链接用于向页面上的对象或文本附加行为。例如，可向空链接附加一个行为，以便在指针滑过该链接时会交换图像或显示绝对定位的元素。

在文档窗口中，选择文本、图像或对象。在【属性】面板的【链接】文本框中，输入"#"（井号），如图 5-23 所示。

用户也可以在【链接】文本框中，输入"javascript:;"（javascript 后面依次接一个冒号和一个分号），如图 5-24 所示。

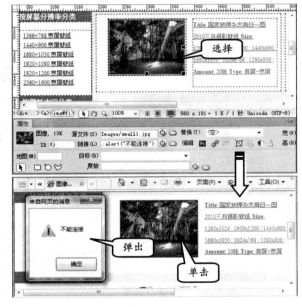

图 5-22 创建代码链接

图 5-23 创建空链接

图 5-24 代码空链接

提 示

在使用"javascript:;"实现空链接时，Internet Explorer 将提示"已限制此网页运行可以访问计算机的脚本或 ActiveX 控件"等内容。

5.5 课堂练习：制作网站引导页

网站引导页是访问者刚刚打开网站时所显示的页面，可以是文字、图片和 Flash 等。引导页也可以称为网站的脸面，其设计得好坏，关系到整个网站的精神面貌和主题思想。下面导入 PSD 分层图像制作网站引导页，如图 5-25 所示。

图 5-25 网站引导页

操作步骤：

1. 新建网页文档，修改<title></title>标签中的文本为"网站引导页"，保存为 yindaoye.html，如图 5-26 所示。

图 5-26 修改标题并保存

2. 单击【属性】检查器中的【页面属性】按钮。在弹出的【页面属性】对话框中，设置【左边距】、【右边距】、【上边距】和【下边距】等参数，如图 5-27 所示。

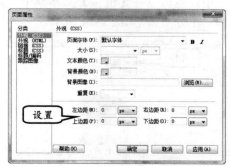

图 5-27 设置页面

3. 将光标放置在文档窗口中，在【插入】面板中单击【图像】按钮。在弹出的【选择图像源文件】对话框中，选择"bg.psd"图像，如图 5-28 所示。

图 5-28 选择 PSD 图像

4 在打开的【图像优化】对话框中，可以设置图像的【格式】、【品质】等参数，单击【确定】按钮，如图 5-29 所示。

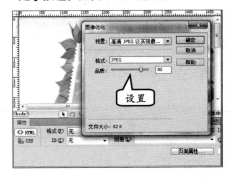

图 5-29 设置 PSD 图像

5 在弹出的【保存 Web 图像】对话框中，保存图像为 bg.jpg，如图 5-30 所示。

图 5-30 保存图像

6 在文档中，插入了"bg.jpg"图像，可以发现图像的左上角可以看到【图像已同步】图标，如图 5-31 所示。

图 5-31 插入 JPG 图像

7 选择图像，在【属性】检查器中，单击【矩形热点工具】按钮，在图像"进入网站"处绘制一个矩形，如图 5-32 所示。

图 5-32 绘制热点区域

8 选择该矩形热点区域，在【属性】检查器中，设置【链接】为"yindaoye.html"；【目标】为"_self"；【替换】为"进入网站"，如图 5-33 所示。

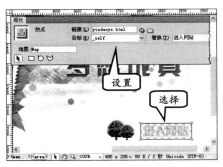

图 5-33 设置热点区域

9 打开【插入】面板，切换到【布局】选项卡，单击【绘制 AP Div】按钮，在图像底部的灰色区域绘制一个 AP Div，如图 5-34 所示。

图 5-34　绘制 AP Div 层

图 5-35　设置网页文本

10 单击【属性】检查器中的【页面属性】按钮，在弹出的对话框中设置【页面字体】为【宋体】；【大小】为 12px；【文本颜色】为【灰色】(#666)，如图 5-35 所示。

11 将光标放置在 AP Div 层中，输入声明、快速链接、版权信息等内容，并通过按 Enter 键换行，如图 5-36 所示。

12 网站引导页制作完成，按 Ctrl+S 快捷键再次保存文档。然后，按 F12 快捷键即可预览页面效果。

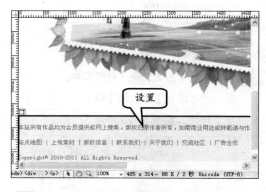

图 5-36　输入文本

5.6　课堂练习：制作音乐购买栏

在一些音乐网站中，用户还可以添加用于销售的购买栏内容。该栏中包含了唱片封面、名称、购买按钮，以及歌曲分类等，如图 5-37 所示。

图 5-37　音乐购买栏

操作步骤：

1 创建文档，并保存为 index.html 文件。然后，在文档中修改标题名称，以及添加链接外部的 CSS 文件，如图 5-38 所示。

图 5-38　创建文档

2 在文档【代码】视图中，通过<div>标签进行布局，如图 5-39 所示。

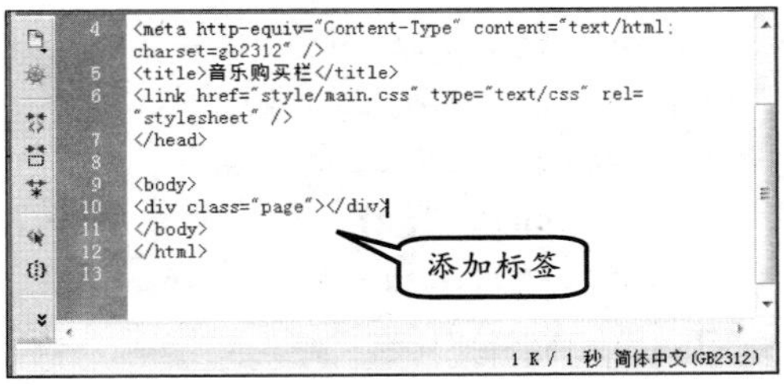

图 5-39 添加 page 类标签

3 在 page 类的<div>标签中，再插入 buy 类的<div>标签，用于存放网页内容。然后，在 buy 类的<div>标签中，添加标题内容，如图 5-40 所示。

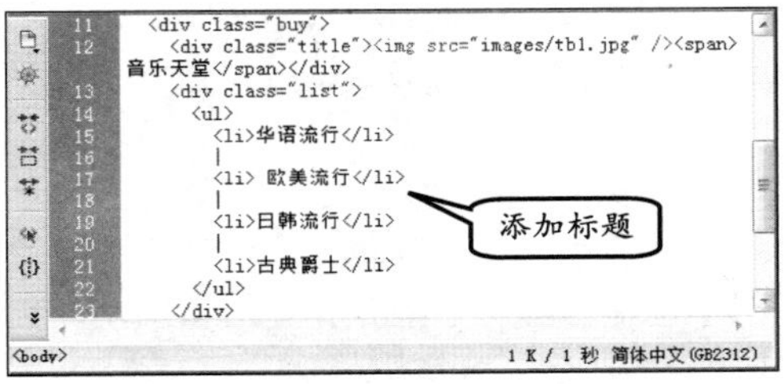

图 5-40 添加栏目标题

4 在 CSS 文件中，分别对<body>标签，以及标题栏的相关内容进行样式定义。其代码如下：

```css
body{
    margin:0px;
    padding:0px;
}
.page{
    margin:auto;
    width:800px;
    height:500px;
}
.page .buy{
    width:444px;
    height:377px;
    background-image:url(../ima
    ges/bg.jpg) !important;
    float:left;
}
.page .buy .title img{
```

```css
    margin-left:10px;
    margin-top:8px;
    float:left;
}
.page .buy .title span{
    margin-left:5px;
    margin-top:10px;
    font-family:"黑体";
    font-size:18px;
    width:80px;
    height:25px;
    float:left;
}
.page .buy .list{
    margin-top:5px;
    width:300px;
    height:25px;
    float:right;
    font-family:"宋体";
    font-size:12px;
}
.page .buy .list ul{
    list-style:none;
}
.page .buy .list ul li{
    display:inline;
}
.page .buy .nr{
    margin-top:40px;
    margin-left:5px;
    width:433px;
    height:330px;
    border:#666 solid 1px;
}
```

5 在栏目内容下面，添加 rn 类的<div>标签。在该标签中，再分别添加 left 类的<div>标签和 right 类的<div>标签，如图 5-41 所示。

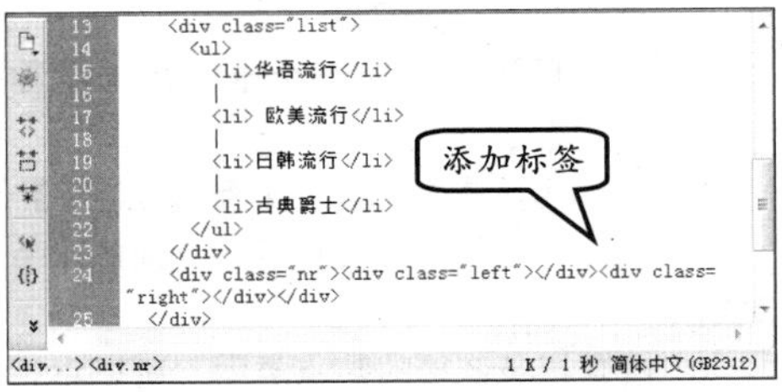

图 5-41 添加栏目内容标签

6 在 left 类的<div>标签中，添加 nr_p 类的<div>标签，并插入表格，以添加唱片图片和描述文本内容，如图 5-42 所示。

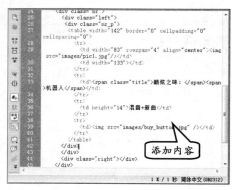

图 5-42 添加内容

7 通过复制 nr_p 类的<div>标签，以及标签中的内容。然后，分别粘贴多个相同的标签内容。然后，在 right 类的<div>标签中，添加该内容，如图 5-43 所示。

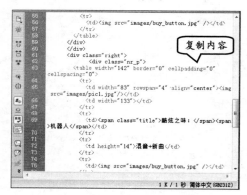

图 5-43 复制标签内容

8 用户可以在 CSS 中对这些标签及内容进行样式定义。代码如下：

```css
.page .buy .nr .left{
    margin-left:10px;
    margin-top:15px;
    width:200px;
    float:left;
}
.page .buy .nr .right{
    margin-left:10px;
    margin-top:15px;
    width:200px;
    float:left;
}
.page .buy .nr .nr_p{
    font-family:"宋体";
    font-size:12px;
    float:left;
    margin:5px;
}
.page .buy .nr .nr_p table{
    width:200px;
}

.page .buy .nr .nr_p .title{
    color:#0CF;
    font-weight:bold;
}
```

5.7 思考与练习

一、填空题

1．每个网页面都有一个唯一地址，称作_____。

2．在文本链接中，设置【目标】为_____，可以将链接文件载入到新的未命名浏览器中。

3．根据超级链接的热点类型，可以将超链接分为_____、_____以及_____

3 种。

4．在网页单击_____，能够使网页从一个页面跳转到另一个页面。

5．在网页中连续输入空格的方法是_____。

二、选择题

1．在网页中添加链接时，其中路径可以包含_____和_____。

A．相对路径　　　　B．绝对路径

C．虚拟路径　　　　D．文本路径

2．在创建锚记链接时，用户需要先创建_____。

A．内容　　　　　　B．区域

C．锚记名称　　　　D．锚记标记

3．在网页中添加邮件的链接后，则单击该链接会弹出_____。

A．网页类型的邮箱

B．直接弹出页面

C．Outlook 相关软件

D．发送邮箱页面

4．在 Dreamweaver 中，下面工具中不可以在图像中绘制热点区域的是_____。

A．指针热点工具

B．矩形热点工具

C．圆形热点工具

D．多边形热点工具

三、简答题

1．什么是路径？

2．如何创建文本链接？

3．如何创建热点链接？

4．如何插入空链接？

四、上机练习

1．JavaScript 函数

用户可以在网页中通过创建的链接来调用 JS 文件中的 JavaScript 函数。首先，用户需要创建一个 index.html 文件和一个 JS.js 文件。

在创建文件后，用户可以在文档的【代码】视图中，将 JS.js 文件关联到该文档中，如图 5-44 所示。

图 5-44　关联 JS 文件

在文档中，用户可以输入一个简单的文本内容，如输入"调用 JavaScript 函数"文本，并选择文本设置【链接】为"javascript:my()"内容，如图 5-45 所示。

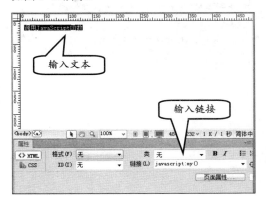

图 5-45　添加链接

在 JS.js 文件中，用户可以输入"my()"函数，并在函数中输入弹出对话框代码。

```
function my(){
alert("您已经调用我了...");
}
```

最后，用户可以通过浏览器，查看所显示的文本链接，并单击该链接，弹出提示对话框，如图 5-46 所示。

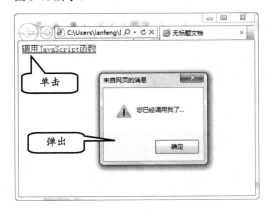

图 5-46　调用函数

2．清除链接中的下划线

一般用户在创建文本链接后，即可在文本下添加下划线。并且，当用户将鼠标置于链接上时，会显示一个"手"形状。

而如果要去掉链接上的下划线，用户可以在 CSS 代码中添加伪类样式，如下代码即可清除下划线。

```
<style type="text/css" >
a{
      text-decoration:none;
}
```

```
</style>
</head>

<body>
<a  href="javascript:my()"> 调 用
JavaScript 函数</a>
</body>
```

第 6 章

表格化网页布局

在 Dreamweaver 中，表格除了可以显示数据外，最主要的功能是定位于排版，用来将网页的基本元素定位在网页中的任意位置。网页设计往往是从创建表格开始的，学习表格的创建可以为后来的网页设计打好基础。表格是由行和列组成的，而每一行或每一列可以包含一个或多个单元格，网页元素可以放置在任意一个单元格中。本章主要介绍插入表格、为表格添加内容、设置表格属性，以及表格的各种编辑操作等。

本章学习要点：

➢ 插入表格
➢ 在单元格中添加内容
➢ 设置表格属性
➢ 表格的基本操作

6.1 插入表格

表格用于网页中，是以表格形式显示数据，以及对文本和图像进行布局的强有力的工具。

在网页中，表格是用来定位与排版的，而有时一个表格无法满足所有的要求，这时就需要运用到嵌套表格。

6.1.1 创建表格

在插入表格之前，先将光标置于要插入表格的位置。在新建的空白网页中，默认在文档的左上角。

在【插入】面板中，选择【常用】选项，单击【表格】按钮 表格 。或者，在【布局】选项中，单击【表格】按钮 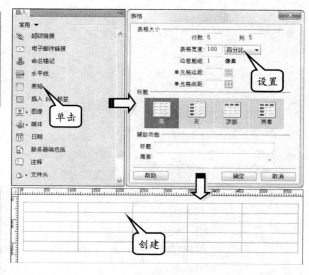。在弹出的【表格】对话框中，设置相应的参数，即可在文档中插入一个表格，如图6-1所示。

在【表格】对话框中，各个选项的作用详细介绍如表6-1所示。

图6-1 插入表格

表6-1 设置表格属性

选 择		作 用
行数		指定表格行的数目
列		指定表格列的数目
表格宽度		以像素或百分比为单位指定表格的宽度
边框粗细		以像素为单位指定表格边框的宽度
单元格边距		指定单元格边框与单元格内容之间的像素值
单元格间距		指定相邻单元格之间的像素值
标题	无	对表格不启用行或列标题
	左	将表格的第一列作为标题列，以便可为表格中的每一行输入一个标题
	顶部	将表格的第一行作为标题行，以便可为表格中的每一列输入一个标题
	两者	在表格中输入列标题和行标题
标题		提供一个显示在表格外的表格标题
摘要		用于输入表格的说明

6.1.2 创建嵌套表格

嵌套表格是在另一个表格单元格中插入的表格，其设置属性的方法与其他表格相同。

将光标置于表格中任意一个单元格中，单击【常用】选项中的【表格】按钮，插入一个 2×2 的表格，如图 6-2 所示。此时，所插入的表格对于原先的表格称之为嵌套表格。

6.2 在单元格中添加内容

表格的单元格可以存储各种类型的网页内容元素，如文本、图像等。Dreamweaver 提供了便捷的可视化操作来帮助用户将这两种类型的内容添加到表格中。

6.2.1 向表格中输入文本

在输入文本之前，需要选择表格中的一个单元格。例如，先插入一个 5×1 的表格，将光标放置在表格的第一个单元格中，输入文本即可，如图 6-3 所示。

此时，当表格的单位为百分比（%）时，其单元格的宽度将随着内容的不断增多而向右延伸。

而当表格的单位为像素时，其单元格的宽度不会随着内容的增多而发生变化。则单元格的高度会随着内容的增多而发生增高的变化。

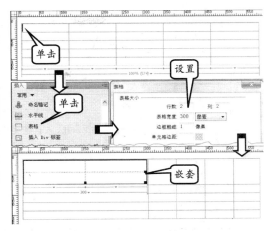

图 6-2 插入嵌套表格

图 6-3 插入文本内容

6.2.2 在单元格中插入图像

插入图像与输入文本顺序相同，都是先插入一个表格，将光标放置在该表格中，按照普通插入图像的方法，在表格中插入图像即可，如图 6-4 所示。

6.3 设置表格属性

表格是由单元格组成的，即使是一个最简单的表格，也是由一个单元格组成。而表格与单元格的属性完全不同，选择不同的对象，【属性】检查器将会显示不同的选项参数。

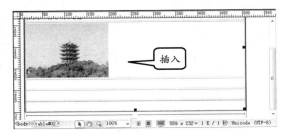

图 6-4 插入图像

1．表格属性

当插入表格后，【属性】检查器中显示该表格的基本属性，如表格整体、行、列和单元格，如图 6-5 所示。

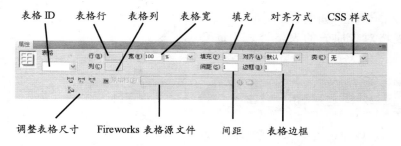

表格 ID　表格行　表格列　表格宽　填充　对齐方式　CSS 样式

调整表格尺寸　Fireworks 表格源文件　间距　表格边框

图 6-5　表格属性

在表格的【属性】检查器中，各个选项及作用如表 6-2 所示。

表 6-2　表格属性各个选项

属性		作用
表格 ID		定义表格在网页文档中唯一的编号标识
行		定义表格中包含的单元格横行数量
列		定义表格中包含的单元格纵列数量
宽		用于定义表格的宽度，单位为像素或百分比
填充		用于定义表格边框与其各单元格之间的距离，单位为像素。如不需要此设置，可设置为 0
间距		用于定义表格中各单元格之间的距离，单位为像素。如不需要此设置，可设置为 0
对齐		定义表格中的单元格内容的对齐方式，默认为两端对齐。用户可设定左对齐、居中对齐、右对齐等
类		定义描述表格样式的 CSS 类名称
边框		定义表格边框的宽度。如不需要表格显示宽度，可将其设置为 0
表格尺寸	清除列宽	将已定义宽度的表格宽度清除，转换为无宽度定义的表格，使表格随内容增加而自动扩展宽度
	清除行高	将已定义行高的表格行高清除，转换为无行高定义的表格，使表格随内容增加而自动扩展行高
	将表格宽度转换成像素	将以百分比为单位的表格宽度转换为具体的以像素为单位的表格宽度
	将表格宽度转换成百分比	将以像素为单位的表格宽度转换为具体的以百分比为单位的表格宽度
Fireworks 源文件		如在设计表格时使用了 Fireworks 源文件作为表格的样式设置，则可通过此项目管理 Fireworks 的表格设置，并将其应用到表格中

2．表格 ID

表格 ID 是用来设置表格的标识名称。选择表格，在 ID 文本框中直接输入 ID 名称，如图 6-6 所示。

3．行和列

行和列是用来设置表格的行数和列数。选择文档中的表格，即可在【属性】面板中，重新设置该表格的行数和列数，如图 6-7 所示。

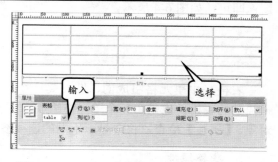

输入　选择

图 6-6　设置表格 ID

4．表格的宽度

宽是用来设置表格的宽度，以像素为单位或者按照百分比进行计算。在通常情况下，表格的宽度是以像素为单位。这样可以防止网页中的元素，随着浏览器窗口的变化而发生错位或变形，如图 6-8 所示。

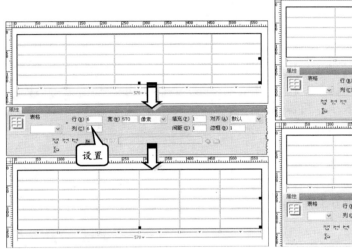

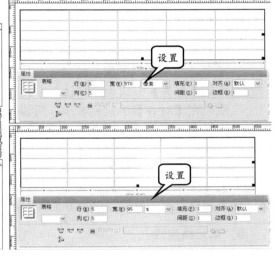

图 6-7　设置行数或列数　　　　　　　　图 6-8　设置表格宽度

5．填充

填充是用来设置表格中单元格内容与单元格边框之间的距离，以像素为单位，如图 6-9 所示。

6．间距

间距是用于设置表格中相邻单元格之间的距离，以像素为单位，如图 6-10 所示。

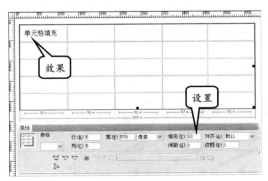

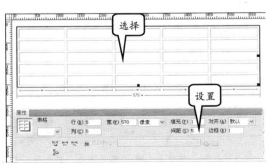

图 6-9　设置填充值　　　　　　　　　　图 6-10　设置间距

7．边框

边框是用来设置表格四周边框的宽度，以像素为单位，如图 6-11 所示。

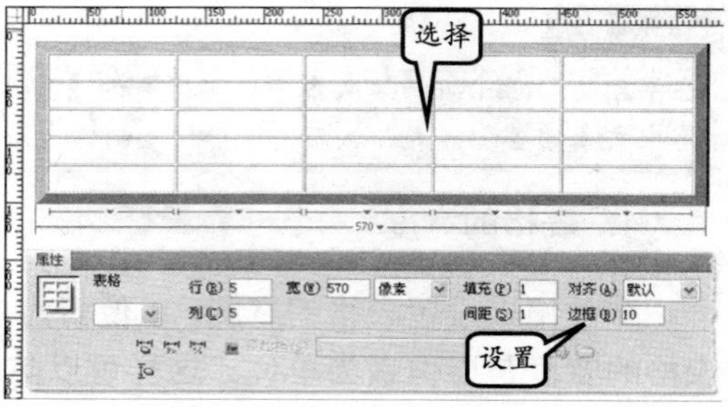

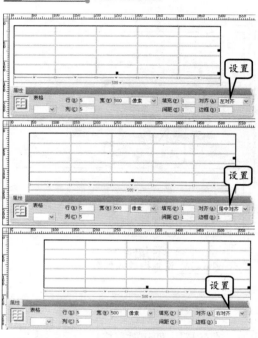

图 6-11　设置边框宽度

注　意

如果没有明确指定填充、间距或边框的值，则大多数的浏览器按【边框】和【填充】均设置为 1 像素，而【间距】默认为 2 像素。

8．对齐

对齐是用于指定表格相对于同一段落中的其他元素（如文本或图像）的显示位置。一般表格的【对齐】方式为“默认”方式。

当然，在【对齐】下拉列表中，可以设置表格为【左对齐】、【右对齐】或【居中对齐】等方式，如图 6-12 所示。

图 6-12　设置表格对齐方式

除此之外，在【属性】面板中，还可以直接单击 4 个按钮，来清除列宽和行高，还可以转换表格宽度的单位，如表 6-3 所示。

9．单元格属性

由于一个最简单的表格中包括一个单元格，即一行与一列，所以将光标放置在表格中后，其实是将光标放置在单元格中，也就是选中了该单元格。此时，在【属性】检查器中显示的将会是单元格的属性，如图 6-13 所示。

表 6-3　清除及转换行高和列宽

图　标	名　　称	功　　能
	清除列宽	清除表格中已设置的列宽
	清除行高	清除表格中已设置的行高
	将表格宽度转换为像素	将表格的宽度转换为以像素为单位
	将表格宽度转换为百分比	将表格的宽度转换为以表格占文档窗口的百分比为单位

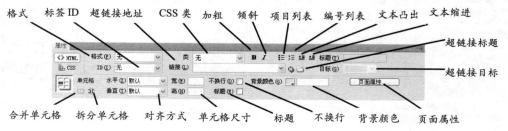

图 6-13　单元格属性

其中，各个选项及作用如表6-4所示。

表6-4 单元格属性中各个选项

属　　　性	作　　　用
合并所选单元格 🔲	将所选的多个同行或同列单元格合并为一个单元格
拆分单元格为行或列 📐	将已选择的位于多行或多列中的独立单元格拆分为多个单元格
水平	定义单元格中内容的水平对齐方式
垂直	定义单元格中内容的垂直对齐方式
宽	定义单元格的宽度
高	定义单元格的高度
不换行	选中该项目后，单元格中的内容将不自动换行，单元格的宽度也将随内容的增加而扩展
标题	选中该项目后，普通的单元格将转换为标题单元格，单元格内的文本加粗并水平居中显示
背景颜色	单击该项目的颜色拾取器，可选择颜色并将颜色应用到单元格背景中

6.4 表格的基本操作

除了前面介绍的方法，Dreamweaver 还提供了丰富的表格操作方式，当用户选定表格之后，可以编辑表格的行、列，或者对单元格进行合并、拆分等。

6.4.1 添加行或列

想要在某行的上面或者下面添加一行，首先将光标置于该行的某个单元格中，单击【插入】面板【布局】选项卡中的【在上面插入行】按钮 ⊟ 在上面插入行 或【在下面插入行】按钮 ⊟ 在下面插入行，即可在该行的上面或下面插入一行，如图 6-14 所示。

想要在某列的左侧或右侧添加一列，首先将光标置于该列的某个单元格中，单击【布局】选项卡中的【在左边插入列】按钮 ◫ 在左边插入列 或【在右边插入列】按钮 ◫ 在右边插入列，即可在该列的左侧或右侧插入一列，如图 6-15 所示。

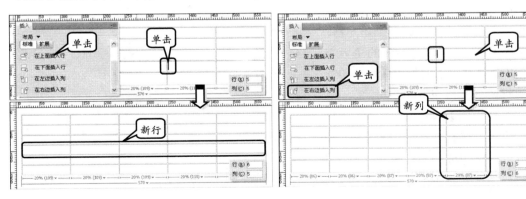

图 6-14 插入行　　　　　　　　　　图 6-15 插入列

6.4.2 选择行或列

选择表格中的行或列，就是选择行中所有连续单元格或者列中所有连续单元格。

将鼠标移动到行的最左端或者列的最上端，当光标变成"向右"或者"向下"箭头 ➡ ⬇ 时，单击鼠标即可选择整行或整列，如图 6-16 所示。

提 示

选择整行或整列后，如果按住鼠标不放并拖动，则可以选择多个连续的行或列。

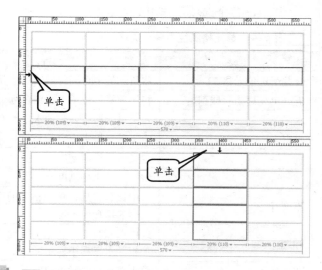

图 6-16 选择行或列

6.4.3 合并单元格

合并单元格可以将同行或同列中的多个连续单元格合并为一个单元格。选择两个或两个以上连续的单元格，单击【属性】面板中的【合并所选单元格】按钮 ，即可将所选的多个单元格合并为一个单元格，如图 6-17 所示。

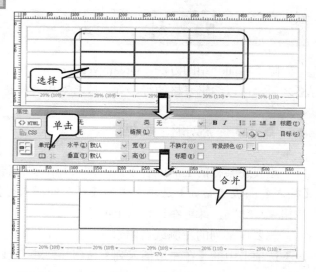

图 6-17 合并单元格

6.4.4 拆分单元格

拆分单元格可以将一个单元格以行或列的形式拆分成多个单元格。例如，将光标置于要拆分的单元格中，单击【属性】面板中【拆分单元格为行或列】按钮 。

在弹出的【拆分单元格】对话框中，选择【行】或【列】选项，并设置拆分的行数或列数，单击【确定】按钮，如图 6-18 所示。

此时，将在光标所在的单元格

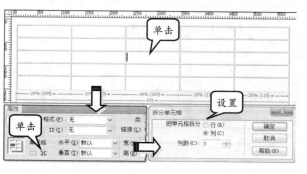

图 6-18 拆分单元格

中，显示所拆分的单元格，如图 6-19
所示。

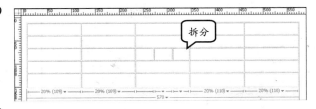

6.4.5 调整表格大小

图 6-19 拆分单元格效果

当选择整个表格后，在表格的右
边框、下边框和右下角会出现 3 个控
制点。通过鼠标拖动这 3 个控制点，可以改变表格大小，如图 6-20 所示。

除了可以在【属性】面板中调整行或列的大小外，还可以通过拖动方式来调整其
大小。

将鼠标移动到单元格的边框上，当光标变成"左右双向箭头" ↔ 或者"上下双向箭
头" ↕ 时，按住，并横向或纵向拖动鼠标即可改变行高或列宽，如图 6-21 所示。

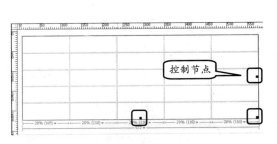

图 6-20 调整表格大小

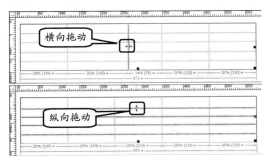

图 6-21 设置行高或列宽

技 巧

如果想要在不改变其他单元格宽度的情况下，改变光
标所在单元格的宽度，那么可以按住 Shift 键拖动鼠
标来实现。

6.5 课堂练习：制作个人简历

表格在网页中是用来定位和排版的，有时
一个表格无法满足所有的需要，这时就需要运
用到嵌套表格。本练习介绍如何使用嵌套表格
制作一份个人简历，如图 6-22 所示。

操作步骤：

1 新建文档，设置【标题】为"个人简历"，并且将
其保存。在文档中单击【插入】面板中【表格】
按钮 ▣ 表格 ，在弹出的【表格】对话框中，
设置一个 3 行×3 列，【表格宽度】为 872 像素的
表格，如图 6-23 所示。

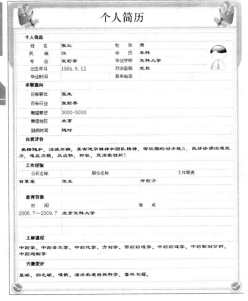

图 6-22 个人简历

图 6-23　插入表格

2　分别选择第一行和第三行所有单元格，单击
【属性】检查器中的【合并单元格】按钮□，
将单元格进行合并，如图 6-24 所示。

图 6-24　合并单元格

3　单击【插入】面板中【图像】中的小三角按
钮□·图像，在弹出的【选择图像源文件】
对话框中依次选择图像"top.gif"、"left.gif"、
"right.gif"和"foot.gif"，并放到相应的位
置，调整单元格大小，如图 6-25 所示。

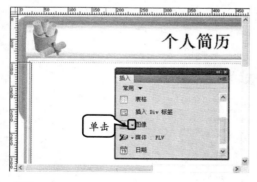

图 6-25　插入图像

4　将光标置于第 2 行第 2 列的单元格中，插入
一个 27 行×5 列的嵌套表格，并设置【宽】
为 688 像素，调整表格高度适应最大边框，
如图 6-26 所示。

5　打开【CSS 样式】面板，单击【新建 CSS
规则】按钮□，在【新建 CSS 规则】对话

框中输入【选择器名称】为"tbg"。然后，
在【tbg 的 CSS 规则定义】对话框中选择
【背景】选项，设置 Background-color 为
#4BACC6（蓝色），在【属性】检查器中，
设置【类】为 tbg，如图 6-27 所示。

图 6-26　插入嵌套表格

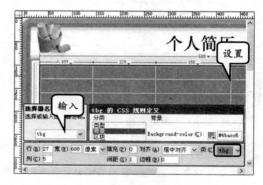

图 6-27　为表格加背景颜色

6　选择所有单元格，在【属性】检查器中，设
置【背景颜色】为白色（#FFFFFF），制作细
线边框表格，设置【间距】为 1，如图 6-28
所示。

图 6-28　制作细线表格

7 选择第 1 行并按 Ctrl 键单击第 2～5 行的最后 1 列和第 6 行的后两列单元格，在【属性】检查器中单击【合并单元格】按钮□，并在相应的地方输入文字，如图 6-29 所示。

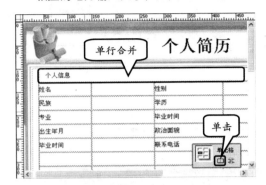

图 6-29　合并单元格添加文字

8 按照相同的方法合并第 7 行和第 13 行所有单元格，然后选择第 8～12 行的后 4 列单元格并依次合并，如图 6-30 所示。

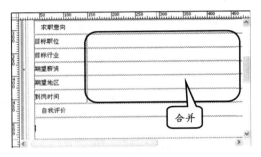

图 6-30　合并单元格添加文字

9 合并第 15 行和第 19 行所有单元格，然后分别合并第 16～18 行的第 2～3 列和第 4～5 列单元格，最后依次合并第 20～23 行的后 4 列单元格，如图 6-31 所示。

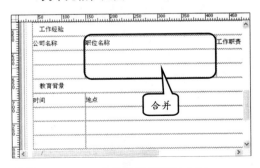

图 6-31　合并单元格添加文字

10 合并第 24～27 行所有单元格，并在第 24、26 行单元格中输入文字，如图 6-32 所示。

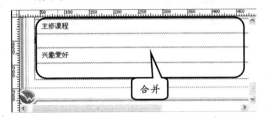

图 6-32　合并单元格并输入文字

11 选择所有带文字项目的单元格，在【属性】检查器中，设置【水平】对齐方式为【居中对齐】；【背景颜色】为灰色（#EFEFEF），如图 6-33 所示。

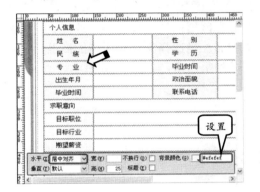

图 6-33　设置单元格背景颜色

12 选择所有带项目标题的单元格，在【属性】检查器中，单击【加粗】按钮 **B**，设置【背景颜色】为蓝色（#D2EAF1）；【高】为 28，如图 6-34 所示。

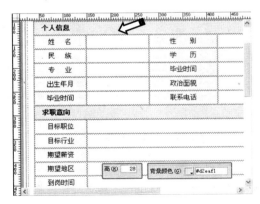

图 6-34　设置文字属性

13 将光标放入第 2 行最后 1 列的单元格中，单击【插入】面板中【图像】按钮 ⊞ ▾ 图像 ，在弹出的【选择图像源文件】对话框中选择图像 "head.jpg"。然后，设置【水平】对齐方式为【居中】对齐，调整单元格大小，如图 6-35 所示。

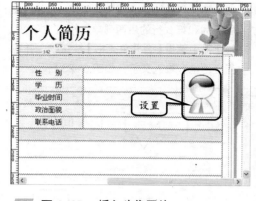

图 6-35 插入头像图片

6.6 课堂练习：制作购物车页

在网络商城购物时，当选择某一商品后会自动放在购物车中，然后用户可以继续购买物品。当选择完所有所需的商品后，网站将会通过一个表格将这些商品以表格的形式逐个列举出来，如图 6-36 所示。

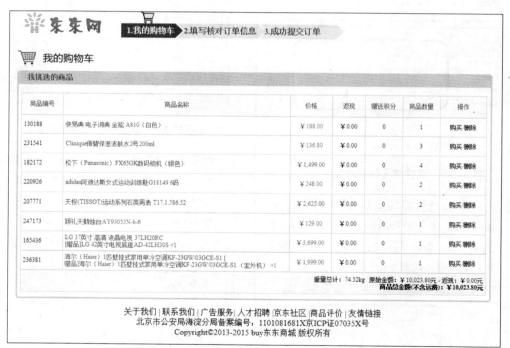

图 6-36 购物列表

操作步骤：

1 打开 "0i1ndex.html" 素材文件，将光标置于 ID 为 carList 的 Div 层中。然后，单击【插入】面板【常用】选项中的【表格】按钮，创建一个 10 行×7 列、【表格宽度】为 880 像素的表格，如图 6-37 所示。

图 6-37　插入表格

2　在【属性】检查器中，设置【填充】为4，【间距】为1，【对齐】方式为【居中对齐】，如图6-38所示。

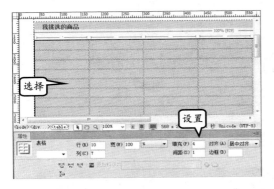

图 6-38　设置表格参数

3　在标签栏中，选择<table>标签，在【CSS样式】面板中，设置表格【背景颜色】为蓝色（#AACDED），如图6-39所示。

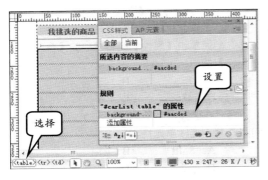

图 6-39　设置背景颜色

4　选择所有单元格，在【属性】检查器中，设置【背景颜色】为白色（#FFFFFF），如图6-40所示。

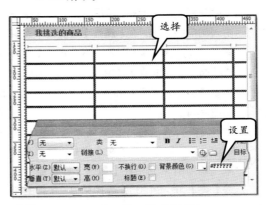

图 6-40　设置单元格背景颜色

5　选择第1行和最后1行所有单元格，在【属性】检查器中，设置【背景颜色】为蓝色（#EBF4FB），如图6-41所示。

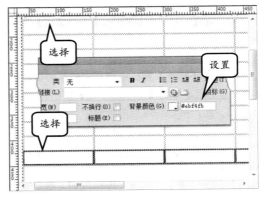

图 6-41　设置单元格背景

6　设置第1行所有单元格的【高】为35，设置最后1行的【高】为40，并在第1行输入文本，设置【水平】对齐方式为【居中对齐】，如图6-42所示。

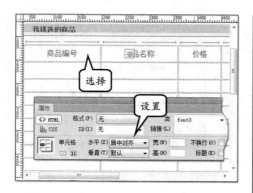

图 6-42 设置文本样式

7 合并最后 1 行单元格，然后分别在单元格中
输入相应的文本，在【属性】检查器中设置
第 2~9 行的第 3~7 列单元格【水平】对齐
方式为【居中对齐】，【高】为 30，最后 1
行单元格【水平】对齐方式为【右对齐】，
如图 6-43 所示。

8 在 CSS 样式属性中，分别创建类名称为
font3、font4、font5 的文本样式。然后选择
第 1 行所有单元格在【属性】检查器中设
置【类】为"font3"，选择第 2~9 行的第

2 列设置【类】为"font5"；第 3 列设置
【类】为"font4"。其中，文本的样式代码
如下：

图 6-43 添加文本

```css
.font3{
    color:#444444;
}
.font4{
    color:#ff0000;
}
.font5{
    color:#005ea7;}
```

6.7 思考与练习

一、填空题

1. 在【表格】对话框中，【表格宽度】有两
种可选择的单位，一种是百分比，另一种是
_____。

2. 在【标准】模式中创建表格，可以单击
【常用】选项卡中的【_____】按钮。

3. 用户可以在每列的标尺中，单击列标尺
宽度，执行_____命令可以清除列的宽度。

4. 将鼠标移动到表格的左上角、上边框或
者下边框的任意位置，或者行和列的边框，当光
标箭头后面尾随_____图标时，单击即可
选择整个表格。

5. 当选择整个表格后，在表格的右边框、
下边框和右下角会出现_____个控制点。

二、选择题

1. 在 Dreamweaver 中，表格的主要作用是

_____。
  A. 用来组织数据
  B. 用来表现图片
  C. 实现网页的精确排版和定位
  D. 用来设计新的页面

2. 要想合并单元格，首先选择要合并的单
元格，然后单击【属性】检查器中的【合并所选
单元格】按钮_____。
  A. [icon]   B. [icon]
  C. [icon]   D. [icon]

3. 在选择多个单元格时，按_____键
可以选择不连续单元格。
  A. Shift   B. Ctrl
  C. Alt   D. Enter

4. 如果用户将表格中某一行设置为标题，
那么可以在【属性】检查器中执行_____操作。
  A. 设置格式属性
  B. 应用类选项
  C. 设置标题

D．启用【标题】复选框

5．当用户在表格中删除一行内容时，下面的内容将_____。

  A．不变   B．上移
  C．与上行合并 D．与下行合并

三、简答题

1．什么是嵌套表格？
2．如何在表格中添加竖排文字？
3．如何设置表格宽度为 1 像素？
4．如何横向合并 3 个单元格？
5．如何将单元格调整为 2 行文本？

四、上机练习

1．复制单元格内容

  选择要复制的一个或多个单元格，执行【编辑】|【拷贝】命令，或者按 Ctrl+C 快捷键，即可复制所选的单元格及其内容，如图 6-44 所示。

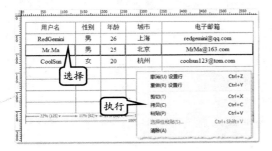

图 6-44　复制内容

  选择要粘贴单元格的位置，执行【编辑】|【粘贴】命令，或者按 Ctrl+V 快捷键，即可将源单元格的设置及内容粘贴到所选的位置，如图 6-45 所示。

2.导入外部数据

  如果要导入外部的表格式数据，单击【插入】

面板【数据】选项卡中的【导入表格式数据】按钮 导入表格式数据，在弹出的对话框中选择数据文件，并设置【定界符】及表格的相关参数即可，如图 6-46 所示。

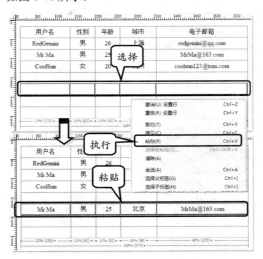

图 6-45　粘贴内容

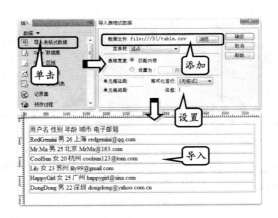

图 6-46　导入数据

　　<div>标签也是 HTML 众多标签中的一个，它就相当于一个容器或一个方框，用户可以把网页上的文字、图片等都放到这个容器中。

　　这种方法的好处是有利于网站的布局，如把网页的各元素按照分类都在<div>标签中放好，再把<div>标签按着顺序排起来，整个网站的代码看起来很有条理性。

　　通过 CSS 样式表，可以统一地控制 HTML 中各标签的显示属性，可以更有效地控制网页外观，还可以更加精确地指定网页元素位置。

　　本章通过学习<div>标签和 CSS 样式表，来了解网页页面的美化，以及网页布局等内容。

　　本章学习要点：

　　➢ Div 标签应用
　　➢ CSS 样式表基础
　　➢ 创建样式表
　　➢ CSS 语法与选择器

7.1　<div>标签的应用

　　CSS 页面布局使用层叠样式表格式（而不是传统的 HTML 表格或框架），用于组织网页上的内容。CSS 布局的基本构造块是<div>标签，它是一个 HTML 标签，在大多数情况下用作文本、图像或其他页面元素的容器。

7.1.1　了解<div>标签

　　<div>标签是用来为 HTML 文档内大块（Block-Level）的内容提供结构和背景的元

素。<div>起始标签和结束标签之间的所有内容都是用来构成这个块的，其中所包含元素的特性由<div>标签的属性来控制，或者是通过使用样式表格式化这个块来进行控制。

而<div>标签常用于设置文本、图像、表格等网页对象的摆放位置。当用户将文本、图像，或其他对象放置在<div>标签中，则可称为 div block（层次），如图7-1 所示。

<div>标签可以把文档分割为独立的、不同的部分。它可以用作严格的组织工具，并且不使用任何格式与其关联。如果用 id

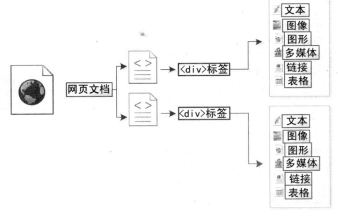

图 7-1　div 层

或 class 属性来标记<div>，那么该标签的作用会变得更加有效。

7.1.2　插入<div>标签

Div 布局层是网页中最基本的布局对象，也是最常见的布局对象。在 Dreamweaver CC 中，用户可以非常方便地插入该标题。

在【文档】窗口中，将插入点放置在要显示<div>标签的位置。在【插入】面板的【常用】类别或者【结构】类别中，单击 Div 按钮，如图7-2 所示。

在弹出的【插入 Div】对话框中，可以命名<div>标签或者 Div 层的名称，并单击【确定】按钮。例如，输入 ID 为 user，如图7-3 所示。

图 7-2　插入<div>标签

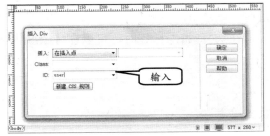

图 7-3　设置 Div 层属性

在【插入 Div】对话框中，其参数设置的含义如表7-1 所示。

表 7-1　<div>标签的属性

属　　性		作　　用
插入	在插入点	将<div>标签插入到当前光标所指示的位置
	在开始标签结束之后	将<div>标签插入到选择的开始标签之后
	在结束标签之前	将<div>标签插入到选择的开始标签之前

属　　性	作　　用
开始标签	如在【插入】的下拉列表中选择【在开始标签结束之后】或【在结束标签之前】选项后，即可在此列表中选择文档中所有的可用标签，作为开始标签
类	定义\<div\>标签可用的 CSS 类
ID	定义\<div\>标签在网页中唯一的编号标识
新建 CSS 规则	根据该\<div\>标签的 CSS 类或编号标记等，为该\<div\>标签建立 CSS 样式

　　此时，在文档中会显示所插入的\<div\>标签，并在 Div 层中显示一段文本以方便用户选择该层，如图 7-4 所示。

提　示

用户也可以执行【插入】Div 命令，或者执行【插入】|【结构】|Div 命令，即可弹出【插入 Div】对话框，设置属性，并插入\<div\>标签。

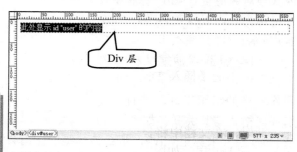

图 7-4　插入 Div 层

7.1.3　编辑\<div\>标签

　　插入\<div\>标签之后，可以对它进行操作或向它添加内容。在为\<div\>标签分配边框时，或者在选定了【CSS 布局外框】时，它们便具有可视边框（默认情况下，执行【查看】|【可视化助理】|【CSS 布局外框】命令）。

1．查看 Div 层

　　将指针移到\<div\>标签上时，Dreamweaver 将高亮显示此标签。如果用户选择该 Div 层时，则边框将以蓝色显示，如图 7-5 所示。

　　在选择\<div\>标签时，可以在【CSS 样式】面板中查看和编辑它的规则，如图 7-6 所示。

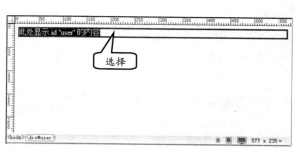

图 7-5　选择\<div\>标签

图 7-6　编辑规则

2．在 Div 层插入文本

用户也可以向<div>标签中添加内容。例如，将插入点放在<div>标签中，然后就像在页面中添加内容那样添加内容，如图7-7 所示。

3．插入多个 Div 层

用户也可以插入多个 Div 层，如用户将光标选择已经插入 Div 层的边框外，并执行【插入】|Div 命令，如图7-8 所示。

在弹出的【插入 Div】对话框中，输入 ID 的名称，并单击【确定】按钮，如图7-9 所示。

此时，在文档中将显示所插入 ID 为 address 的 Div 层，如图7-10 所示。

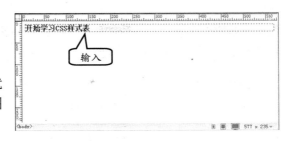

图 7-7　添加文本内容

图 7-8　执行 Div 命令

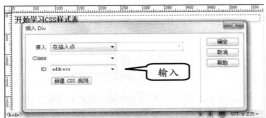

图 7-9　设置 Div 层属性

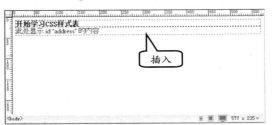

图 7-10　插入多个层

4．插入嵌套 Div 层

另外，用户还可以在 Div 层中插入其他 Div 层，并实现层与层之间的嵌套。例如，将光标置于 ID 为 address 的 Div 层中，并执行【插入】|Div 命令，如图7-11 所示。

在弹出的【插入 Div】对话框中，输入 ID 名称为 tl，并单击【确定】按钮，如图7-12 所示。

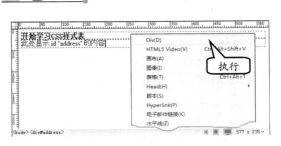

图 7-11　插入 Div 层

此时，可以看到所插入的 ID 为 tl 的 Div 层，嵌套在 ID 为 address 的 Div 层的内部，如图7-13 所示。

图 7-12　插入 Div 层

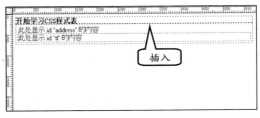

图 7-13　嵌套 Div 层

CSS 样式表是设计网页的一种重要工具，是 Web 标准化体系中最重要的组成部分之一。因此，只有了解了 CSS 样式表，才能制作出符合 Web 标准化的网页。

● 7.2.1　了解 CSS 样式表

CSS 样式在网页设计中，已经成为主导技术。在许多网站开发中，都离不开 CSS 样式的应用。

1．关于层叠样式表

层叠样式表（CSS）是一组格式设置规则，用于控制网页内容的外观。

通过使用 CSS 样式设置页面的格式，可将页面的内容与表示形式分离开。页面内容（即 HTML 代码）存放在 HTML 文件中，而用于定义代码表示形式的 CSS 规则存放在另一个文件（外部样式表）或 HTML 文档的另一部分（通常为文件头部分）中。

将内容与表示形式分离可以使从一个位置集中维护站点的外观变得更加容易，因为进行更改时无须对每个页面上的每个属性都进行更新。

将内容与表示形式分离还可以得到更加简练的 HTML 代码，这样将缩短浏览器加载的时间，并为存在访问障碍的人员简化导航过程。

使用 CSS 可以非常灵活并更好地控制页面的确切外观。使用 CSS 可以控制许多文本属性，包括特定字体和字体大小；粗体、斜体、下划线和文本阴影；文本颜色和背景颜色；链接颜色和链接下划线等。通过使用 CSS 控制字体，还可以确保在多个浏览器中以更一致的方式处理页面布局和外观。

除设置文本格式外，还可以使用 CSS 控制网页面中块级别元素的格式和定位。块级元素是一段独立的内容，在 HTML 中通常由一个新行分隔，并在视觉上设置为块的格式。例如，<h1>标签、<p>标签和<div>标签都在网页页面上产生块级元素。

2．关于 CSS 规则

CSS 格式设置规则由两部分组成：选择器和声明。

❏ **选择器**

标识已设置格式元素的术语（如 p、h1、类名称或 ID 等名称）。

❏ **声明**

也称为"声明块"，用于定义样式属性。例如，在下面的 CSS 代码中，h1 是选择器，介于"大括号"({})之间的所有内容都是声明块。

```
h1 { font-size: 16 pixels; font-family: Helvetica; font-weight:bold; }
```

在声明块中，又包含属性（如 font-family）和值（如 Helvetica）两部分组成。

在前面的 CSS 规则中，已经为<h1>标签创建了特定样式，所有链接到此样式的<h1>标签的文本的字号为 16 像素；字体为 Helvetica；字形为粗体。

样式（由一个规则或一组规则决定）存放在与要设置格式的实际文本分离的位置。因此，可以将<h1>标签的某个规则一次应用于许多标签。通过这种方式，CSS 可提供非常便利的更新功能。若在一个位置更新 CSS 规则，使用已定义样式的所有元素的格式设置将自动更新为新样式，如图 7-14 所示。

用户可以在 Dreamweaver 中定义以下样式类型：

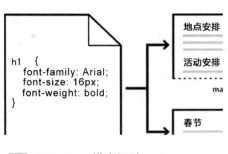

图 7-14　样式规则

❑ **类样式**　可以让样式属性应用于页面上的任何元素。

❑ **HTML 标签样式**　重新定义特定标签的格式。如创建或更改<h1>标签的 CSS 样式时，则应用于所有<h1>标签。

❑ **高级样式**　重新定义特定元素组合的格式，或其他 CSS 允许的选择器表单的格式。高级样式还可以重定义包含特定 id 属性的标签的格式。

7.2.2　CSS 样式表分类

根据 CSS 样式表存放的位置以及其应用的范围，可以将 CSS 样式表分为三种，即外部 CSS、内部 CSS 以及内联 CSS 等。

1. 外部 CSS

外部 CSS 是一种独立的 CSS 样式。其一般将 CSS 代码存放在一个独立的文本文件中，扩展名为 ".css"。

这种外部的 CSS 文件与网页文档并没有什么直接的关系。如果需要通过这些文件控制网页文档，则需要在网页文档中使用<link>标签导入。例如，使用 CSS 文档来定义一个网页的大小和边距。代码如下：

```
@charset "gb2312";
/* CSS Document */
body {
  width : 1003px;
  margin : 0px;
  padding : 0px;
  font-size : 12px
}
```

将 CSS 代码保存为文件后，即可通过<link>标签将其导入到网页文档中。例如，CSS 代码的文件名为 "main.css"。代码如下：

```
<!doctype html>
<html>
<head>
<meta charset="utf-8">
```

```
<title>导入 CSS 文档</title>
<link href="main.css" rel="stylesheet" type="text/css" />
<!--导入名为 main.css 的 CSS 文档-->
</head>


<body>
</body>
</html>
```

在外部 CSS 文件中，通常需要在文件的头部创建 CSS 的文档声明，以定义 CSS 文档的一些基本属性。常用的文档声明包括 6 种，如表 7-2 所示。

表 7-2　CSS 文档的声明

声 明 类 型	作　用	声 明 类 型	作　用
@import	导入外部 CSS 文件	@fontdef	定义嵌入的字体定义文件
@charset	定义当前 CSS 文件的字符集	@page	定义页面的版式
@font-face	定义嵌入 XHTML 文档的字体	@media	定义设备类型

在多数 CSS 文档中，都会使用 "@charset" 声明文档所使用的字符集。除 "@charset" 声明以外，其他的声明多数可使用 CSS 样式来替代。

2. 内部 CSS

内部 CSS 与内联 CSS 类似，都是将 CSS 代码放在文档中。但是内部样式并不是放在其设置的标签中，而是放在统一的<style></style>标签中。

这样做的好处是将整个页面中所有的 CSS 样式集中管理，以选择器为接口供网页浏览器调用。例如，使用内部 CSS 定义网页的宽度以及超链接的下划线等。代码如下：

```
<!doctype html>
<html>
<head>
<meta charset="utf-8">
<title>测试网页文档</title>
<!--开始定义 CSS 文档-->
<style type="text/css">
<!--
body {
  width:1003px;
}
a {
  text-decoration:none;
}
-->
</style>
<!--内部 CSS 完成-->
</head>
<!--……-->
```

虽然 HTML 允许用户将<style>标签放在网页的任意位置，但是在浏览器打开网页的过程中，通常会以从上到下的顺序解析代码。因此，将<style>标签置在网页的头部，可提前下载和解析 CSS 代码，提高样式显示的效率。

3．内联 CSS

内联 CSS 是利用标签的 style 属性设置的 CSS 样式，又称嵌入式样式。内联式 CSS 与 HTML 中的标签描述一样，只能定义某一个网页元素的样式，是一种过渡型的 CSS 使用方法，在 HTML 中并不推荐使用。内部样式不需要使用选择器，如使用内联式 CSS 设置一个表格的宽度。代码如下：

```
<table style="width:100px;">
  <tr>
    <td>宽度为 100px 的表格</td>
  </tr>
</table>
```

7.3　创建样式表

使用【CSS 设计器】面板可以查看、创建、编辑和删除 CSS 样式，也可以将外部样式表附加到文档。

● 7.3.1　【CSS 样式】面板

在 Dreamweaver 中，执行【窗口】|【CSS 设计器】命令，即可弹出【CSS 设计器】面板，并显示文档中所有已经定义的 CSS 样式内容，如图 7-15 所示。

在【CSS 设计器】面板中，主要由以下窗格组成：

❑ 【源】

列出与文档有关的所有样式表。使用此窗格，用户可以创建 CCS 并将其附加到文档，也可以定义文档中的样式。

图 7-15　【CSS 设计器】面板

❑ 【@媒体】

在【源】窗格中列出所选源中的全部媒体查询。如果用户不选择特定 CSS，则此窗格将显示与文档关联的所有媒体查询。

❑ 【选择器】

在【源】窗格中列出所选源中的全部选择器。如果用户同时还选择了一个媒体查询，则此窗格会为该媒体查询缩小选择器列表范围。如果没有选择 CSS 或媒体查询，则此窗格将显示文档中的所有选择器。

在【@媒体】窗格中，选择【全局】选项后，将显示对所选源的媒体查询中不包括的所有选择器。

❑ 【属性】

显示可为指定的选择器设置的属性。

7.3.2 页面与 CSS 关系

【CSS 设计器】是上下文相关的。这意味着，对于任何给定的上下文或选定的页面元素，用户都可以查看关联的选择器和属性，如图 7-16 所示。

图 7-16　网页元素与 CSS

并且，在【CSS 设计器】中选中某选择器时，关联的源和媒体查询将在各自的窗格中高亮显示，如图 7-17 所示。

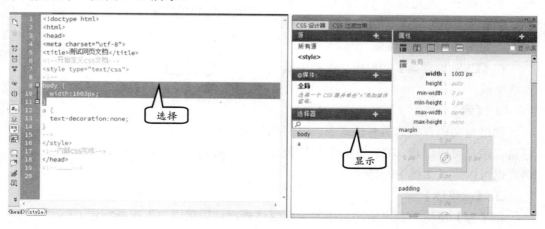

图 7-17　CSS 代码与 CSS 设计器

在文档的【实时视图】视图方式中，用户也可以调整网页元素的 CSS 属性，如在【CSS 设计器】中显示【实时视图】中选择的图像的属性，如图 7-18 所示。

图7-18 显示【实时视图】下网页元素的 CSS 属性

提 示

选中某个页面元素时,在【选择器】窗格中将选中【已计算】选项。单击一个选择器可查看关联的源、媒体查询或属性。

若要查看所有选择器,可以在【源】窗格中选择【所有源】选项。若要查看不属于所选【源】中的任何媒体查询的选择器,需要在【@媒体】窗格中选择【全局】选项。

7.3.3 创建和附加样式表

在【CSS 设计器】面板中,用户可以创建 CSS 文件、附加 CSS 文件,以及在页面中定义 CSS 样式等。

1. 创建新文件

在【CSS 设计器】面板的【源】窗格中,单击【添加 CSS 源】按钮,然后在弹出的列表中,执行【创建新的 CSS 文件】命令,如图 7-19 所示。

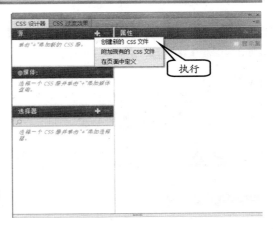

图7-19 创建 CSS 文件

根据用户执行的选项,将弹出【创建新的 CSS 文件】对话框,并且【添加为】默认选择为【链接】选项,如图 7-20 所示。

提 示

用户可以单击【有条件使用】可选项,然后指定要与 CSS 文件关联的媒体查询。

图7-20 【创建新的 CSS 文件】对话框

在【创建新的 CSS 文件】对话框中,用户可单击【浏览】按钮,在弹出的【将样式表文件另存为】对话框中,在【文件名】文本框中输入文件名称,单击【保存】按钮,如图 7-21 所示。

此时，将返回到【创建新的 CSS 文件】对话框，并在【文件/URL】文本框中，显示所创建的 CSS 文件名称，单击【确定】按钮。

现在，用户可以在文档的【代码】视图中，查看所链接的外部 CSS 文件，如图 7-22 所示。

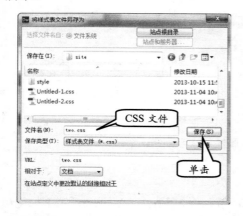

图 7-21　保存样式表文件

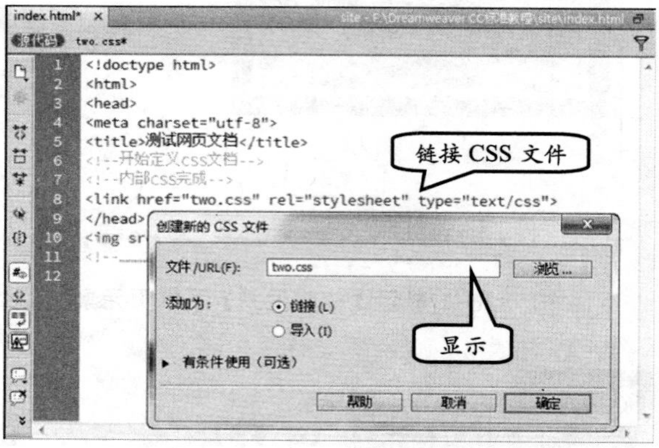

图 7-22　显示链接地址

2. 附加 CSS 文件

将现有 CSS 文件附加到文档，即在【CSS 设计器】面板的【源】窗格中，单击【添加 CSS 源】按钮，然后在弹出的列表中，执行【附加现有的 CSS 文件】命令，如图 7-23 所示。

在弹出的【使用现有的 CSS 文件】对话框中，单击【浏览】按钮，并从【选择样式表文件】对话框中，选择 CSS 文件，单击【确定】按钮，如图 7-24 所示。

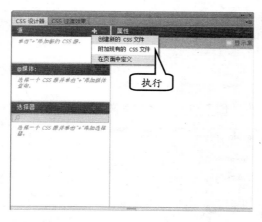

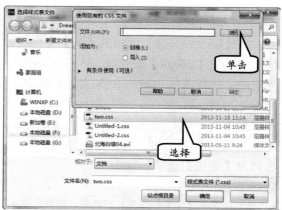

图 7-23　执行【附加现有的 CSS 文件】
　　　　　命令

图 7-24　选择 CSS 文件

此时，将返回【使用现有的 CSS 文件】对话框，并在【文件/URL】文本框中显示所选择 CSS 文件的名称，单击【确定】按钮。

然后，用户再选择【代码】视图，并在<head></head>标签中，显示所链接的 CSS

文件，如图 7-25 所示。

3．定义 CSS 样式

除上述创建和链接外部的 CSS 文件外，用户还可以直接在文档中定义 CSS 样式内容。

例如，在【CSS 设计器】面板的【源】窗格中，单击【添加 CSS 源】按钮，然后在弹出的列表中，执行【在页面中定义】命令，如图 7-26 所示。

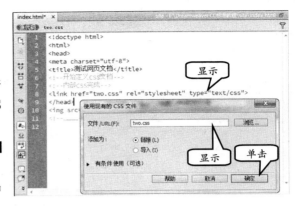

图 7-25　显示链接的 CSS 文件

此时，在【源】窗格中，将显示<style>标签，并在【代码】视图中，添加<style></style>标签，如图 7-27 所示。

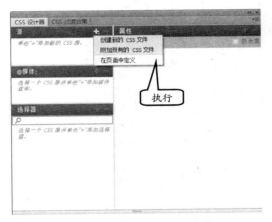

图 7-26　执行【在页面中定义】命令

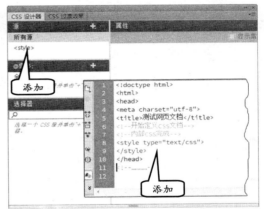

图 7-27　代码样式和代码标签

7.3.4　定义媒体查询

在【CSS 设计器】面板中，单击【源】窗格中的某个 CSS 源。单击【@媒体】窗格中的【添加媒体查询】按钮，如图 7-28 所示。

随后将弹出【定义媒体查询】对话框，其中列出 Dreamweaver 支持的所有媒体查询条件，如图 7-29 所示。

例如，选择【条件】栏中的第一个下拉按钮，并从下拉列表中选择条件。例如，选择 min-height 选项，如图 7-30 所示。

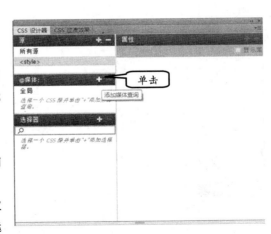

图 7-28　添加媒体查询

图 7-29 媒体查询

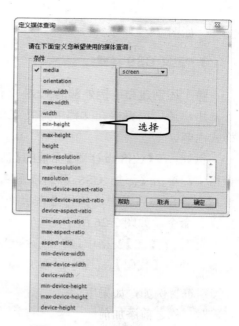

图 7-30 选择条件

然后，在所选择的条件选项后，即可显示用于设置最小高度的文本框，以及设置高度的单位，如图 7-31 所示。

确保为用户选择的所有条件指定有效值，单击【确定】按钮。否则，无法成功创建相应的媒体查询。

此时，在【CSS 设计器】面板中，将显示所添加的媒体条件，如（min-height:25px），如图 7-32 所示。

图 7-31 设置条件参数

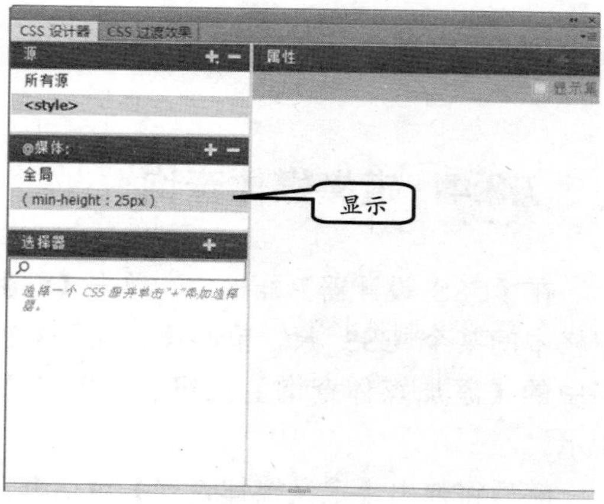

图 7-32 显示媒体条件

提 示

目前对多个条件只支持 "And" 运算。如果通过代码添加媒体查询条件，则只会将受支持的条件填入【定义媒体查询】对话框中。然而，该对话框中的【代码】文本框会完整地显示代码（包括不支持的条件）。

7.3.5 定义选择器

在【CSS 设计器】中，选择【源】窗格中的某个 CSS 源或【@媒体】窗格中的某个媒体查询。

然后，在【选择器】窗格中，单击【添加选择器】按钮 。根据在文档中选择的元素，【CSS 设计器】会智能地确定并提示使用相关选择器，如图 7-33 所示。

与【CSS 样式】面板不同，不能直接在【CSS 设计器】中选择"选择器类型"。用户必须输入选择器的名称以及【选择器类型】的指示符。例如，如果用户要指定 ID，则在选择器名称之前添加前缀"#"（井号）。而如果是 class，则选择器名称之前添加前缀"."（点号），如图 7-34 所示。

除此之外，用户还可以对【选择器】窗格进行如下操作。

- ❏ 若要搜索特定选择器，使用窗格顶部的搜索框。
- ❏ 若要重命名选择器，单击该选择器，然后输入所需的名称。
- ❏ 若要重新整理选择器，将选择器拖至所需位置。
- ❏ 若要将选择器从一个源移至另一个源，可以将该选择器拖至【源】窗格中所需的源上。

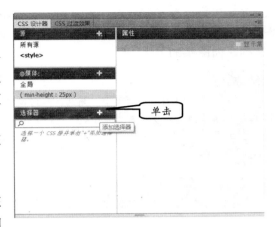

图 7-33 添加选择器

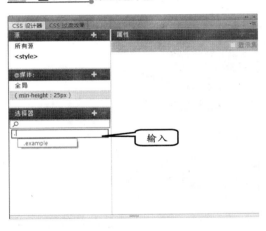

图 7-34 输入选择器

- ❏ 若要复制所选源中的选择器，可以右击该选择器，然后执行【复制】命令。
- ❏ 若要复制选择器并将其添加到媒体查询中，如右击该选择器，将鼠标悬停在【复制到媒体查询中】上，然后选择该媒体查询。

注 意

只有选定的选择器的源包含媒体查询时，【复制到媒体查询中】选项才可用。无法从一个源将选择器复制到另一个源的媒体查询中。

7.3.6 设置属性

在 CSS 样式中，属性分为以下几个类别，并由【属性】窗格顶部的不同图标表示：

布局、文本、边框、背景和其他（仅"文本"属性而非具有可视控件属性的列表），如图7-35 所示。

在【属性】窗格中，启用【显示集合】复选框可仅查看集合属性。若要查看可为选择器指定的所有属性，禁用【显示集合】复选框，如图7-36 所示。

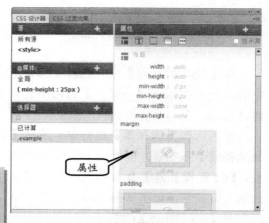

注 意

> 在编辑 CSS 选择器的属性之前，请用"反向检查"标识与该 CSS 选择器关联的元素。这样，可评估是否所有在"反向检查"过程中突出显示的元素均确实需要更改。

图 7-35 设置属性

所有属性

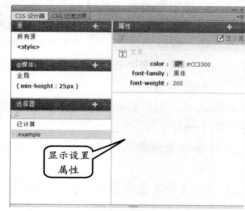

仅设置的属性

图 7-36 查看属性方式

1. 设置外边距、内边距和位置

使用【CSS 设计器】的【属性】窗格，可通过框控件快速设置外边距、内边距和位置属性，如图 7-37 所示。

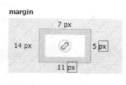

margin 属性

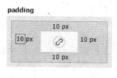

padding 属性

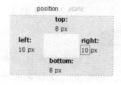

position 属性

图 7-37 设置边距和位置

在调整元素时，用户可以单击值并输入所需值。如果想让所有四个值相同并同时更

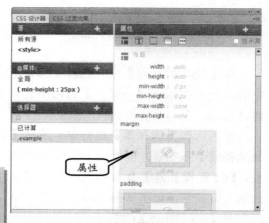

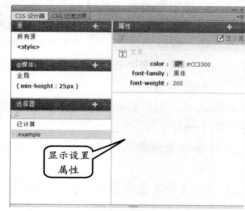

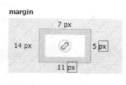

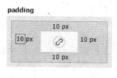

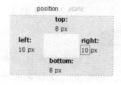

改，请单击中心位置的链接图标 ⬚，如图 7-38 所示。

用户随时可以单击【禁用 CSS 属性】按钮 ⬚ 或单击【删除 CSS 属性】按钮 ⬚，并阻止或删除属性中的值，如图 7-39 所示。

图 7-38　更改为相同值

2. 向背景应用渐变

使用【CSS 设计器】面板，可以为网站背景应用渐变效果。渐变属性在背景类别中提供，如图 7-40 所示。

在【属性】窗格的类别中，单击【背景】图标，即可定位于"背景"属性列表中。然后，单击 gradient 属性旁边的【颜色】框，如图 7-41 所示。

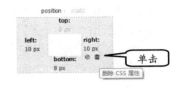

图 7-39　设置参数

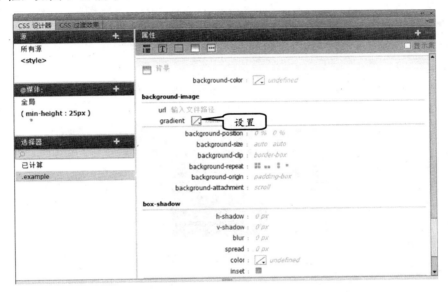

图 7-40　gradient 属性

图 7-41　打开【渐变】面板

此时，在弹出的【渐变】面板，从不同颜色模型（RGBa、十六进制或 HSLa）中选择颜色。然后，将不同颜色组合另存为颜色色板，如图 7-42 所示。

例如，若要将新颜色重置为原始颜色，单击原始颜色。若要更改色板的顺序，可以将色板拖至所需位置。若要删除色板，可以将色板从面板中拖出。

另外，用户还可以使用颜色色标创建复杂渐变。在默认色标之间的任意位置单击以创建色标；为线性渐变指定角度。若要重复该图案，选择重复；将自定义渐变另存为色板。

下面通过图 7-43 来了解一下【渐变】对话框中，各块的组成部分。然后，通过了解各部分内容，更好地应用【渐变】对话框。

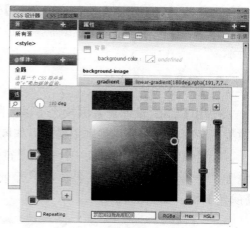

图 7-42 设置颜色

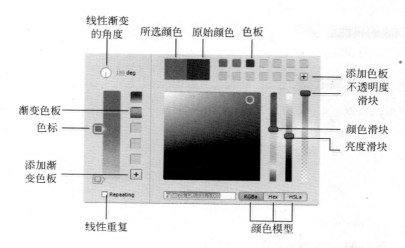

图 7-43 【渐变】对话框

7.4 CSS 语法与选择器

除了上述通过【CSS 设计器】来控制网页中的元素之外，用户也可以直接通过手动编写代码来实现样式的定义等操作。CSS 样式表有着严格的书写规范和格式，在编写 CSS 样式表代码时，用户必须了解 CSS 语法及选择器。

7.4.1 基本 CSS 语法

在一个完整的 CSS 样式表文件中，一般包含声明、注释和样式代码。而在书写样式代码时，也应该注意一些代码规范。

1. CSS 代码规范

在书写 CSS 代码时，需要注意以下几点。

❏ 单位符号

在 CSS 中，如果属性值是一个数字，用户必须为这个数字匹配具体的单位。除非该数字是由百分比组成的比例或者数字为 0。

例如，分别定义两个层，其中第 1 个层为父容器，以数字属性值为宽度，而第 2 个层为子容器，以百分比为宽度。

```
#parentContainer{
  width:1003px
}
#childrenContainer{
  width:50%
}
```

❏ 使用引号

多数 CSS 的属性值都是数字值或预先定义好的关键字。然而，有一些属性值则是含有特殊意义的字符串。这时，引用这样的属性值就需要为其添加引号。

典型的字符串属性值就是各种字体的名称。

```
span{
  font-family:"微软雅黑"
}
```

❏ 多重属性

如果在这条 CSS 代码中，有多个属性并存，则每个属性之间需要以"分号"（;）隔开。

```
.content{
  color:#999999;
  font-family:"新宋体";
  font-size:14px;
}
```

❏ 大小写敏感和空格

CSS 与 VBScript 不同，对大小写十分敏感。mainText 和 MainText 在 CSS 中，是两个完全不同的选择器。

除了一些字符串式的属性值（如英文字体 MS Serf 等）以外，CSS 中的属性和属性值必须小写。

为了便于判读和纠错，在编写 CSS 代码时，每个属性值之前需添加一个空格。这样，如某条 CSS 属性有多个属性值，则阅读代码的用户可方便地将其区分开。

2. 添加注释

与多数编程语言类似，用户也可以为 CSS 代码进行注释。但与同样用于网页的

XHTML 语言注释方式有所区别。

在 CSS 中，注释以"斜杠"（/）和"星号"（*）开头，以"星号"（*）和"斜杠"（/）结尾。

```
.text{
 font-family:"微软雅黑";
 font-size:12px;
 /*color:#ffcc00; */
}
```

在 CSS 代码中，其注释不仅可用于单行，也可用于多行。

3．文档的声明

在外部 CSS 文件中，通常需要在文件的头部创建 CSS 的文档声明，以定义 CSS 文档的一些基本属性。

7.4.2　选择器

使用 CSS 对 HTML 页面中的元素实现一对一、一对多或者多对一的控制，这就需要用到 CSS 选择器。

CSS 的选择器名称只允许包括字母、数字以及下划线。其中，不允许将数字放在选择器的第 1 位，也不允许选择器与 XHTML 标签重复，以免出现混乱。

在 CSS 的语法规则中，主要包括 5 种选择器，即标签选择器、类选择器、ID 选择器、伪类选择器、伪对象选择器。其中，前 4 种选择器最为常用，介绍如下。

1．标签选择器

在 XHTML 1.0 中，共包括 94 种基本标签。CSS 提供了标签选择器，允许用户直接定义多数 XHTML 标签的样式。

例如，定义网页中所有无序列表的符号为空，可直接使用项目列表的标签选择器。

```
ol{
  list-style:none;
}
```

注　意

使用标签选择器定义某个标签的样式后，在整个网页文档中，所用到的该标签都会自动应用这一样式。CSS 在原则上不允许对同一标签的同一个属性进行重复定义。不过在实际操作中，将以最后一次定义的属性值为准。

2．类选择器

类选择器可以把不同类型的网页标签归为一类，为其定义相同的样式，简化 CSS 代码。

在使用类选择器时，需要在类选择器的名称前加类符号"圆点"（.）。

而在调用类的样式时，则需要为 XHTML 标签添加 class 属性，并将类选择器的名称作为 class 属性的值。

例如，网页文档中有 3 个不同的标签，一个是层（div），一个是段落（p），还有一个是无序列表（ul）。

如果使用标签选择器为这 3 个标签定义样式，使其中的文本变为红色，需要编写 3 条 CSS 代码。

```
div{/*定义网页文档中所有层的样式*/
  color: #ff0000;
}
p{/*定义网页文档中所有段落的样式*/
  color: #ff0000;
}
ul{/*定义网页文档中所有无序列表的样式*/
  color: #ff0000;
}
```

使用类选择器，则可将以上 3 条 CSS 代码合并为一条。

```
.redText{
  color: #ff0000;
}
```

然后，即可为<div>、<p>和<ul>等标签添加 class 属性，应用类选择器的样式。

```
<div class="redText">红色文本</div>
<p class="redText">红色文本</div>
<ul class="redText">
  <li>红色文本</li>
</ul>
```

一个类选择器可以对应于文档中的多种标签或多个标签，体现了 CSS 代码的可重用性。它与标签选择器都有其各自的用途。

3．ID 选择器

之前介绍的标签选择器和类选择器都是一种范围性的选择器，可设定多个标签的 CSS 样式。而 ID 选择器则是只针对某一个标签的，唯一性的选择器。

在 XHTML 文档中，允许用户为任意一个标签设定 ID 属性，并通过该 ID 定义 CSS 样式。但是，不允许两个标签使用相同的 ID。

在创建 ID 选择器时，需要在选择器名称前使用"井号"（#）。在为 XHTML 标签调用 ID 选择器时，需要使用其 id 属性。

例如，通过 ID 选择器，分别定义某个无序列表中 3 个列表项的样式。

```
#listLeft{
  float:left;
}
#listMiddle{
  float: inherit;
}
#listRight{
  float:right;
}
```

然后，即可使用标签的 id 属性，应用 3 个列表项的样式。

```
<ul>
  <li id="listLeft">左侧列表</li>
  <li id="listMiddle">中部列表</li>
  <li id="listRight">右侧列表</li>
</ul>
```

技　巧

在编写 XHTML 文档的 CSS 样式时，通常在布局标签所使用的样式（这些样式通常不会重复）中使用 ID 选择器，而在内容标签所使用的样式（这些样式通常会多次重复）中使用类选择器。

4. 伪类选择器

与普通的选择器不同，伪选择器通常不能应用于某个可见的标签，只能应用于一些特殊标签的状态。其中，最常见的伪选择器就是伪类选择器。

在定义伪类选择器之前，必须首先声明定义的是哪一类网页元素，将这类网页元素的选择器写在伪类选择器之前，中间用"冒号"（:）隔开。

```
selector:pseudo-class {property: value}
/*选择器：伪类 {属性：属性值；}*/
```

CSS 标准中，共包括 7 种伪类选择器。在 IE 浏览器中，可使用其中的 4 种，如表 7-3 所示。

表 7-3　伪类选择器

伪类选择器	作　　用
:link	未被访问过的超链接
:hover	鼠标滑过超链接
:active	被激活的超链接
:visited	已被访问过的超链接

例如，要去除网页中所有超链接在默认状态下的下划线，就需要使用到伪类选择器。

```
a:link {
/*定义超链接文本的样式*/
text-decoration: none;
/*去除文本下划线*/
}
```

7.4.3 选择的方法

在一些特殊情况下，直接使用 CSS 选择器往往并不能方便而准确地表述某些元素的特征。使用 CSS 选择方法，可以通过对 ID、类、标签、伪类和伪对象等多种选择器的组合，实现对一些复杂嵌套标签的精确定义。常用的选择方法包括通用选择、包含选择以及分组选择等。

1．通用选择

在使用 CSS 定义各种网页元素的样式时，除了直接设置选择器并应用选择方法外，还可以通过通配符统一定义多种网页元素的样式。这种带有通配符的选择器使用方式，被称作通用选择方法。使用通用选择方法，用户可以方便地定义网页中所有元素的样式，代码如下。

```
* { property: value ; }
```

在上面的代码中，通配符星号"*"可以将网页中所有的元素标签替代。因此，设置星号"*"的样式属性，就是设置网页中所有标签的属性。例如，定义网页中所有标签的内联文本字体大小为 12px，其代码如下所示。

```
* { font-size : 12 px ;}
```

同理，通配符也可以结合选择方法，定义某一个网页标签中嵌套的所有标签样式。例如，定义 id 为 testDiv 的层中，所有文本的行高为 30px，其代码如下所示。

```
* { line-height : 30 px ; }
```

> **提　示**
> 在使用通用选择方法时需要慎重，因为通用选择方法会影响所有的元素，尤其会改变浏览器预置的各种默认值，因此不慎使用的话，会影响整个网页的布局。通用选择方法的优先级是最低的，因此在为各种网页元素设置专有的样式后，即可取消通用选择方法的定义。

2．包含选择

包含选择是一种被广泛应用于 Web 标准化网页中的选择方法。其通常应用于定义各种多层嵌套网页元素标签的样式，可根据网页元素标签的嵌套关系，帮助浏览器精确地查找该元素的位置。在使用包含选择方法时，需要将具有包含选择关系的各种标签按照指定的顺序写在选择器中，同时，以空格将这些选择器分开。例如，在网页中，有 3 个标签的嵌套关系，代码如下所示。

```
<tagName1>
  <tagName2>
    <tagName3>innerText.</tagName3>
  </tagName2>
</tagName1>
<tagName3>outerText</tagName3>
```

在上面的代码中，tagName1、tagName2 以及 tagName3 表示 3 种各不相同的网页标签。其中，tagName3 标签在网页中出现了 3 次。如果直接通过 tagName3 的标签选择器定义 innerText 文本的样式，则势必会影响外部 outerText 文本的样式。

因此，用户如果需要定义 innerText 的样式且不影响 tagName3 以外的文本样式，就可以通过包含选择方法进行定义，代码如下所示。

```
tagName1 tagName2 tagName3{ Property：value ; }
```

在上面的代码中，以包含选择的方式，定义了包含在 tagName1 和 tagName2 标签中的 tagName3 标签的 CSS 样式。同时，不影响 tagName1 标签外的 tagName3 标签的样式。

包含选择方法不仅可以将多个标签选择器组合起来使用，同时也适用于 id 选择器、类选择器等多种选择器。例如，在本节实例及之前章节的实例中，就使用了大量的包含选择方法，代码如下所示。

```
#mainFrame #copyright #copyrightText {
  line-height:40px;
  color:#444652;
  text-align:center;
}
```

包含选择方法在各种 Web 标准化的网页中都得到了广泛的应用。使用包含选择方法，可以使 CSS 代码的结构更加清晰，同时使 CSS 代码的可维护性更强。在更改 CSS 代码时，用户只需要根据包含选择的各种标签，按照包含选择的顺序进行查找，即可方便地找到相关语义的代码进行修改。

3. 分组选择

分组选择是一种用于同时定义多个相同 CSS 样式的标签时，使用的一种选择方法。其可以通过一个选择器组，将组中包含的选择器定义为同样的样式。在定义这些选择器时，需要将这些选择器以逗号"，"的方式隔开，如下所示。

```
selector1 , selector2 { Property：value ; }
```

在上面的代码中，selector1 和 selector2 分别表示应用相同样式的两个选择器，而 Property 表示 CSS 样式属性，value 表示 CSS 样式属性的值。

在一个 CSS 的分组选择方式中，允许用户定义任意数量的选择器。例如，在定义网页中 body 标签以及所有的段落、列表的行高均为 18px，其代码如下所示。

```
body , p , ul , li , ol {
    line-height : 18px ;
}
```

在许多网页中，分组选择符通常用于定义一些语意特殊的标签或伪选择器。例如，定义超链接的样式时，就将超链接在普通状态下以及已访问状态下时的样式通过之前介绍过的包含选择，以及分组选择等两种方法，定义在同一条 CSS 规则中，代码如下所示。

```
#mainFrame #newsBlock .blocks .newsList .newsListBlock ul li a:link ,
#mainFrame #newsBlock .blocks .newsList .newsListBlock ul li a:visited {
    font-size:12px;
    color:#444652;
    text-decoration:none;
}
```

在编写网页的 CSS 样式时，使用分组选择方法可以方便地定义多个 XHTML 元素标签的相同样式，提高代码的重用性。但是，分组选择方法不宜滥用，否则将降低代码的可读性和结构性，使代码的判读相对困难。

7.5 课堂练习：制作景点介绍页

在编写网页时，需要使用到 XHTML 的列表技术制作导航条，并使用定义列表和标题标签实现文本的排版。然后，再通过 CSS 样式表，来定义文档中的标签样式，如图 7-44 所示。

图 7-44 景点介绍页

操作步骤：

1. 在 Dreamweaver 中，创建一个空白文档。然后，在【文档】栏的【标题】文本框中输入"景点介绍页"文本，最后保存 HTML 文档，如图 7-45 所示。

图 7-45 设置网页标题

2. 将光标置于<body>代码标签内，插入 3 个 id 分别为 "header"、"content" 和 "footer" 的<div>标签，用来布局整个页面，代码如下所示。

```
<body>
<div id="header"> </div>
<div id="content"></div>
<div id="footer"></div>
</body>
```

3. 将光标置于 id 为 header 的<div>标签内，插入 id 分别为 "logo" 和 "nav" 的两个<div>标签，代码如下所示。

```
<div id="header">
  <div id="logo"></div>
  <div id="nav"></div>
</div>
```

4. 在 id 为 logo 的 div 标签内插入 logo 图像。然后在 id 为 nav 的 div 标签内插入项目列表，代码如下所示。

```
<div id="header">
  <div id="logo"><img src="images/
  logo.jpg" /></div>
  <div id="nav">
    <ul>
```

```
      <li></li>
      <!--……-->
      <li></li>
    </ul>
  </div>
</div>
```

5. 在<li>标签内输入列表项内容，并为列表项添加链接，href 指向链接页面地址，代码如下所示。

```
<div id="nav">
  <ul>
    <li><a href="index.html">
    首页</a></li>
    <!--……-->
    <li><a href="contact.html">
    联系我们</a></li>
  </ul>
</div>
```

6. 执行【文件】|【新建】命令，在弹出的【新建文档】对话框中，【页面类型】选择 CSS，单击【创建】按钮，创建 CSS 文件，并执行【保存】命令将该文件保存至项目所在目录的 styles 文件夹内。

7. 在网页页面中，将光标置于<head>标签内，使用<link>标签链接刚刚创建的 CSS 文件，代码如下所示。

```
<link href="styles/index.css" el=
"stylesheet" type="text/css"/>
```

8. 在 CSS 文件内，使用标签选择器定义<body>标签的样式。其中，定义整个页面边距、显示方式、背景颜色、页面宽度等属性，代码如下所示。

```
body {
    margin:0px auto;
    background-color:#e3e3e3;
    font-size:12px;
    width:900px;
    background-image:url(../ima
```

```
ges/bg.jpg) !important;
}
```

9 使用 id 选择器定义 id 为 header 和 logo 的
   \<div\>标签的样式。定义 header 的上边距、
   高度；logo 的显示方式、宽度、高度、浮动
   方式等属性，代码如下所示。

```
#header {
    height:80px;
    background-image:url(../ima
    ges/tbg.jpg);
}
#header #logo {
    display:block;
    width:200px;
    height:70px;
    float:left;
}
```

10 定义 id 为 nav 的\<div\>标签的 CSS 样式。
    定义显示方式、宽度、高度、浮动方式、边
    距等属性，代码如下所示。

```
#header #nav {
    display:block;
    width:570px;
    height:35px;
    float:left;
    margin-top:30px;
    margin-left:40px;
    font-size:14px;
    font-family:"宋体";
}
```

11 定义 id 为 nav 的\<div\>中的项目列表标签的
    CSS 样式，包括整个项目列表、列表项。定
    义项目列表浮动方式、内边距、宽度等属性，
    定义列表项的显示方式，代码如下所示。

```
#header #nav ul {
    float:left;
    padding: 0px;
    list-style: none;
    background-image:url(../ima
    ges/navbjtemp.jpg);
}
```

```
#header #nav ul li {
    display: inline;
}
```

12 定义列表项中链接和鼠标经过链接的 CSS
    样式。定义链接的浮动方式、内边距、文本
    对齐方式、文本类型等属性；定义鼠标经过
    链接时的文本颜色，代码如下所示。

```
#header #nav ul li a {
    float: left;
    padding: 11px 20px;
    text-align: center;
    text-decoration: none;
    color:#000;
    background-image:url(../ima
    ges/navim.png);
    background-repeat:no-repeat;
    background-position:center
    right;
}
#header #nav li a:hover {
    color:#FFF;
}
```

13 将光标置于 id 为 content 的\<div\>标签内，
    插入一级标题标签 h1，并在 h1 标签内输入
    标题文本，代码如下所示。

```
<div id="content">
    <h1>黄鹤楼——旅游景点简介</h1>
</div>
```

14 再向 id 为 content 的\<div\>标签内插入定义
    列表，在\<dt\>标签内插入四级标题\<h4\>，
    并向\<dl\>标签内插入段落和图像，还可以用
    同样的方法向定义列表中插入多个定义术
    语和定义，代码如下所示。

```
<dl>
    <dt>
        <h4>景点概述</h4>
    </dt>
    <dd>
        <p>冲决巴山……位于湖北省武汉
        市。</p>
        <img src="images/hhl.jpg"
```

```
        alt=""/>
    <p>黄鹤楼是古典......与日月共长
存原因之所在。</p>
    </dd>
    <!--......-->
    </dl>
```

15 将光标置于 id 为 footer 的 div 标签内，插入段落，段落内容为该网页的版权信息，代码如下所示。

```
<div id="footer">
    <p>Copyright &copy; 1998 - 2011
```

```
WoXingNet.All Rights Reserved</p>
    </div>
```

16 定义 id 为 footer 的 div 标签的 CSS 样式。定义文本颜色、字体大小和文本对齐方式等属性，代码如下所示。

```
#footer {
    color:#666;
    font-size:12px;
    text-align:center;
}
```

7.6 课堂练习：制作文章页面

　　网页中大量的文章都是由一个个的段落组合到一起的，本练习通过定义段落属性、文本属性来制作时尚网页页面，如图 7-46 所示。

图 7-46　添加文章内容

操作步骤：

1 打开素材页面"index.html"，将光标置于 ID 为 leftmain 的 Div 层中，单击【插入 Div 标签】按钮，如图 7-47 所示。

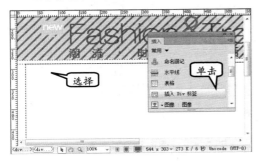

2 创建 ID 为 title 的 Div 层，并设置其 CSS 样式属性，如背景颜色、边框颜色、高度等，如图 7-48 所示。

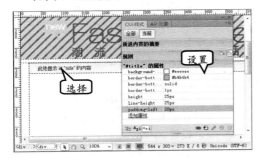

图 7-48 设置 CSS 样式

3 在 ID 为 title 的 Div 层中输入文本，然后选择文本，在【属性】检查器中设置文本【链接】为 "javascript:void(null);"，如图 7-49 所示。

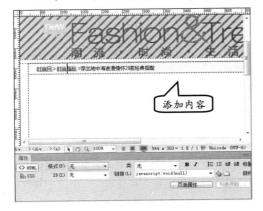

图 7-49 添加文本及链接

4 单击【插入 Div 标签】按钮，创建 ID 为 homeTitle 的 Div 层，并设置其 CSS 样式属性。将光标置于 ID 为 homeTitle 的 Div 层中，分别创建 ID 为 htitle、publish、mark 的 Div 层，并定义其 CSS 样式属性，如图 7-50 所示。

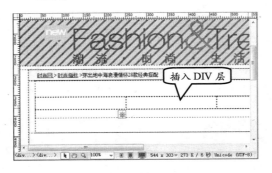

图 7-50 添加其他 Div 层

5 将光标置于 ID 为 htitle 的 Div 层中，输入文本。再将光标置于 ID 为 publish 的 Div 层中，分别嵌套 ID 为 zz、times、pl 的 Div 层，并设置其 CSS 样式属性。其中，ID 为 times、pl 的两个 Div 层 CSS 样式属性设置相同。然后在这三个 Div 层及 ID 为 mark 的 Div 层中输入相应的文本，如图 7-51 所示。

图 7-51 添加文本及样式

6 在 CSS 样式中分别创建类名称为 font2、font3 的样式，然后选择文本，在【属性】检查器中，设置【类】。然后，单击【插入 Div 标签】按钮，创建 ID 为 mainHome 的 Div 层，并设置其 CSS 样式属性，如图 7-52 所示。

图 7-52　添加 Div 层

7 将光标置于 ID 为 mainHome 的 Div 层中，输入文本，一共分为 4 个段落。在标签栏选择<p>标签，在 CSS 样式中定义其行高、

文本缩进等 CSS 样式属性，如图 7-53 所示。

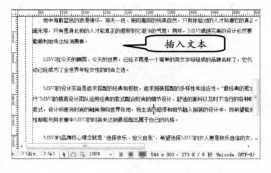

图 7-53　添加并设置文本样式

7.7　思考与练习

一、填空题

1．布局对象是一种_____，其可以将网页分隔成若干块，存放各种_____，从而定制其位置和其他一些属性。

2．AP Div 是一种特殊的 Div 标签，其本身已经被赋予了_____，并定义了_____、_____等 CSS 样式。

3．如需要隐藏 AP Div 布局元素，可在【属性】检查器中设置【可见性】属性的值为_____。

4．【标签选择器】对话框主要分为三个部分，即_____、_____以及可折叠的_____。

5．CSS 是一种重要的网页设计语言，其作用是定义各种网页标签的_____，从而丰富网页的表现力。

6．【CSS 样式】面板提供了两种查看模式，即_____和_____。

7．使用 Dreamweaver 的可视化功能，用户可以创建_____、_____、_____和_____等选择器类型的 CSS 规则。

8．如果用户需要创建可重用的 CSS 规则，那么可设置【选择器类型】为_____。

二、选择题

1．在插入<div>布局对象时，以下_____属性不属于可预先设置的属性。

A．插入位置

B．标签尺寸

C．类

D．ID

2．以下_____功能是 AP 元素面板无法实现的。

A．设置 AP Div 布局对象的尺寸

B．设置 AP Div 布局对象的层叠顺序

C．设置 AP Div 布局对象的可见性

D．禁止 AP Div 布局对象相互重叠

3．如果需要 Web 浏览器根据实际内容多少决定是否显示 AP Div 布局元素的滚动条，那么可设置【溢出】的属性值为_____。

A．visible

B．hidden

C．scroll

D．auto

4．在 CSS 规则定义中，Text-decoration 的作用是_____。

A．设置字体的加粗和倾斜

B．转换字母大小写

C．定义文本的粗细程度

D．为字体添加描述线

5．在 CSS 规则定义中，如果需要设置背景图像的滚动方式，那么可使用_____属性。

A．Background-image

B．Background-repeat

C. Background-attachment

D. Background-position

6. 以下_____属性不存在于【CSS 规则定义】对话框中。

A. Background-image

B. Background-repeat

C. Background-attachment

D. Background-position

7. 如需要为网页标签添加虚线边框，应设置该边框的 Style 属性值为_____。

A. solid

B. none

C. groove

D. dashed

三、简答题

1. 如何插入 AP Div 对象？

2. 什么是层叠样式表？

3. CSS 格式设置规则由哪两部分组成？

4. 什么是内部 CSS 和内联 CSS？

5. 如何连接 CSS 文件？

四、上机练习

1. 改变窗口大小，更改背景颜色

创建一个 HTML 5 文档，并插入一个 Div 层，输入一些文本内容，设置 class 为 example，如图 7-54 所示。

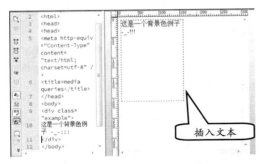

图 7-54 添加内容

执行【窗口】|【CSS 设计器】命令，并打开【CSS 设计器】面板。然后，在【源】窗格中，单击【添加 CSS 源】按钮，并执行【在页面中定义】命令，如图 7-55 所示。

在【源】窗格中，选择<style>标签，并单击【添加选择器】按钮，如图 7-56 所示。

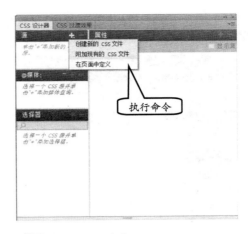

图 7-55 定义 CSS

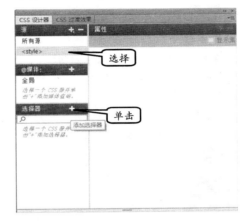

图 7-56 添加选择器

在【选择器】窗格中显示一个文本框，在文本框中输入 class 属性的名称，如输入".example"。然后，选择该选择器，并在右侧的【属性】窗格中，设置宽、高和背景颜色，如图 7-57 所示。

图 7-57 设置属性

再选择<style>标签，并在【@媒体】窗格中，单击【添加媒体查询】按钮，如图 7-58 所示。

图 7-58　添加媒体查询

在弹出的【定义媒体查询】对话框中，选择 max-width 条件，并设置参数为 350px，单击【确定】按钮，如图 7-59 所示。

图 7-59　设置条件

在【选择器】窗口中，再单击【添加选择器】

按钮，并添加".example"选择器，如图 7-60 所示。

图 7-60　添加选择器

此时，再选择所添加的选择器，并在右侧设置属性，如图 7-61 所示。

图 7-61　设置属性

最后，用户通过浏览器查看所设置的网页效果，在拉大网页宽度的条件下，浏览器背景将发生改变，如图 7-62 所示。

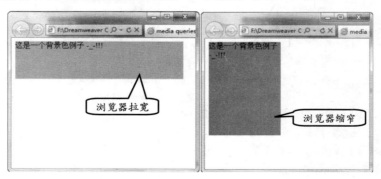

图 7-62　背景改变

2. 快速更改 CSS 属性

如果用户需要快速更改选择的 CSS 样式属性，那么可以在【CSS 设计器】面板直接选择属性，并在右侧单击属性的值。然后，用户可以为属性输入新值，如图 7-63 所示。

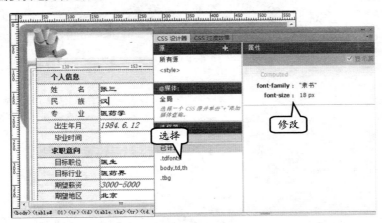

图 7-63 快速更改 CSS 属性

第 8 章

网页模板与框架

通过框架可以把网页在一个浏览器窗口下划分为若干个区域，实现在一个浏览器窗口中显示多个 HTML 页面。使用框架可以非常方便地完成导航工作，让网站的结构更加清晰，而且各个框架之间互不影响。

另外，对于每个子页面相似的情况下，需要重新制作，这无疑需要进行大量重复而枯燥的工作。Dreamweaver 提供了模板和库等工具，可以通过一些简便的可视化操作，生成各种子页面，提高网页制作的效率。本章详细介绍了网页中框架和模板的应用。

本章学习要点：

➢ 创建框架页
➢ 编辑框架属性
➢ 模板网页

8.1 使用框架网页

在 Dreamweaver 中创建框架集有两种方法：一种是从若干预定义的框架集中选择，另一种是自己设计框架集。

● 8.1.1 了解框架与框架集

目前，前台网页页面很少使用框架功能，多数应用于后台的管理页面中。

1. 框架和框架集

框架（Frame）是浏览器窗口中的一个区域，可以显示与浏览器窗口的其余部分中所显示内容无关的 HTML 文档。

框架提供将一个浏览器窗口划分为多个区域、每个区域都可以显示不同 HTML 文档的方法。使用框架的最常见情况就是，一个框架显示包含导航控件的文档，而另一个框架显示包含内容的文档。

框架集是 HTML 文件，它定义一组框架的布局和属性，包括框架的数目、框架的大小和位置以及最初在每个框架中显示的页面的 URL。

框架集文件本身不包含要在浏览器中显示的 HTML 内容，但 noframes 部分除外；框架集文件只是向浏览器提供应如何显示一组框架以及在这些框架中应显示哪些文档的有关信息。

若要在浏览器中查看一组框架，需要在【地址】栏中，输入框架集文件的 URL 地址。浏览器随后打开要显示在这些框架中的相应文档。通常将一个站点的框架集文件命名为 index.html，以便当访问者未指定文件名时默认显示该文件，如图 8-1 所示。

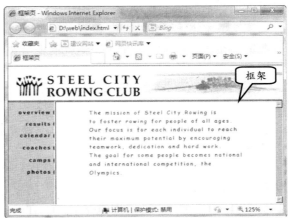

图 8-1　框架集文件

在图 8-1 中，显示了一个由三个框架组成的框架布局：一个较窄的框架位于侧面，其中包含导航条；一个框架横放在顶部，其中包含 Web 站点的 Logo 和标题；一个大框架占据了页面的其余部分，其中包含主要内容。这些框架中的每一个都显示单独的 HTML 文档。

2. 框架结构的优缺点

在网页文档中使用框架结构具有以下优点：

- ❏ 访问者的浏览器不需要为每个页面重新加载与导航相关的内容。
- ❏ 每个框架都具有自己的滚动条（如果内容太长，在窗口中显示不下），所以访问者可以独立地滚动这些框架。

在网页文档中使用框架结构具有以下缺点：

- ❏ 可能难以实现不同框架中各个元素的精确对齐。
- ❏ 对导航进行测试可能很耗时间。
- ❏ 框架中加载的每个页面的 URL 不显示在浏览器中，难以将特定页面设为书签。

提　示

如果要在浏览器中查看一组框架，可以输入框架集文件的 URL；浏览器随后打开要显示在这些框架中的相应文档。通常将一个站点的框架集文件命名为 index.html，以便当访问者未指定文件名时默认显示该文件。

如果一个站点在浏览器中显示为包含三个框架的单个页面，则它实际上至少由 4 个 HTML 文档组成。

3. 嵌套的框架集

在另一个框架集中的框架集称为嵌套框架集。一个框架集文件可以包含多个嵌套的框架集。大多数使用框架的网页实际上都使用嵌套的框架，并且大多数预定义的框架集也使用嵌套。如果在一组框架里，不同行或不同列中有不同数目的框架，那么要求使用嵌套的框架集。

例如，最常见的框架布局在顶行有一个框架（框架中显示公司的徽标），并且在底行有两个框架（一个导航框架和一个内容框架）。此布局要求嵌套的框架集：一个两行的框架集，在第二行中嵌套了一个两列的框架集。

8.1.2　创建框架与框架集

由于框架集的使用越来越少，所以在最新的 Dreamweaver 软件中，其创建方法也省去很多。

用户可以在新建的文档中，通过菜单来创建框架集。例如，先新建一个空白的文档，并执行【插入】|HTML|【框架】命令，并在弹出的级联菜单中，选择【左侧及下方嵌套】选项，如图 8-2 所示。

在弹出【框架标签辅助功能属性】对话框中，可以单击【框架】下拉按钮，

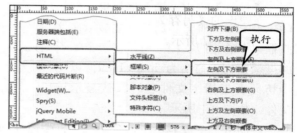

图 8-2　创建框架集

并分别选择框架集中的框架文件，并分别设置标题名称，如图 8-3 所示。

其中，设置 mainFrame 框架为"主框架"；leftFrame 框架为"左侧框架"；bottomFrame框架为"底部框架"，单击【确定】按钮，如图 8-4 所示。

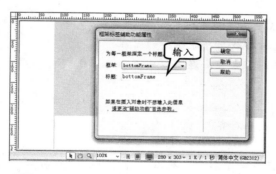

图 8-3　设置框架位置和标签

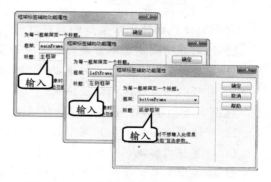

图 8-4　设置各框架的标题

> **提　示**
>
> 在创建框架集或使用框架前，通过执行【查看】|【可视化助理】|【框架边框】命令，可使框架边框在【文档】窗口的【设计】视图中可见。

此时，在文档中，可以看到所创建的框架集，并显示当前所包含的 3 个框架文件，如图 8-5 所示。

8.1.3 保存框架页与框架集

单击各框架之间的分隔线，并执行【文件】|【保存框架页】命令，如图8-6所示。

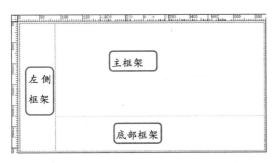

图8-5 框架集所包含的框架文件

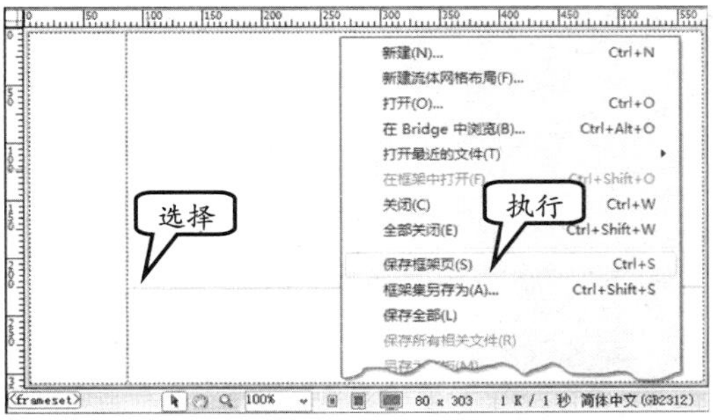

图8-6 保存框架页

在弹出的【另存为】对话框中，输入【文件名】为"index.html"，并单击【保存】按钮，如图8-7所示。

提 示

如果用户选择框架之间的分隔线，那么保存的网页为当前的框架集页面。

将光标置于"主框架"（mainFrame）框架页中，并执行【文件】|【保存框架】命令。然后，在弹出的【另存为】对话框中，输入文件名，并单击【保存】按钮，如图8-8所示。

再将光标置于"底部框架"（bottomFrame）框架页中，执行【文件】|【保存框架】命令，如图8-9所示。

图8-7 保存框架集文件

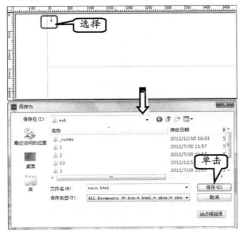

图8-8 保存主框架页

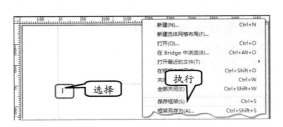

图8-9 选择底部框架

然后，在弹出的【另存为】对话框中，输入文件名，并单击【保存】按钮，如图 8-10 所示。

再将光标置于"左侧框架"（leftFrame）框架页中，并执行【文件】|【保存框架】命令。然后，在弹出的【另存为】对话框中，输入文件名，并单击【保存】按钮，如图 8-11 所示。

图 8-10　保存底部框架页 　　　　图 8-11　保存左侧框架

此时，用户可以在站点文件夹中，查看框架所保存的网页文件，如图 8-12 所示。

8.1.4　iframe 浮动框架

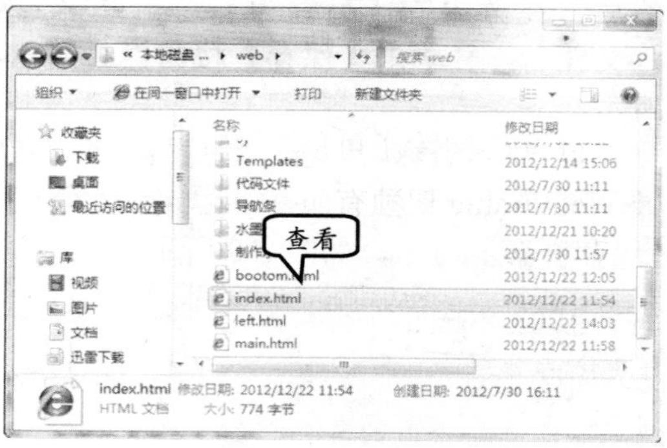

浮动框架（iframe）又被称作嵌入帧，是一种特殊的框架结构。它可以像层一样插入到普通的 HTML 网页中，并且能够自由移动位置。其实，用户可以将浮动框架理解为一种可在网页中浮动的框架。

图 8-12　查看框架集及各框架文件

1．浮动框架概述

在网页中使用普通的框架，必须将 HTML 的 DTD 文档类型设置为框架型，并且将框架的代码写在网页主题内容元素之外。而浮动框架是一种灵活的框架，是一种块状对象，其与层（Div）的属性非常类似，所有普通块状对象的属性都可以应用在浮动框架中。当然，浮动框架的标签也必须遵循 HTML 的规则，例如必须闭合等。在网页中使用浮动框架，其代码如下所示。

```
<iframe src="index.html" id="newframe"></iframe>
```

浮动框架可以使用所有块状对象可以使用的 CSS 属性以及 XHTML 属性。IE 5.5 以上版本的浏览器已开始支持透明的浮动框架。只需将浮动框架的 allowTransparency 属性设置为 true，并将嵌入的文档背景颜色设置为 allowTransparency，即可将框架设置为透明。

2. 插入浮动框架

在 Dreamweaver 中为网页插入浮动框架，可以在打开网页后执行【插入】|HTML|【框架】|IFRAME 命令，在指定的位置插入浮动框架，如图 8-13 所示。

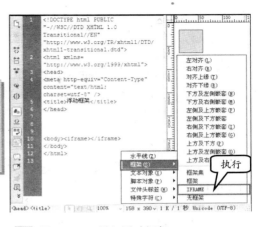

图 8-13 插入浮动框架

还有一种插入浮动框架的方法，即在【代码】视图中选择相应的位置，直接输入"<iframe></iframe>"标签，同样可以为网页添加浮动框架。插入并选择浮动框架后，执行【窗口】|【标签检查器】命令，在【标签检查器】的【属性】选项卡中可以设置浮动框架的属性，如图 8-14 所示。

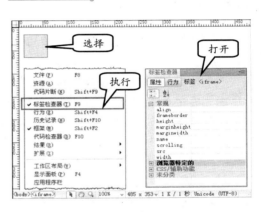

图 8-14 标签检查器

3. iframe 属性

浮动框架除了可以使用普通块状对象的属性外，也可以使用一些专有的属性，例如，框架和浮动框架独有的属性。浮动框架的各种属性如下所示。

❏ **align**

align 属性的作用是设置浮动框架在其父对象中的对齐方式，其有 5 种属性值，如表 8-1 所示。

表 8-1 align 的属性

属 性 值	说　明
top	顶部对齐，使用此属性值后，浮动框架将对齐在其父对象的顶端
middle	居中对齐，使用此属性值后，浮动框架将对齐在其父对象的中间
left	左侧对齐，使用此属性值后，浮动框架将对齐在其父对象的左侧
right	右侧对齐，使用此属性值后，浮动框架将对齐在其父对象的右侧
bottom	底部对齐，使用此属性值后，浮动框架将对齐在其父对象的底部

❏ **frameborder**

frameborder 是框架和浮动框架共有的属性。其作用是控制框架的边框，定义其在网页中是否显示。其属性值为 0 或者 1。0 代表不显示，而 1 代表显示。

❑ **height**

定义浮动框架的高度。其属性值为由整数+单位或百分比组成的长度值。

❑ **longdesc**

定义获取描述浮动框架的网页的 URL。通过该属性，可以用网页作为浮动框架的描述。

❑ **marginheight**

该属性主要用于设置浮动框架与父对象顶部和底部的边距。其值为整数与像素组成的长度值。

❑ **marginwidth**

该属性主要用于设置浮动框架与父对象左侧和右侧的边距。其值为整数与像素组成的长度值。

❑ **name**

该属性主要用于设置浮动框架的唯一名称。通过设置名称，可以用 JavaScript 或 VBScript 等脚本语言来使用浮动框架对象。

❑ **scrolling**

该属性用于设置浮动框架的滚动条显示方式，其属性值及说明如表 8-2 所示。

表 8-2　滚动条的显示方式属性

属性值	说　　明
是	允许浮动框架出现滚动条
否	禁止浮动框架出现滚动条。如浮动框架中网页的大小超过框架大小，则自动隐藏超出的部分
自动	由浏览器窗口决定是否显示滚动条。当浮动框架显示的内容超出其大小时，自动显示滚动条。而当浮动框架显示的内容小于其大小时则不显示滚动条

❑ **src**

该属性用于显示浮动框架中网页的地址，其可以是绝对路径，也可以是相对路径。

❑ **width**

定义浮动框架的宽度，其属性值为由整数+单位或百分比组成的长度值。

8.2　编辑框架属性

选择网页文档中的框架后，可以通过【属性】检查器，设置其边框、边框宽度、边框颜色和行列高等属性，以满足设计者的各种要求。

8.2.1　设置框架基本属性

由于布局框架包括框架集和框架，所以在设置其属性时也不尽相同。而某些框架属性还会覆盖框架集中的某些属性，所以在设置过程中要有所注意。

1. 框架集属性

当选择框架集后，【属性】检查器中将会显示如图 8-15 所示的属性参数。在该面板中，可

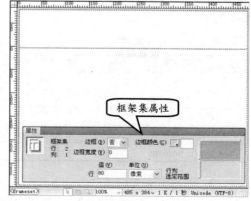

图 8-15　框架集【属性】检查器

以设置框架大小，以及框架之间的边框效果。

其中，框架集【属性】检查器中的各个参数如表 8-3 所示。

表 8-3　框架集【属性】检查器

选项名称	选项含义
边框	设置文档在浏览器中被浏览时是否显示框架边框
边框宽度	输入一个数字以指定当前框架集的边框宽度，输入 0，指定无边框
边框颜色	输入颜色的十六进制值，或者使用拾色器为边框选择颜色
行/列	设置行高或者列宽，其后面的单位可以选择像素、百分比和相对
像素	将选定行或列的大小设置为一个绝对值。对于应始终保持相同大小的框架而言，此选项是最佳选择
百分比	指定选定行或列应相对于其框架集的总宽度或总高度的百分比
相对	指定在为【像素】和【百分比】框架分配空间后，为选定行或列分配其余可用空间；剩余空间在大小设置为【相对】的框架中按比例划分

在【属性】检查器中，设置框架集的【边框】为【是】；【边框宽度】为 10；【边框颜色】为橘黄色（#FFCC00）；顶侧框架【行】为 150 像素，如图 8-16 所示的显示效果与默认效果有所不同。

2. 框架属性

结合 Alt 键单击选择框架，在【属性】检查器面板中会显示框架的属性，如框架名称、边框、边界等，如图 8-17 所示。

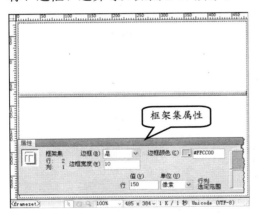

图 8-16　设置框架集属性

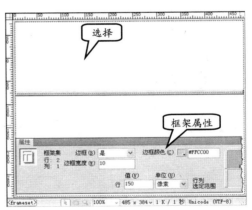

图 8-17　框架属性

其中，框架属性的参数含义如表 8-4 所示。

表 8-4　框架【属性】检查器的参数含义

选项名称	选项含义
框架名称	在此输入框架名，将被超链接和脚本引用。框架名称必须是一个以字母开头的单词，允许使用下划线，但不能使用横杠（-）、句号（。）和空格，以及 JavaScript 的保留字（如 top 或 navigator）
源文件	用来指定在当前框架中打开的源文件。可以直接输入文件名或者单击文件夹图标，浏览并选择一个文件

选 项 名 称	选 项 含 义
滚动	单击其中文本框后的向下箭头，可以选择【是】、【否】、【自动】和【默认】来决定显示滚动条和不显示滚动条，其中的【自动】为当没有足够的空间来显示当前框架的内容时自动显示滚动条，【默认】为采用浏览器的默认值
不能调整大小	启用此复选框，可以防止用户浏览时拖动框架边框来调整当前框架的大小
边框	决定当前框架是否显示边框，有三种选择：【是】、【否】和【默认】。大多数浏览器默认为【是】，可以覆盖框架集的边框设置
边框颜色	设置与当前框架相邻的所有边框的颜色，此项选择覆盖框架集的边框颜色设置
边界宽度	以像素为单位设置左和右边距
边界高度	以像素为单位设置上和下边距

在框架【属性】检查器中，设置框架的源文件、滚动、不能调整大小、边界宽度和边界高度等属性，效果如图 8-18 所示。

将光标放置在框架中，【属性】检查器中显示的不是框架属性，而是普通网页的基本属性，也就是文本基本属性与页面属性。

因此，框架网页的设置方法与普通网页相同，如网页的背景颜色就是在【页面属性】对话框中设置的，如图 8-19 所示。

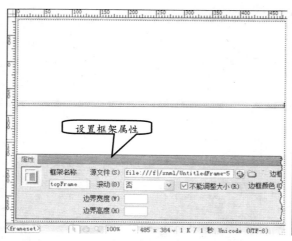

图 8-18 设置框架属性

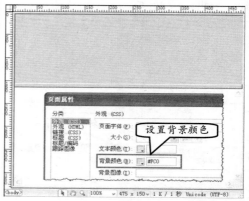

图 8-19 设置框架网页属性

8.2.2 使用框架链接

在框架集网页中，至少包含有 2 个框架，它们之间进行关联同样需要使用超级链接，并且可以指定显示在哪个框架中。创建框架集后，【框架】面板中将会显示每个框架网页的默认名称，如图 8-20 所示。

此时，为网页元素添加超级链接后，在【属性】检查器的【目标】下拉列表中将会显示网页文档中包含的所有框架，如图 8-21 所示。

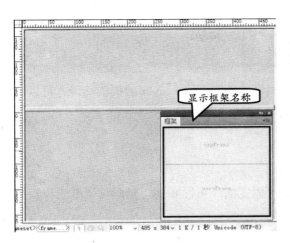

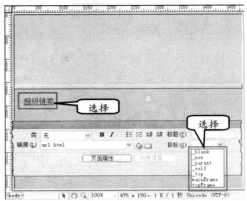

图 8-20　框架名称　　　　　　　　　图 8-21　链接目标

其中，各个属性选项的含义如表 8-5 所示

表 8-5　框架中链接的目标选项及含义

选　项	含　义
_blank	在新的窗口中打开链接
_new	在新框架中打开链接
_parent	在当前框架的父框架结构中打开链接
_self	在浏览器窗口中打开链接，取消所有的框架结构
_top	在框架内部打开链接
mainFrame	在 mainFrame 框架中打开网页
topFrame	在 topFrame 框架中打开网页

例如，在顶部框架网页中设置文本的超级链接为外部链接，然后在【属性】检查器的【目标】下拉列表中，选择 mainFrame 选项，如图 8-22 所示。

保存文档后按 F12 键预览时，单击链接文本后，底部网页更换为链接目标网页，如图 8-23 所示。

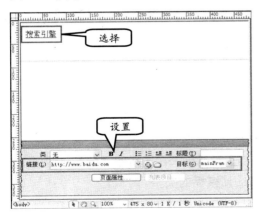

图 8-22　设置框架链接　　　　　　　图 8-23　单击链接效果

8.3　模板网页

模板是一种提高网页制作效率的有效工具。借助 Dreamweaver 的模板功能，可以用简单的操作，快速生成大量网页。

8.3.1　了解模板

模板是一种特殊类型的文档，用于设计"固定的"页面布局，然后可以基于模板来创建文档，创建的文档会继承模板的页面布局。

设计模板时，可以指定在基于模板的文档中，确定可编辑的区域。

提 示

使用模板可以控制大的设计区域，以及重复使用完整的布局。如果要重复使用个别设计元素，如站点的版权信息或徽标，可以创建库项目。

使用模板可以一次更新多个页面。从模板创建的文档与该模板保持连接状态（除非用户以后分离该文档）。用户可以修改模板并立即更新基于该模板的所有文档中的设计。

将文档另存为模板以后，文档的大部分区域就被锁定。模板创作者在模板中插入可编辑区域或可编辑参数，从而指定在基于模板的文档中哪些区域可以编辑。

而在建模板中，可编辑区域和锁定区域都可以更改。但基于模板的文档中，用户只能在可编辑区域中进行更改，不能修改锁定区域。

如果模板文件是通过现有页面另存为模板来创建的，则新模板将保存在 Templates 文件夹中，并且模板文件中的所有链接都将更新，以保证相应的文档相对路径是正确的。

如果用户基于该模板创建文档，并保存该文档，则所有文档相对链接将再次更新，从而依然指向正确的文件。

向模板文件中添加相对链接时，如果在【属性】面板中的【链接】文本框中输入路径，则输入的路径名很容易出错。

模板文件中正确的路径是从 Templates 文件夹到链接文档的路径，而不是从基于模板的文档的文件夹到链接文档的路径。

在模板中创建链接时，可以使用【属性】面板中【指向文件】图标，以确保存在正确的链接路径。

8.3.2　创建和保存模板

执行【文件】|【新建】命令，打开【新建文档】对话框。在【新建文档】对话框中，用户可以选择左侧【空模板】选项卡，并在右侧选择模板的类型。

在选择了模板的类型，以及布局方式后，用户即可单击【创建】按钮，创建空白模板，如图 8-24 所示。

8.3.3 编辑模板

在 Dreamweaver 中，允许用户在
模板中创建一些可以编辑的区域。

1. 可编辑区域

可编辑区域是在模板中未锁定的
区域，也是模板中唯一可以允许用户
修改、添加内容的区域。

在创建模板时，至少包含一个可
编辑区域。否则只能创建与模板完全
相同的网页文档，并且网页的所有区
域都处于被锁定状态。

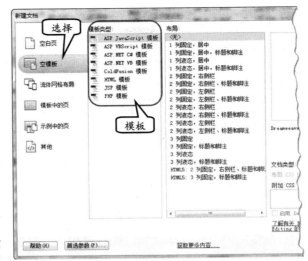

图 8-24 创建空模板

在模板中，右击需要变为可编辑区域的内容，然后执行【模板】|【新建可编辑区域】
命令。

在弹出的【新建可编辑区域】对话框中，输入定义的区域名称，并单击【确定】按
钮，如图 8-25 所示。

用户还可选中需要创建为可编辑区域的内容，在【插入】面板中，选择【常用】选
项，并单击【模板】下拉按钮，执行【可编辑区域】命令。同样，用户也可以打开【新
建可编辑区域】对话框，创建可编辑区域，如图 8-26 所示。

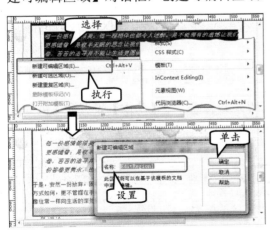

图 8-25 创建可编辑区域

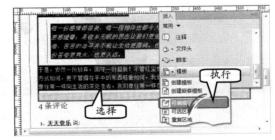

图 8-26 创建可编辑区域

另外，用户还可以执行【插入】|【模板对象】|【可编辑区域】命令，也可以为网页
模板创建可编辑区域。

注 意

在 Dreamweaver 中，可以选择层、活动框架、文本段落、图像、其他类型模板区域和表格等，将其
设置为可编辑区域中的内容。但是，可编辑区域不能设置为表格的单元格。

2．可选区域

可选区域是 Dreamweaver 中另一种特殊的区域。在使用模板创建网页时，用户可定义可选区域的隐藏或显示。

Dreamweaver 的可选区域主要包括两种，即普通可选区域以及可编辑的可选区域。

❏ 普通可选区域

这类可选区域除了可以选择是否在模板中显示外，和模板其他锁定区域一样不可编辑。这类可选区域通常用于设置一些不需要变化的网页对象。

❏ 可编辑的可选区域

可编辑的可选区域是在可选区域中嵌套可编辑区域。这样，用户除了选择是否在模板中显示外，还可以在模板生成的网页中编辑该区域的内容。

在模板中添加可选区域，先在模板中选择内容，然后在【插入】面板的【常用】选项中，单击【模板】下拉按钮，执行【可编辑的可选区域】命令（或先插入可选区域，再在可选区域中插入可编辑区域），如图 8-27 所示。

在弹出的【新建可选区域】对话框中，设置可选区域的各种属性，如图 8-28 所示。

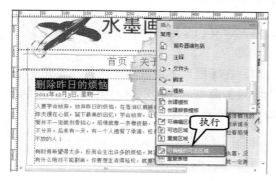

图 8-27　创建可编辑的可选区域

图 8-28　设置可选区域

在【新建可选区域】对话框中，主要包括两大类设置，即【基本】设置和【高级】设置。在这两类设置的选项卡中，共有 4 种属性设置，如表 8-6 所示。

表 8-6　可选区域属性

属 性 名		作 用
基本	名称	可选区域的名称
	默认显示	定义可选区域在默认（未设置时）显示
高级	使用参数	定义可选区域根据输入表达式的值显示
	输入表达式	定义通过表达式控制可选区域的显示和隐藏

3．重复区域

重复区域是可以根据需要在基于模板的网页文档中，复制任意次数的模板区域。重复区域通常存在于表格以及表格的单元格内容等，以显示大量数据。

在网页模板中创建重复区域的方法和其他区域类似，选择需要创建重复区域的网页对象或模板区域，然后，在【插入】面板的【常用】选项中，单击【模板】下拉按钮，执行【重复区域】命令，如图 8-29 所示。

此时，在弹出【新建重复区域】对话框中，可以输入重复区域名称，并单击【确定】按钮，如图 8-30 所示。

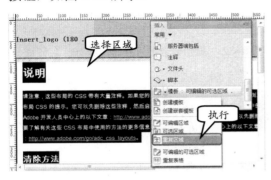

图 8-29 创建重复区域

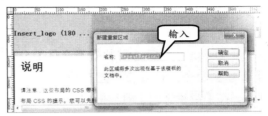

图 8-30 命名重复区域名称

4．重复表格

重复表格是重复区域的扩展，是创建包含可编辑区域的重复区域表格。在 Dreamweaver 中，选择【插入】面板中的【常用】选项，并执行【模板】下拉列表中的【重复表格】命令，即可插入重复表格，如图 8-31 所示。

在【插入重复表格】对话框中，用户可定义重复表格的多种属性，如表 8-7 所示。

图 8-31 创建重复表格

表 8-7 重复表格属性

属 性 名	作 用
行数	定义重复表格的行数
列	定义重复表格的列数
单元格边距	定义重复表格中各单元格之间的距离
单元格间距	定义各单元格内容之间的距离
宽度	定义重复表格的宽度
边框	定义重复表格的边框宽度
起始行	定义重复表格的重复区域开始行
结束行	定义重复表格的重复区域结束的行数
区域名称	定义重复表格的名称

在重复表格中，将嵌套多个可编辑区域，以供用户输入内容，如图 8-32 所示。

8.3.4 应用模板

在创建模板文档后，就可以通过模板生成新的网页文档。这样，对于不可编辑的区域用户不需要再进行设计和制作，只更改可编辑的区域即可。

图 8-32 显示嵌套的可编辑区域

1. 创建模板页

在 Dreamweaver 中，执行【文件】|【新建】命令，打开【新建文档】对话框。在【新建文档】对话框中，选择【模板中的页】选项，即可根据站点选择模板，并单击【创建】按钮创建一个基于模板的页，如图 8-33 所示。

在创建基于模板的网页文档时，可以启用【当模板改变时更新页面】复选框，继续保持模板与模板网页之间的联系。也可以不选择该选项，完全创建一个与模板相同的网页。

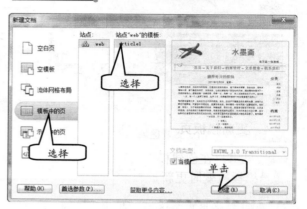

图 8-33 创建模板页

提 示

如果选择了【当模板改变时更新页面】，那么模板页中只有可编辑区域允许用户修改。如果不选择该项目，那么模板页和普通网页相同，所有区域都可由用户修改。

2. 为网页应用模板

在 Dreamweaver 中，打开已创建的空白网页文档，然后执行【修改】|【模板】|【应用模板到页】命令，即可打开【选择模板】对话框，如图 8-34 所示。

在对话框中，用户可以从【站点】列表中选择已经应用的站点；在【模板】列表框中，选择需要使用的模板；启用【当模板改变时更新页面】复选框，单击【选定】按钮。

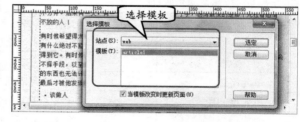

图 8-34 选择模板

如果用户需要断开网页与模板之间的关系，则可将网页与模板进行分离。

例如，执行【修改】|【模板】|【从模板中分离】命令，即可将网页与模板的联系完全切断。之后模板的更新将不会改变该网页，而该网页中的所有内容也都可以自由编辑。

3. 复制重复区域

用 Dreamweaver 打开模板页，即可看到重复区域上方会包含4个按钮。操作这 4 个按钮，即可对重复区域进行相关修改，如图 8-35 所示。

在重复区域中，包含有 4 个设置按钮，其含义如表 8-8 所示。

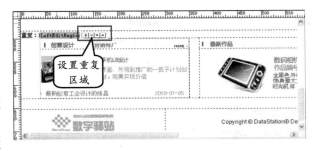

图 8-35　重复区域

表 8-8　重复区域设置按钮含义

按　钮	作　用	按　钮	作　用
＋	添加重复区域	▼	将重复区域上移
－	删除重复区域	▲	将重复区域下移

4. 更新模板页

如果用户在创建模板页时，启用了【当模板改变时更新页面】复选框，那么模板页将与模板保持联系。

在模板页中，用户也可以进行更新。打开由模板创建的网页，执行【修改】|【模板】|【更新页面】命令，即可更新页面，如图 8-36 所示。

图 8-36　更新模板

8.4　课堂练习：制作企业网页

企业门户网站作为企业的网上名片，其重要性毋庸置疑。而在制作企业网页时，有许多子页面，其网页的结构和框架内容非常类似，用户可以通过模板来快速创建其他页面。

在本练习中，将 HTML 网页文档转换为模板，然后创建基于该模板的企业产品网页，如图 8-37 所示。

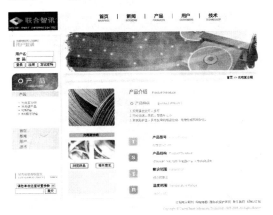

图 8-37　企业网页

操作步骤：

1. 在 Dreamweaver 中，执行【文件】|【打开】命令，打开"素材.html"网页文档，如图 8-38 所示。

图 8-38　打开素材网页

2. 执行【文件】|【另存为模板】命令，弹出【另存模板】对话框。然后，在【另存为】文本框中输入"企业产品"。单击【保存】按钮，将网页文档保存为模板文档，如图 8-39 所示。

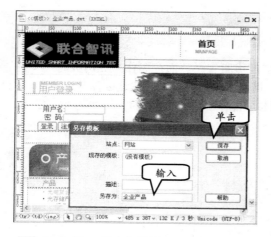

图 8-39　保存为模板

3. 将光标放置在网页的右侧，打开【插入】面板，单击【常用】选项卡中的【模板：可编辑区域】按钮。在弹出的【新建可编辑区域】对话框中，在【名称】文本框中输入"产品内容"，创建一个可编辑区域，如图 8-40 所示。

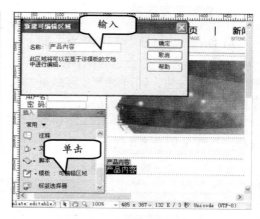

图 8-40　插入可编辑区域

4. 执行【文件】|【新建】命令。并在弹出的【新建文档】对话框中，选择【模板中的页】选项卡。在【网站】站点列表中，选择【企业产品】选项，创建基于该模板的网页文档，如图 8-41 所示。

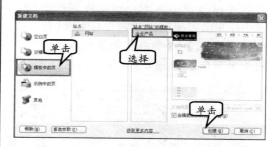

图 8-41　创建基于模板的网页

5. 单击【创建】按钮，将会创建基于该网页模板的 HTML 网页文档，其中包含一个可编辑区域，如图 8-42 所示。

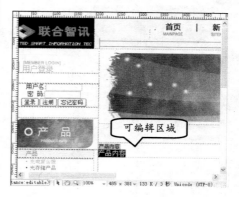

图 8-42　HTML 网页文档

6 将光标放置在可编辑区域中，通过创建表格和嵌套表格，以及在其中插入文本和图像等，制作企业产品的详细介绍，如图 8-43 所示。

7 至此企业产品网页制作完成，按 Ctrl+S 快捷键再次保存文档。然后，按 F12 快捷键即可预览页面效果。

图 8-43　制作产品介绍

8.5　课堂练习：制作后台管理页面

在互联网中，大多数网站都是动态网站，能通过后台简单操作实现大量的信息更新和维护。而后台管理界面一般都是采用框架布局。通过框架布局，可以将一个页面分为不同的区域，每个区域互不干扰。利用框架最大的特点就是使网站的风格一致，如图 8-44 所示。

图 8-44　后面主页面

操作步骤：

1 新建空白文档，执行【插入】|HTML|【框架】|【上方及左侧嵌套】命令。然后，执行【文件】|【保存全部】命令，分别另存为 "index.html"、"top.html"、"main.html" 和 "left.html"，如图 8-45 所示。

图 8-45 选择框架集

2　选择顶部 topFrame 框架，在【属性】检查器中，单击【页面属性】按钮，并设置文本样式和边距参数，如图 8-46 所示。然后，在页面中插入一个 ID 为 header 的 Div 层，定义其 CSS 样式。

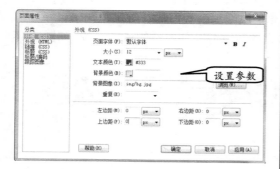

图 8-46 设置子集页面

3　在 ID 为 header 的 Div 层中，插入一个 ID 为 title 的 Div 层，并输入"后台管理系统"文本，并定义其 CSS 样式，如图 8-47 所示。

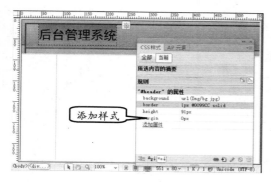

图 8-47 插入页面名称

4　在 ID 为 header 的层中插入一个 ID 为 menu 的层，并定义其 CSS 样式。在【属性】面板中，向该层插入一个项目列表，如图 8-48 所示。

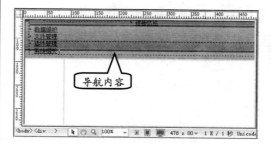

图 8-48 插入列表

5　为各个导航文本定义 CSS 样式，创建链接和设置目标框架并定义链接的样式。代码如下：

```css
#menu {
    margin-left: 50px;
    margin-top: 31px;
    float:left;
}
#menu ul{
    list-style:none;
}
#menu li {
    width: 65px;
    height: 26px;
    font-size: 12px;
    line-height: 2em;
    background: url(Img/nav_bg.
    gif) no-repeat;
    text-align: center;
    display:inline;
    margin: 0 6px;
    float: left;
}
#menu li a {
    padding-top: 2px;
    color: #FFFFFF;
    text-decoration: none;
}
#menu li a:hover {
    color: #FFFF00;
}
```

6 在 ID 为 header 的层中插入一个 ID 为 sub_menu 的 Div 层，并定义其背景图像和大小，如图 8-49 所示。

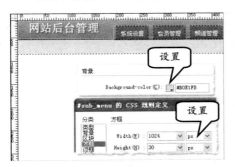

7 在 ID 为 sub_menu 的 Div 层中，插入一个 ID 为 notice 的 Div 层，并定义其大小和填充，如图 8-50 所示。

图 8-50　添加公告

8 使用相同的方法，插入一个 ID 为 links 的 Div 层，并定义 CSS 样式。然后，在该层中输入文本并创建链接，如图 8-51 所示。

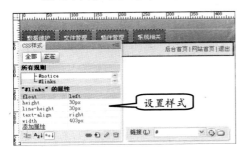

图 8-51　页面链接

9 选择左侧 leftFrame 框架页，并在【页面属

性】对话框中，分别选择【外观】和【链接】选项，设置文本样式和边距等参数，如图 8-52 所示。

图 8-52　设置左侧框页属性

10 在【框架】面板中选择整个框架集，并在【属性】检查器中，设置【行】为 91 像素，如图 8-53 所示。

图 8-53　设置边框行距

11 选择包含左侧框架"leftFrame"和右侧框架"mainframe"的子框架集，在属性面板中设置【列】为 191 像素，如图 8-54 所示。

图 8-54　设置左右框架列距

12 在框架 leftFrame 中插入一个 ID 为 left_menu 的层并定义其 CSS 样式。在该层

中插入一个项目列表，并为每个文本创建链接，如图 8-55 所示。

图 8-55　添加文本

13　在【CSS 样式】面板中，右击<body>标签的 CSS 规则，执行【编辑选择器】命令，修改为"body, ul, div"，如图 8-56 所示。

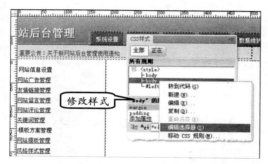

图 8-56　修改样式

14　在【CSS 样式】面板中，分别创建选择器名称为 a、a:hover 和 links 的 CSS 规则，如图 8-57 所示。

图 8-57　设置链接样式

15　将光标放置在文本"网站信息设置"前，并在【属性】面板中设置【目标规则】为 links，如图 8-58 所示。使用相同的方法，设置文本"模板方案管理"等文本的 CSS 样式。

图 8-58　设置标题样式

16　选择右侧 mainFrame 框架，并设置页面的字体大小、文本颜色、背景颜色和文本链接的样式等。然后，在该页面，制作用于显示网站信息、服务器信息等页面内容，如图 8-59 所示。

图 8-59　制作右侧页面内容

一、填空题

1. _____是 HTML 文件，它定义一组框架的布局和属性，包括框架的数目、框架的大小和位置以及最初在每个框架中显示的页面的 URL。

2. 框架的最常见用途就是导航。一组框架通常包括一个含有导航条的框架和_____。

3. 当保存一个新模板时，系统会自动地将该模板以_____为后缀名存入本地站点根目录下的 Templates 文件夹里，该文件夹在第一次保存站点模板时，由 Dreamweaver 自动创建。

4. 在模板中可以插入两种重复区：重复区域和_____。

5. _____是在模板中未锁定的区域，也是模板中唯一可以允许用户修改、添加内容的区域。

二、选择题

1. 虽然框架不被广泛作为网页设计的主要技术，但有时使用框架设计网页却比其他技术有一点优越性。下列不属于框架的优势是_____。

    A. 不需要为每个页面重新加载与导航相关的图形

    B. 每个框架都具有自己的滚动条

    C. 可能难以实现不同框架中各元素的精确图形对齐

    D. 对导航进行测试可能很耗时间

2. 选择多个嵌套框架集的方法不正确的是_____。

    A. 若要在当前选定内容的同一层次级别上选择下一框架集或前一框架集，在按住 Alt 键的同时按下左箭头键或右箭头键

    B. 若要选择父框架集（包含当前选定内容的框架集），在按住 Alt 键的同

时按上箭头键

    C. 若要选择当前选定框架集的第一个子框架或框架集，按住 Alt 键的同时按下箭头键

    D. 在【框架】面板中，选择两个框架中间的虚线

3. 执行【文件】|【_____】命令，可以保存所有框架集文件和框架文件。

    A. 另存为新文件

    B. 保存框架集

    C. 保存框架

    D. 保存全部

4. 当编辑模板自身时，以下说法正确的是_____。

    A. 只能修改可编辑区域中的内容

    B. 只能修改锁定区域的内容

    C. 可编辑区域中的内容和锁定区域的内容都可以修改

    D. 可编辑区域中的内容和锁定区域的内容都不能修改

5. 在创建模板时，下面关于可选区域的说法正确的是_____。

    A. 在创建网页时定义

    B. 可选区的内容不可能是图片

    C. 使用模板创建网页，对于可选区域的内容，可以选择显示或者不显示

    D. 以上说法都错误

三、简答题

1. 什么是框架？
2. 框架与框架集的区别？
3. 如何添加 iframe 浮动框架？
4. 什么是模板？
5. 如何编辑模板？

四、上机练习

1. 通过框架制作网站后台

在很多网站中，其后台的管理页面都是使用

框架设计的。通过单击左侧的导航项目，可以在右侧显示相应的页面，使管理员可以方便地处理网站中的事务。同时，也避免了弹出很多页面，如图 8-60 所示。

图 8-60 后台管理页面

2. 在【资料】面板中创建一个空白模板

在 Dreamweaver 中创建模板有多种方法，其中一个就是在【资源】面板中创建。方法是切换到【模板】元素，单击【新建模板】按钮 ，新建并且设置新模板名称。然后，单击【编辑】按钮 即可打开该模板文档进行编辑，如图 8-61 所示。

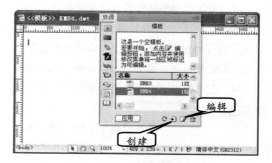

图 8-61 创建空白模板

第 9 章

在网页中插入表单

在网页中，少不了通过表单进行交互的一些内容，如制作登录功能等。而表单主要目的是将客户端（用户）的一些信息传递到服务，并进行处理或存储等。

通过表单功能，用户可以制作一些用户注册、登录、反馈等内容，并且还可以制作一些调查表、在线订单等。

本章将详细介绍网页中的文本、列表、按钮、复选框等各种表单中的组成部分，实现简单的人与网页之间的交互。

本章学习要点：

➤ 表单概述
➤ 添加表单
➤ 文本组件
➤ 网页元素
➤ 日期与时间元素
➤ 选择元素
➤ 按钮元素
➤ 其他元素

9.1　表单概述

表单是一种特殊的网页容器标签。用户可以插入各种普通的网页标签，也可以插入各种表单交互组件，从而获取用户输入的文本，或者选择某些特殊项目等信息。

表单支持客户端/服务器关系中的客户端。用户在 Web 浏览器（客户端）的表单中输入信息后，单击【提交】按钮，这些信息将被发送到服务器。然后，服务器中的服务器端脚本或应用程序会对这些信息进行处理。

服务器向用户（或客户端）返回所请求的信息或基于该表单内容执行某些操作，以此进行响应，如图9-1所示。

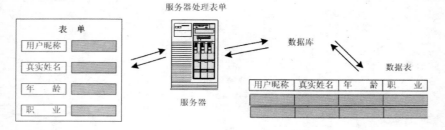

表单可以与多种类型的编程语言进行结合，同时也可以与前台的脚本语言合作，通过脚本语言快速控制表单内容。在互联网中，很多网站都通过表单技术进行人机交互，包括各种注册网页、登录网页、搜索网页等，如图9-2所示。

提示

表单有两个重要组成部分：一是描述表单的 HTML 源代码；二是用于处理表单域中输入的客户端脚本，如 ASP。

9.2　添加表单

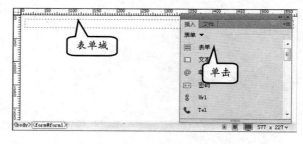

图 9-2　注册表单

通过表单可以实现网页互动，当然在制作网页时用户需要先添加一个表单域，将表单元素放置到该域，用于告诉浏览器这一块为表单内容等。

9.2.1　插入表单域

在 Dreamweaver 中，可以为整个网页创建一个表单，也可以为网页中的部分区域创建表单，其创建方法都是相同的。

将光标置于文档中，在【插入】面板中选择【表单】类别，单击【表单】按钮□ 表单，即可插入一个红色的表单，如图9-3所示。

用户可以通过编写代码，插入表单。例如，单击【代码】按钮□代码，在【代码】视图中通过<form>标签插入表单内容，如图9-4所示。

当用户插入表后；则可以在【属性】

图 9-3　插入表单

```
1  <!doctype html>
2  <html>
3  <head>
4  <meta charset="utf-8">
5  <title>无标题文档</title>
6  </head>
7
8  <body>
9  <form id="form1" name="form1" method="post">
10  </form>
11  </body>
12  </html>
```

图 9-4　插入表单代码

面板中，设置表单的相关参数，如表单 ID、方法、编码类型等，如图 9-5 所示。

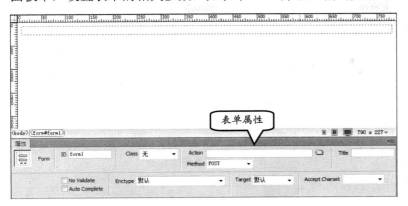

图 9-5 表单属性

在选择表单区域后，用户可以在【属性】检查器中设置表单的各项属性，其属性名称及说明如表 9-1 所示。

表 9-1 表单属性

属 性		作 用
ID		表单在网页中唯一的识别标志，只可在【属性】检查器中设置
Action（动作）		将表单数据进行发送，其值采用 URL 方式。在大多数情况下，该属性值是一个 HTTP 类型的 URL，指向位于服务器上的用于处理表单数据的脚本程序文件或 CGI 程序文件
Method（方法）	默认	使用浏览器默认的方式来处理表单数据
	POST	表示将表单内容作为消息正文数据发送给服务器
	GET	把表单值添加给 URL，并向服务器发送 GET 请求。因为 URL 被限定在 8192 个字符之内，所以不要对长表单使用 GET 方法
Target（目标）	_blank	定义在未命名的新窗口中打开处理结果
	_parent	定义在父框架的窗口中打开处理结果
	_self	定义在当前窗口中打开处理结果
	_top	定义将处理结果加载到整个浏览器窗口中，清除所有框架
Enctype（编码类型）		设置发送表单到服务器的媒体类型，它只在发送方法为 POST 时才有效。其默认值为 application/x-www-form-urlemoded；如果要创建文件上传域，应选择 multipart/form-data
Class（类）		定义表单及其中各种表单对象的样式
Accept Charset（编码）		用于选择当前提交内容的编码方式，如 UTF-8 或者 ISO-8859-1
Title（标题）		如果当前没有内容显示，将该标题内容显示
No Validate（没有验证）		如果用户启动该选项，那么当输入表单内容时不进行验证操作
Auto Complete（自动完成）		当用户启动该选项时，表单元素将对输入过的内容进行自动提示功能

表单的编码类型是体现表单中数据内容上传方式的重要标识。如果用户设置表单的【方法】为默认的 GET 方法后，该编码类型的设置是无效的。而如果用户设置表单的【方法】为 POST 方法后，则可以通过编码类型确定数据是上传到服务器数据库中，还是同

时存储到服务器的磁盘中。

9.2.2 插入表单标签

用户创建表单域之后，即可向表单域中添加表单元素。但是，在添加表单元素之前，用户需要先添加表单元素的名称，如果在文本框之前显示"姓名"或者"用户名"，则表示该文本需要输入的内容。

而添加表单元素时，用户可以先将光标置于表单域内，并单击【插入】面板中的【标签】按钮。然后将切换至【拆分】视图，并在代码中添加<label></label>标签，如图9-6所示。

图 9-6 插入表单标签

在<label></label>标签之间，用户可以输入表单元素的名称，如输入"用户名："，如图9-7所示。

<label>标签为<input>标签定义标注（标记）。所以，<label>标签不会向用户呈现任何特殊效果。不过，它为鼠标用户改进了可用性。如果用户在<label>标签内单击文本，就会触发此控件。就是说，当用户选择该标签时，浏览器就会自动将焦点转到和标签相关的表单控件上。

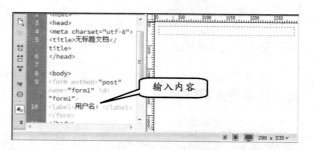

图 9-7 输入标签内容

<label>标签的 for 属性应当与表单元素的 id 属性相同，如图9-8所示。

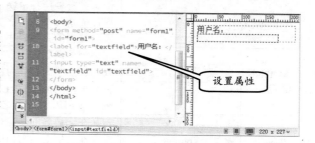

图 9-8 for 属性

9.2.3 插入域集

当表单中的内容较多时，从整体上看起来就会非常的混乱，这时用户选择【域集】可以说是一个好办法。

【域集】主要是将表单元素中的内容进行分组，生成一组相关的表单元素。例如，在【插入】面板中，单击【域集】按钮，如图9-9所示。

图 9-9 插入域集

在弹出的【域集】对话框中，在【标签】文本框中输入"基本信息"，单击【确定】按钮，如图9-10所示。

然后，在表单中可以看到一个"基本信息"的边框，并在边框内添加基本信息的表单元素内容，如图9-11所示。

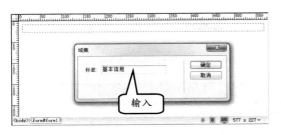

图 9-10 输入标签名称

图 9-11 显示域集

9.3 文本组件

在网页的表单中，最常见的即为文本域。通过文本域可以直接获取用户输入的各种文本信息。而文本域可以分为单行文本域和文本区域等。

9.3.1 单行文本域

在 Dreamweaver 中，将鼠标光标置于表单内，然后在【插入】面板中，单击【文本】按钮，如图 9-12 所示。

此时，在表单域中将显示所添加的文本域，并且在文本域前面自动添加了标签内容，如图 9-13 所示。

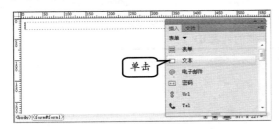

图 9-12 插入文本域

图 9-13 显示文本域

用户可以更改文本框前面的文本内容，并选择文本域设置性能参数，如图 9-14 所示。

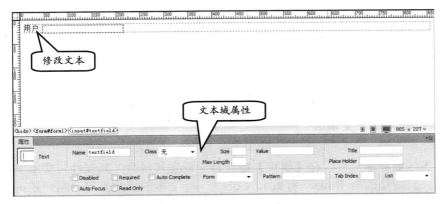

图 9-14 插入文本域

在文本域的【属性】检查器中，可以设置文本字段域的一些简单的参数项，如表 9-2 所示。

表 9-2　文本字段的属性设置

名　　称	功　　能
Name（名称）	文本域名称是程序处理数据的依据，命名与文本域收集信息的内容相一致。文本域尽量使用英文名称
Max Length（最多字符数）	设置文本框内所能填写的最多字符数
Size（字符宽度）	设置此域的宽度有多少字符，默认为 24 个字符的长度
Value（初始值）	为默认状态下填写在单行文本框中的文字
Title（说明文字）	用于描述当前内容无法显示时，所使用的文字提示内容
Place Holder（期望描述）	对表单元素所期望达到的效果进行描述
Disabled（禁用）	表单中的某个表单域被设定为 Disabled，则该表单域的值就不会被提交
Required（必填）	表单文本域是必填项，提交表单时，若此文本域为空，那么将提示用户输入后提交
Auto Complete（自动完成）	当用户启动该选项时，表单元素将对输入过的内容进行自动提示功能
Auto Focus（自动对焦）	当页面加载时，该属性使输入焦点移动到一个特定的输入字段
Read Only（只读）	不允许用户修改操作，不影响其他的任何操作
Form（表单）	选择当前文档中，需要操作的表单
Pattern（模式）	pattern 属性规定用于验证输入字段的模式。模式指的是正则表达式
Tab Index（序列）	定义 Tab 键的选择序列
List（列表）	定义与该文本域进行关联的列表 ID

9.3.2　文本区域

在获取用户输入的文本信息时，如果需要获取较多的内容，则可以使用文本区域对象。文本区域是文本域的一种变形，其可以显示位于多行的文本，同时还提供滚动条组件，用户可以拖动查看输入的所有内容。

例如，在表单中选择光标的位置，并在【插入】面板中，单击【文本区域】按钮，即可在表单中插入一个文本区域，如图 9-15 所示。

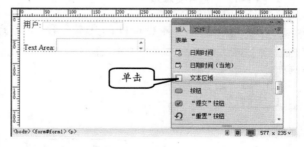

图 9-15　插入文本区域

选择相应的文本区域对象，可以在【属性】检查器中设置其属性。其属性与文本字段的属性十分类似，只需修改为 Rows（行数）、Cols（一行文本的字数）等。用户还可以设置 Wrap（文本方式）属性，设置提交的文本区域内容是否换行操作等，如图 9-16 所示。

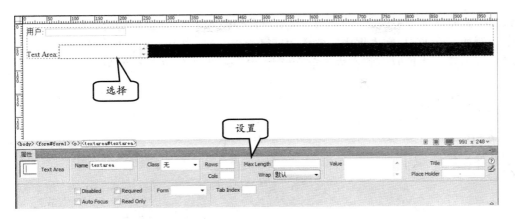

图 9-16 设置文本区域属性

9.4 网页元素

在网页中，表单中除了文本区域和文本域之外，还包括非常多的表单对象，如密码框、地址栏、电话、搜索等。

9.4.1 表单密码

在创建登录页面时，几乎都需要创建一个密码文本域，用于输入用户通过网站验证所使用的密码信息。

密码类型的文本域与其他文本域在形式上是一样的，而在向文本域内输入内容时，密码类型的文本域则不显示输入的实例内容，只记录输入的位数。

例如，用户可以在【插入】面板中，单击【密码】按钮，即可在表单指定的光标位置插入该文本域对象，并且对象前面显示"Password:"名称，如图 9-17 所示。

而当用户选择密码的文本域时，其属性设置参数与普通的文本域属性相关不大。

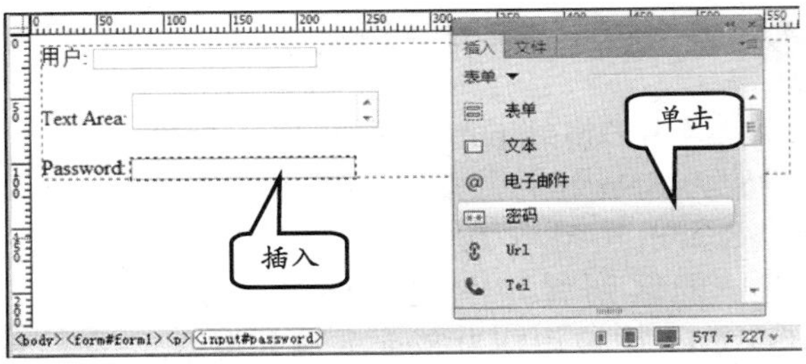

图 9-17 插入密码文本域

9.4.2 URL 对象

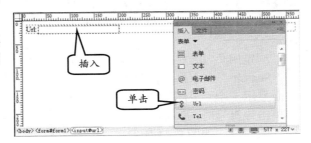

图 9-18 显示插入的 URL 对象

URL 对象用于应该包含 URL 地址的输入域。当提交表单时，会自动验证 URL 域的值是否为正确的格式。

例如，在【插入】面板中，单击 Url 按钮，即可在表单中显示所插入的地址文本域，并且显示"Url:"名称，如图 9-18 所示。

该类型只验证协议，不验证有效性，如用户直接输入 123，它会自动为其添加"http://"头协议。例如，在 URL:文本框中，输入"baidu.com.cn"内容，如图 9-19 所示。

当鼠标离开文本框时，将在内容前面添加"http://"头协议，如图 9-20 所示。

图 9-19　输入内容　　　　　　　　　　　图 9-20　自动添加协议

9.4.3　Tel 对象

此类型要求输入一个电话号码，但实际上它并没有特殊的验证，与文本域没什么大的区别。

例如，将光标放置于表单域内，并单击【插入】面板中的 Tel 按钮，即可在表单中插入该对象，如图 9-21 所示。

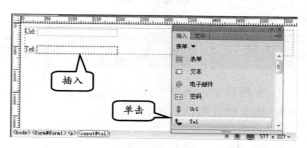

图 9-21　插入 Tel 对象

9.4.4　搜索对象

当用户将<input>标签中 type 属性设置为 Search 时，发生 Search 声明。而 Search 类型与 Text 类型声明相同，唯一的区别就是它在文档对象模型（DOM）中被识别为 Search 输入类型。

例如，将光标置于表单域中，并单击【插入】面板中的【搜索】按钮，即可插入搜索类型的对象，如图 9-22 所示。

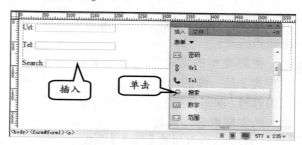

图 9-22　插入搜索对象

浏览网页，用户可以在浏览器中看到"Search:"文本框中，所输入内容的后面显示一个"关闭"符号 ✕。而当用户单击该符号时，即可清除文本框中所输入的内容，如图 9-23 所示。

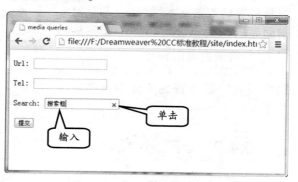

图 9-23　搜索对象框

9.4.5　数字对象

在 HTML 5 之前，如果用户想输入数字的话，只能通过文本域来实现。还需要用户通过代码进行验证内容，并转换格式等。

但有了 Number 类型，用户可以非常方便地添加包含数值的输入域。用户还能够设定对所接受的数字的限定。

例如，将光标置于表单域中，并在【插入】面板中，单击【数字】按钮，即可插入名为"Number:"的对象，如图 9-24 所示。

在该类型的对象中，用户可以选择文本域，并在【属性】检查器中，设置对数字进行限定的属性，如表 9-3 所示。

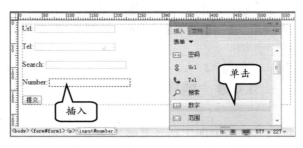

图 9-24 插入数字对象

表 9-3 针对数字对象的属性

属　　性	值	描　　述
max	number	规定允许的最大值
min	number	规定允许的最小值
step	number	规定合法的数字间隔（如果 step="3"，则合法的数是 –3,0,3,6 等）
value	number	规定默认值

9.4.6　范围对象

对范围值的输入，使用户很容易想到创建范围或滑块的输入对象。当用户插入范围对象或者将<input>标签的 type 属性设置为 Range 时，发生 Range 输入声明。

例如，将光标置于表单内，并单击【插入】面板中的【范围】按钮，即可在表单域中插入一个范围对象，如图 9-25 所示。

范围对象与其他对象不同的是它有 min、max、step 和 value 等属性来指定对象的值的范围和分辨率。

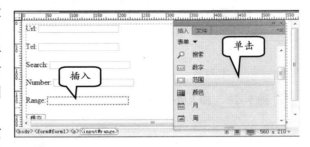

图 9-25 范围对象

9.4.7　颜色对象

在 HTML 5 之前，在网页中选择某种颜色，需要非常复杂的程序来完成。颜色对象使用户操作起来非常方便。

例如，将光标置于表单域中，并单击【插入】面板中的【颜色】按钮，即可在表单域中插入一个颜色对象，如图 9-26 所示。

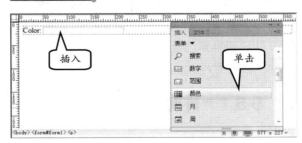

图 9-26 插入颜色对象

通过浏览器可以看到，在颜色对象后面显示一个颜色图块。通过单击该图块，即可弹出【颜色】对话框，如图9-27所示。

9.4.8 电子邮件

在注册页面中或者登录页面中，如果需要用户输入 Email 地址时，需要添加很多验证代码。而在 HTML 5 里面，Email 将成为一个标签，可以直接使用。

例如，将光标置于表单域中，并单击【插入】面板中的【电子邮件】按钮，在表单域中就会看到所插入的电子邮件对象，如图9-28所示。

电子邮件对象用于应该包含 E-mail 地址的输入域。在提交表单时，需要时会自动验证 Email 域的值是否符合格式要求，如图9-29所示。

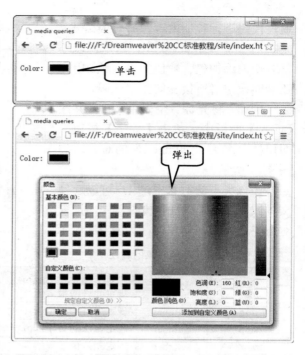

图 9-27 【颜色】对话框

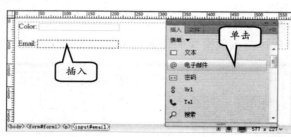

图 9-28 插入电子邮件对象

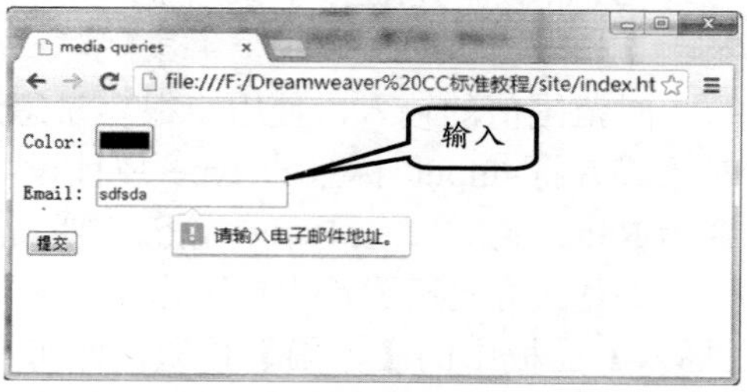

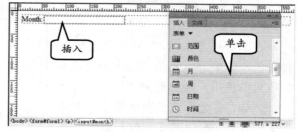

图 9-29 对格式验证

9.5 日期与时间元素

在最新版的 Dreamweaver CC 中，新增加了对日期和时间进行操作的表单对象。用户可以分别单独地添加月、周、日、时间等对象内容。

9.5.1 月对象

在添加月对象时，用户可以将光标置于表单域中，并单击【插入】面板中的【月】按钮，即可在表单域中插入月对象，如图9-30所示。

图 9-30 插入月对象

从文档中，可以看到所插入的月对象为一个文本域，但是在浏览器中用户可以看到显示"----年--月"内容，如图 9-31 所示。

在显示的月对象中，单击下拉按钮，即可弹出日期选择器，并选择相应的月份，如图 9-32 所示。

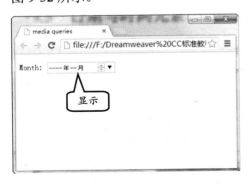

显示月对象

图 9-32 选择月份

9.5.2 周对象

如果用户在【插入】面板中，单击【周】按钮，则在表单域中插入一个周对象，如图 9-33 所示。

而通过浏览器可以查看到所添加周对象，并在文本框中显示"----年第--周"内容，如图 9-34 所示。

在该对象中，单击后面的下拉按钮，即可弹出日期选择器，并在选择器中显示星期信息，如图 9-35 所示。

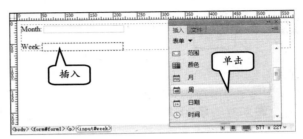

图 9-33 周对象

图 9-34 浏览周对象

图 9-35 选择星期

9.5.3 日期对象

在表单域中，将光标置于需要插入日期对象的位置，并单击【插入】面板中的【日

215

期】按钮，即可插入日期对象，如图9-36
所示。

此时，用户可以在浏览器查看到
"Date："对象内容，并在文本框中显示
"年-月-日"信息，如图9-37所示。

在日期对象中，单击后面的下拉按
钮，即可弹出日期选择器，并显示当前
的日期。用户可以在选择器中选择其他
日期，即可在文本框中显示出来，如图
9-38所示。

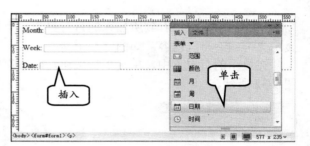

9.5.4 时间对象

用户可以在【插入】面板中，单击
【时间】按钮，即可在表单域中指定的
位置插入时间对象，如图9-39所示。

此时，用户可以通过浏览器显示所
插入的时间对象，并在页面中显示
"--:--"内容，如图9-40所示。

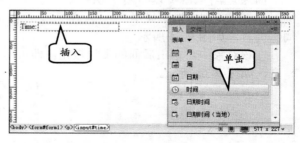

在时间对象中，可以通过鼠标分别选择小时或者分钟，并通过后面的微调按钮，调
整时间，如图9-41所示。

提　示

另外，用户还可以在调整的时间后面，单击【清除】按钮✕，清除所设置的时间内容。

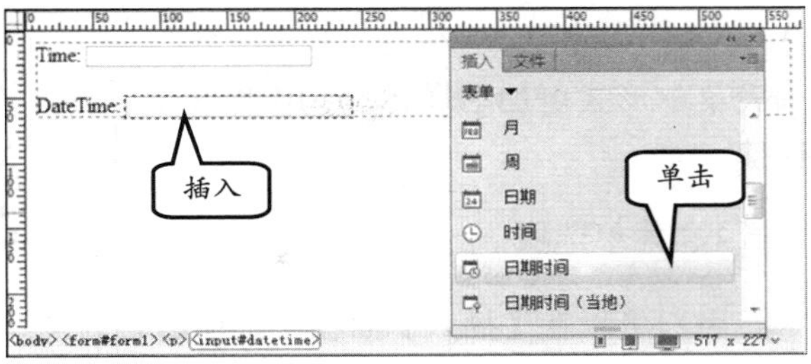

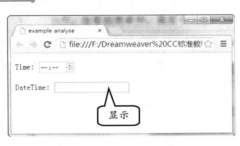

图 9-42　插入日期时间对象

9.5.5　日期时间对象

当然，在有些表单中，需要手动输入时期和时间内容，而这时用户可以在【插入】面板中单击【时期时间】按钮，如图 9-42 所示。

在浏览器中，用户可以看到日期时间对象类似于一个文本域，可以直接在文本框中输入日期和时间内容，如图 9-43 所示。

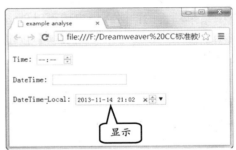

图 9-43　日期时间对象

9.5.6　本地日期时间对象

用户也可以在【插入】面板中单击【日期时间（当地）】按钮，并插入日期时间对象，如图 9-44 所示。

通过浏览器，可以看到在网页中所显示的日期时间（当地）对象为一个选择器对象，通过下拉按钮可以选择日期内容，通过微调按钮可以设置时间，如图 9-45 所示。

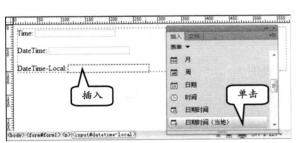

图 9-44　插入日期时间对象

图 9-45　选择日期时间（当地）内容

9.6　选择元素

多数用户都知道，在网页中除了一些输入文本、日期或时间外，还包含很多选择项内容，如单选按钮、多选项，以及一些菜单选项等。

9.6.1　选项对象

列表/菜单是一种重要的表单对象。在列表/菜单的表单对象中，用户可以方便地选择其中某一个项目。在提交表单时，将选择的项目值传送到服务器中。相比单选按钮组，列表菜单形式更加多样化，使用也非常便捷。

1．菜单选项

用户可以在【插入】面板中，单击【选择】按钮，在表单域中插入下拉菜单对象，如图9-46所示。

图9-46 插入下拉菜单

然后，选择【选择】对象，并在【属性】检查器中单击【列表值】按钮，如图9-47所示。

在弹出的【列表值】对话框中，单击【添加列表项】按钮➕，为菜单添加项目，如图9-48所示。

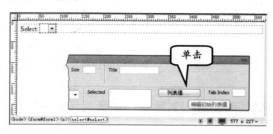

图9-47 编辑初始列表值

图9-48 添加列表项

除此之外，用户也可以选中菜单项目，单击【删除列表项】按钮➖，将其删除。在选中菜单项目的同时，用户还可以单击【上移列表项】按钮▲以及【下移列表项】按钮▼，更改这些菜单项目的位置。

此时，用户通过浏览器可以查看下拉列表的效果，如单击向下箭头即可弹出列表内容，如图9-49所示。

2．列表选项

列表可以设置默认显示的内容，而无须用户单击弹出。如果列表的项目数量超出列表的高度，则可以通过滚动条进行调节。

图9-49 显示下拉列表

列表选项与菜单选项的操作方法相似，而如果已经创建了菜单列表，可以启用 Multiple 复选框，将其更改为列表选项，如图9-50所示。

在浏览器中，用户可以看到创建的下拉列表变成了可以直接选择的列表选项，如图9-51所示。

图9-50 切换为列表选项

9.6.2 单选按钮

单选按钮也是一种选择性表单对象。其与复选框最大的区别是，单选按钮通常以组的方式出现，在该单选按钮的组中，只允许用户同时选中其中一个单选按钮。当用户选中某一个单选按钮时，其他单选按钮将自动转换为未选中的状态。

在表单域中，将光标置于需要插入的位置，并单击【插入】面板中的【单选按钮】按钮，即可插入一个 Radio Button 按钮，如图 9-52 所示。

在插手的按钮中，选择其"圆点"符号，并在【属性】检查器中启用 Checked 复选框，即可默认该按钮为选择状态，如图 9-53 所示。

9.6.3 单选按钮组

用户也可以直接插入按钮组，如单击【插入】面板中的【单选按钮组】按钮，如图 9-54 所示。

在弹出的【单选按钮组】对话框中，单击【添加】按钮，为单选按钮组添加单选按钮，并修改其【值】内容，单击【确定】按钮，如图 9-55 所示。

在【单选按钮组】对话框中，其各参数的含义如表 9-4 所示。

图 9-51　列表选项

图 9-52　插入单选按钮

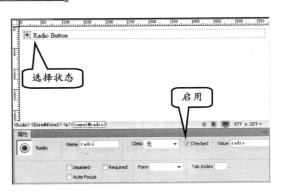

图 9-53　默认选择状态

图 9-54　插入单选按钮组

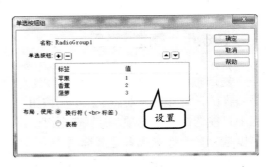

图 9-55　设置单选按钮组

表 9-4　单选按钮组设置

属　性　名		作　用
名称		单选按钮组的名称
复选框	标签	单选按钮后的文本标签
	值	在选中该单选按钮后提交给服务器程序的值
	➕	添加单选按钮
	➖	删除当前选择的单选按钮
	🔺	将当前选择的单选按钮上移一个位置
	🔻	将当前选择的单选按钮下移一个位置
布局，使用	换行符	定义多个单选按钮间以换行符分隔
	表格	定义多个单选按钮通过表格进行布局

此时，在文档中可以看到所添加的单选按钮组内容，如图 9-56 所示。

9.6.4　复选框

复选框是允许用户同时选择多项内容的选择性表单对象，并在浏览器中以矩形框来表示。插入复选框时，用户可以先插入一个域集，再将复选框或者复选框组插入到域集中，以表示为这些复选框添加标题信息。

例如，在文档中，将光标置于表单域中，并单击【插入】面板中【复选框】按钮，即可插入复选框，如图 9-57 所示。

而在插入复选框后，如果想让当前的复选框设置为默认的选择状态，则与单选按钮一样，只需在【属性】检查器中启用 Checked 复选框，如图 9-58 所示。

9.6.5　复选框组

复选框组与单选按钮组在设置上是一样的，两者的区别在于：单选按钮组中只能选择一个选项，而复选框组中可以选择多个选项或者全部选项。

首先，将光标置于表单域中，在【插入】面板中单击【域集】按钮，如图 9-59 所示。

图 9-56　显示添加的按钮组

图 9-57　插入复选框

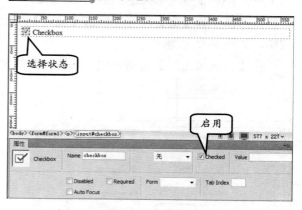

图 9-58　设置默认选项

在弹出的【域集】对话框中输入域集的名称，单击【确定】按钮，将域集添加到网页文档中，如图 9-60 所示。

图 9-59 插入域集

图 9-60 添加字段集

其次，用户将光标置于域集之后，在【插入】面板中单击【复选框组】按钮，如图 9-61 所示。

在弹出的【复选框组】对话框中，用户可以修改【复选框】列表中的内容，并设置布局方式，单击【确定】按钮，如图 9-62 所示。

图 9-61 插入复选框组

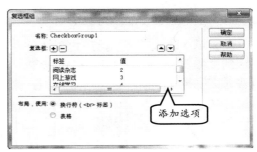

图 9-62 添加复选框组

在【复选框组】对话框中，用户可以设置多种复选框组的属性，同时可以添加和删除复选框组中的项目，如表 9-5 所示。

表 9-5 复选框组的属性设置

属 性 名		作 用
名称		复选框组的名称
复选框	标签	复选框后的文本标签
	值	在选中该复选框后提交给服务器程序的值
	✚	添加复选框
	➖	删除当前选择的复选框
	▲	将当前选择的复选框上移一个位置
	▼	将当前选择的复选框下移一个位置
布局，使用	换行符	定义多个复选框间以换行符分隔
	表格	定义多个复选框通过表格进行布局

此时，在文档中，用户可以看到以换行符方式显示一组复选框内容，如图 9-63 所示。

用户可以通过单击工具栏中的【在浏览器中预览/调试】下拉按钮，并执行【预览在 IExplorer】命令，即可显示当前所创建的复选框组效果，如图 9-64 所示。

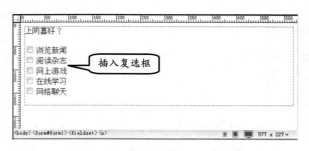

图 9-63　显示插入的复选框组

图 9-64　显示复选框组效果

在插入复选框时，应注意复选框的名称只允许使用字母、下划线和数字，并且只允许字母和下划线作为开头。在一个复选框组中，可以选中多个复选框的项目，因此可以预先设置多个初始选中的值。

9.7　按钮元素

在表单中输入内容后，用户需要单击表单中的按钮，才可以将表单中所填写的信息发送到服务器。而在网页中，按钮包含有普通文字按钮和图片按钮两种。

9.7.1　普通按钮

在纯文本类型的表单按钮中，可以分为 Button 和 Submit 两种类型，而普通的按钮则为 Button 类型。例如，在【插入】面板中，单击【按钮】按钮，并在复选框下面插入一个按钮图标，如图 9-65 所示。

图 9-65　插入按钮

用户可以单击【拆分】按钮，查看当前所添加的按钮类型，如 "type="button"" 内容，如图 9-66 所示。

普通按钮仅仅能够在网页中显示一个没有任何交互行为的按钮元素，也就是说，当该按钮被鼠标单击时，Web

图 9-66　查看按钮类型

浏览器不会进行任何交互操作。这类按钮需要用户自行通过脚本语言来定义交互行为。

9.7.2　"提交"按钮

Submit 类型的按钮可以提交表单，所以称为"提交"按钮。而 Button 类型的按钮需要绑定事件才可以提交数据。

例如，在【插入】面板中，单击【"提交"按钮】按钮，即可在原来的【提交】按钮下面再次插入一个【提交】按钮，如图 9-67 所示。

用户从外观上看，这两个按钮没有什么区别，但单击【拆分】按钮，并在【代码】视图中可以看到两者之间的类型不同。而直接单击【"提交"按钮】按钮，所插入的按钮类型为 Submit 类型，如图 9-68 所示。

当然，在页面中也不是任何情况下都可以使用 Submit 类型，如想要实现局部刷新，就不能用 Submit 类型的按钮，用 Button 绑定事件就好了。如果用 Submit 绑定事件的话，在触发事件的同时，也会提交表单。Submit 需要有表单时提交才会带数据。而 Button 默认是不提交任何数据。

图 9-67 插入"提交"按钮

图 9-68 查看类型

9.7.3 "重置"按钮

虽然现在网页设计中很多网页不提倡使用"重置"按钮，但它以前尤其在制作登录功能时非常常见。

例如，在【插入】面板中，单击【"重置"按钮】按钮，即可在单表域中插入一个"重置"按钮，如图 9-69 所示。

网页中的"重置"按钮主要功能是将用户所输入的表单内容一次全部清除掉。这样不需要用户一个个地清除文本框中的内容，如图 9-70 所示。

图 9-69 插入"重置"按钮

9.7.4 图像按钮

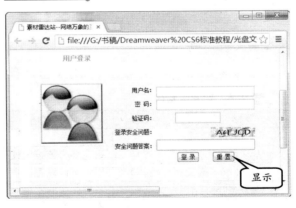

图 9-70 重置按钮

图像按钮即将使用图像作为按钮图标。如果使用图像来执行任务而不是提交数据，则需要将某种行为附加到表单对象。

在文档中，将光标放置于表单域内，并单击【插入】面板中的【图像按钮】按钮，如图 9-71 所示。

在弹出的【选择图像源】对话框中，为该按钮选择图像，并单击【确定】按钮，如

图 9-72 所示。

图 9-71　插入【图像域】　　　图 9-72　选择图像

此时，在文档中，将显示所插入的图像，如图 9-73 所示。用户通过浏览器可以查看该图像按钮。

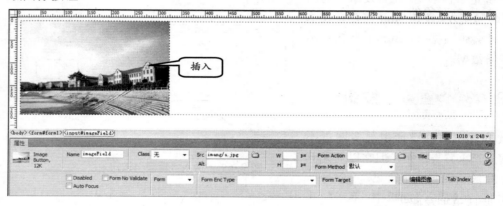

图 9-73　插入图像

选择该图像，用户可以在【属性】检查器中进行一些设置，如表 9-6 所示。

表 9-6　图像域属性

属　性　名	作　　用
Name（图像名称）	图像名称
Src（源文件）	指定要为该按钮使用的图像
Form Action（提交执行动作）	用户可以设置该按钮提交时，可以执行的其他操作
W（宽）	设置图像的宽度
H（高）	设置图像的高度
Form Enc Type（编码类型）	可以选择表单中提交时，数据传输的类型
Form No Validate（取消验证）	启用该复选框后，禁止对表单中的数据进行验证
编辑图像	启动默认的图像编辑器，并打开该图像文件以进行编辑
Class（类）	使用户可以将 CSS 规则应用于对象
Disabled（禁用）	表单中的某个表单域被设定为 Disabled，则该表单域的值就不会被提交
Auto Focus（自动对焦）	当页面加载时，该属性使输入焦点移动到一个特定的输入字段

9.8 其他元素

除了以上介绍的表单中的对象外，还包含有不太常用的两个对象，如上传文件使用的文件对象和隐藏数据的对象。

9.8.1 文件对象

插入文件域的方式与插入其他类型的表单类似，在添加表单域后，即可将光标置于表单域中，然后在【插入】面板中，单击【文件】按钮，如图9-74所示。

在插入文件域后，用户也可以选中文件域，然后在【属性】检查器中设置文件域表单对象的属性，如图 9-75 所示。

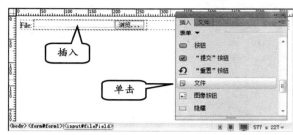

图 9-74 插入文件域

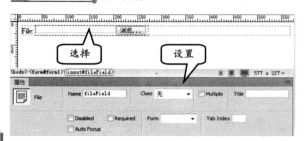

图 9-75 设置文件域属性

> **提 示**
>
> 在使用文件域制作上传模块时，除了需要添加前台的表单对象外，还需要用户编写后台的代码，才能完全实现上传文件的功能。

9.8.2 隐藏对象

隐藏域用于存储用户输入的信息，如姓名、电子邮件地址或偏爱的查看方式，并在该用户下次访问页面时使用这些数据。例如，在【插入】面板中，单击【隐藏】按钮，即可在光标位置插入一个符号。而在【属性】面板中，可以输入隐藏域的值，如图9-76所示。

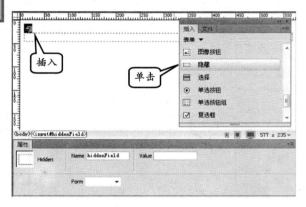

图 9-76 插入隐藏域

> **提 示**
>
> 在隐藏域的【属性】检查器中，用户可以将默认的值放置到 Value 文本框中。然后，在接收的页面中可以接收到该值内容。

9.9 课堂练习：制作用户登录页面

在了解 Dreamweaver 的表单和各种表单组件后，用户可以使用【插入】面板，在网页文档中插入表单组件，并通过 CSS 样式定义表单的显示属性。在本练习中，就将使用以上技巧，设计一个用户登录页面，如图 9-77 所示。

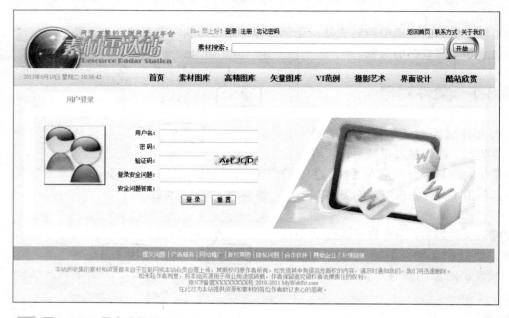

图 9-77　用户登录界面

操作步骤：

1　在 Dreamweaver 中，执行【文件】|【打开】命令，打开素材文件，将光标置于预留的列表项目区域中，如图 9-78 所示。

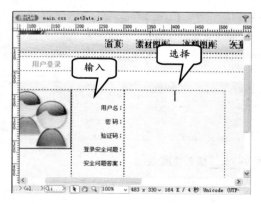

图 9-78　选中表单区域

2　执行【插入】|【表单】|【表单】命令，为选中的网页元素中插入一个表单，并在【属性】面板中设置其【表单 ID】为 form1，【动作】为"javascript:void(null);"，如图 9-79 所示。

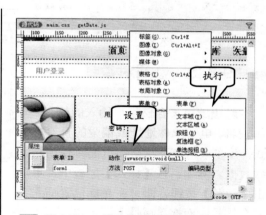

图 9-79　插入表单并设置属性

3　执行【插入】|IHTMLI【文本对象】|【段落】命令，在表单中插入段落。然后再执行【插入】|【表单】|【文本域】命令，在弹出的【插入标签辅助功能属性】对话框中设置 ID 为 userName，如图 9-80 所示。

4　按 Enter 键，然后再插入一个 ID 为 userPassword 的文本域，并在【属性】面板中设置其为【密码】选项，如图 9-81 所示。

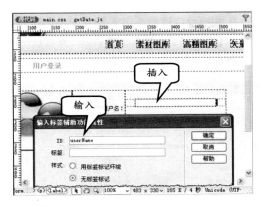

图 9-80 设置文本字段属性

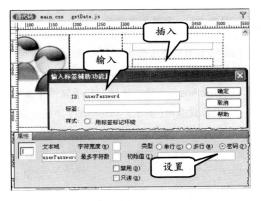

图 9-81 插入密码域

5 用同样的方式，依次插入 ID 为 checkCode、secureQuestion 和 secureAnswer 的文本域，作为填入验证码、登录安全问题和安全问题答案的文本域，如图 9-82 所示。

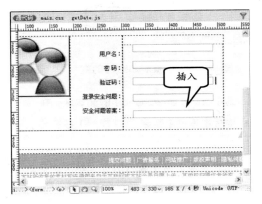

图 9-82 插入其他文本域

6 在 secureAnswer 文本域右侧按 Enter 键，

再执行【插入】|【表单】|【按钮】命令，在弹出的【插入标签辅助功能属性】对话框中设置 ID 为 login。然后，单击【确定】按钮，在【属性】面板中设置按钮的【值】为"登 录"，如图 9-83 所示。

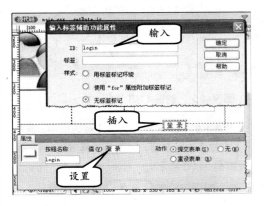

图 9-83 插入登录按钮

7 在【登录】按钮右侧按 Ctrl+Shift+Space 快捷键，插入一个全角空格，然后再插入一个 ID 为 reset 的按钮，设置其【值】为"重置"；【动作】为【重设表单】，即可完成表单的插入，如图 9-84 所示。

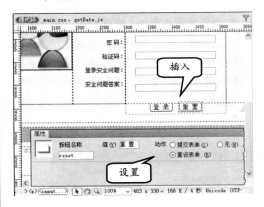

图 9-84 插入重置按钮

8 在表单中任意一个文本域或按钮右侧单击，然后即可在 CSS 面板中单击【新建 CSS 规则】按钮，在弹出的【新建 CSS 规则】对话框中，单击【确定】按钮，创建 CSS 规则，如图 9-85 所示。

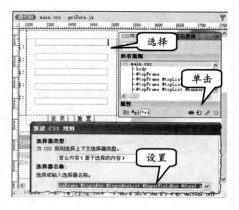

图 9-85 创建 CSS 规则

9 在弹出的【CSS 规则定义】对话框中，选择【方框】的列表项，对段落的样式进行设置，如图 9-86 所示。

图 9-86 设置 CSS 样式

10 在 CSS 面板中单击【新建 CSS 规则】按钮 ，在弹出的【新建 CSS 规则】对话框中设置【选择器类型】为【复合内容基于选择的内容】，设置【选择器名称】为#mainFrame #loginBox #loginBoxList #InputFieldBox #form2 .inputBox，并单击【确定】，如图 9-87 所示。

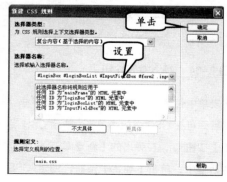

图 9-87 新建 CSS 规则

11 在弹出的【CSS 规则定义】对话框中选择【方框】列表项目，然后设置 Width 为 200px，如图 9-88 所示。

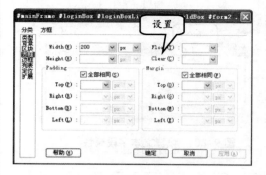

图 9-88 设置表单宽度

12 返回【设计视图】，分别选中 ID 为 userName，userPassword，secureQuestion 和 secureAnswer 的文本域，在【属性】面板中设置其应用【类】为 inputBox，如图 9-89 所示。

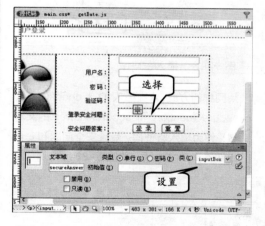

图 9-89 设置表单组件的类

13 选中 ID 为 checkCode 的文本域，在 CSS 面板中单击【新建 CSS 规则】按钮 ，在弹出的【新建 CSS 规则】对话框中设置【选择器类型】为【复合内容（基于选择的内容）】，设置【选择器名称】为#mainFrame #loginBox #loginBoxList #InputFieldBox #form2 p #checkCode，并单击【确定】按钮，如图 9-90 所示。

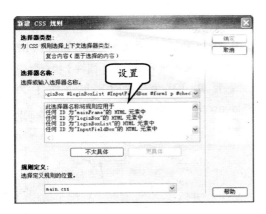

图 9-90 设置选择器

图 9-91 设置验证码表单样式

14 选择【区块】列表项目,设置 Display 为 inline,然后选择【方框】列表项目,设置 Width 为 90px,如图 9-91 所示。

15 在名为 checkCode 的对话框右侧,按 Ctrl+Shift+Spcce 快捷键,插入 4 个全角空格。然后,在全角空格右侧插入验证码的图像,如图 9-92 所示。

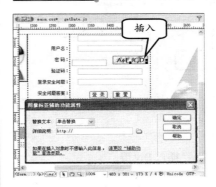

图 9-92 插入验证码图像

9.10 课堂练习:制作用户注册页面

设计用户注册页面时,不仅需要使用文本字段和按钮等表单对象,还需要使用到项目列表等表格对象,可以供用户在页面中进行选择选项。同时,用户还需要使用文本域的组件,获取输入的大量文本,用于获取注册个人的信息,如图 9-93 所示。

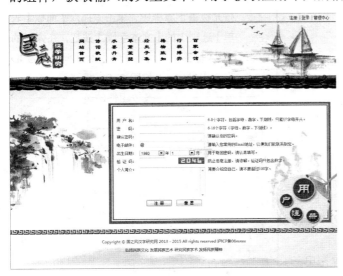

图 9-93 注册页面

操作步骤：

1. 打开素材 "index.html" 页面，将光标置于 ID 为 registerBG 的 Div 层中，单击【插入】面板【常用】选项中的【插入 Div 标签】按钮，分别创建 ID 为 inputLabel、inputField、inputComment 的 Div 层，并设置其 CSS 样式属性，如图 9-94 所示。

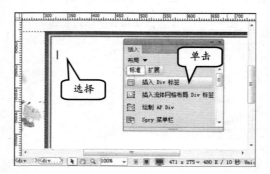

图 9-94　插入 Div 层

2. 将光标置于 ID 为 inputLabel 的 Div 层中，输入文本 "用 户 名"。选择该文本，在【属性】检查器中设置【格式】为【段落】。然后按 Enter 键换行，输入文本 "密　码"，按照相同的方法以此类推，如图 9-95 所示。

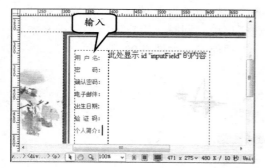

图 9-95　表单对象名称

3. 将光标置于 ID 为 inputComment 的 Div 层中，输入文本。选择该文本，在【属性】检查器中设置【格式】为【段落】。然后按 Enter 键换行，再输入文本，按照相同的方法以此类推，如图 9-96 所示。

4. 将光标置于 ID 为 inputField 的 Div 层中，单击【插入】面板【表单】选项中的【表单】按钮，为其插入一个表单容器，如图 9-97 所示。选择表单容器，在【属性】检查器中设置其 ID 为 regist；【动作】为 javascript:void(null);。

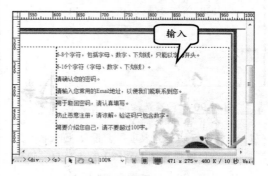

图 9-96　设置表格对象行距

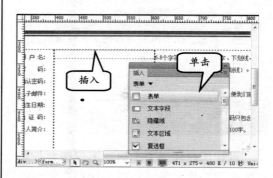

图 9-97　插入表单

5. 将光标置于表单中，单击【插入】面板【表单】选项中的【文本字段】按钮，在弹出的【输入标签辅助功能属性】对话框中设置 ID 为 userName，如图 9-98 所示。

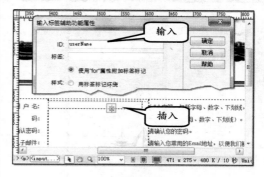

图 9-98　插入表单对象

6 将光标置于文本字段对象后面，在【属性】检查器中，设置【格式】为【段落】，为文本字段应用段落，如图 9-99 所示。

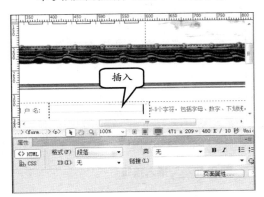

图 9-99　设置对象间距

7 在文本字段右侧按 Shift+Ctrl+Space 快捷键，插入一个全角空格。按 Enter 键换行，在新的行中插入一个【文本字段】，设置 ID 为 userPass 的文本域，并在【属性】检查器中设置其【类型】为【密码】。用同样的方法，插入 ID 为 rePass 的重复输入密码域，并设置域的类型，如图 9-100 所示。

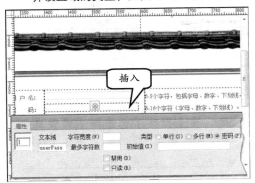

图 9-100　插入密码文本字段

8 在重复输入密码域的右侧插入全角空格，再按 Enter 键换行，插入 ID 为 emailAddress 的文本域，在【属性】检查器中，设置【初始值】为 "@"。在电子邮件域右侧插入全角空格，再按 Enter 键换行，如图 9-101 所示。

9 单击【插入】面板【表单】选项中的【选择列表/菜单】按钮，插入 ID 为 bornYear 的列表菜单。选中列表菜单，在【属性】检查器中单击【列表值】按钮，在弹出的【列表值】对话框中输入年份列表的值，在列表菜单右侧输入一个 "年"字，如图 9-102 所示。

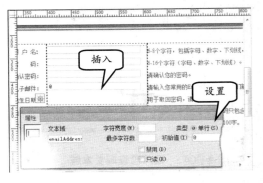

图 9-101　插入邮箱地址文本字段

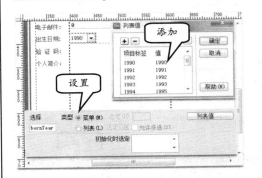

图 9-102　插入列表

10 用同样的方法插入一个 ID 为 bornMonth 的列表菜单。选择 ID 为 bornMonth 的列表菜单，在【属性】检查器中单击【列表值】按钮，在弹出的【列表值】对话框中输入月份以及月份的值等菜单内容，如图 9-103 所示。在列表菜单右侧输入一个 "月"字，完成列表菜单的制作，并按 Enter 换行。

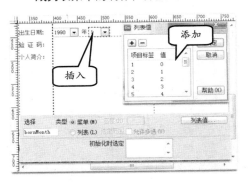

图 9-103　插入列表

11 在新的行中插入 ID 为 checkCode 的验证码文本域，如图 9-104 所示。

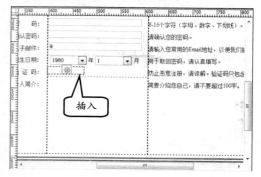

图 9-104　插入验证码文本域

12 在 ID 为 checkCode 的文本域右侧插入一个全角空格，按 Enter 键换行，插入一个文本字段，设置文本域的 ID 为 introduction。然后，设置【字符宽度】为 0；【行数】为 6，如图 9-105 所示。

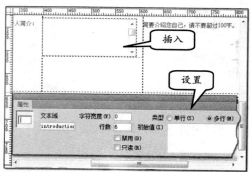

图 9-105　插入多行文本域

13 在文本区域右侧按 Enter 键换行，单击【插入】面板【表单】选项中的【按钮】选项，如图 9-106 所示。

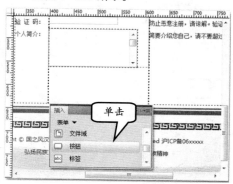

图 9-106　插入按钮

14 在表单中，插入 ID 为 regBtn 的按钮，并在【属性】检查器中设置按钮的【值】为"注册"，在注册按钮右侧插入两个全角空格，如图 9-107 所示。

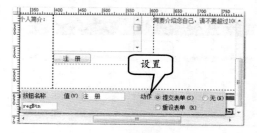

图 9-107　插入按钮

15 用同样的方式再插入一个 ID 为 resetBtn 的按钮，在【属性】检查器中设置按钮的值为"重　置"，【动作】为【重设表单】，如图 9-108 所示。

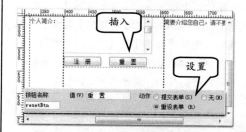

图 9-108　插入按钮

16 分别选中 ID 为 userName、userPass、rePass、emailAddress 和 instruction 的表单，在【属性】检查器中设置其类为 widField，将其宽度加大，如图 9-109 所示。

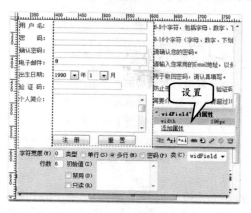

图 9-109　设置样式

17 分别选中 bornYear、bornMonth 以及 checkCode 表单，在【属性】检查器中设置其类为 narrowField，将其宽度定义为 76px，如图 9-110 所示。

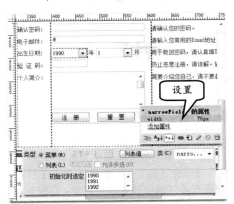

图 9-110 设置样式

18 在验证码的表单右侧插入 12 个全角空格，然后插入验证码的图像，如图 9-111 所示。

图 9-111 插入验证图像

9.11 思考与练习

一、填空题

1. 表单可以与多种类型的_____进行结合，同时也可以与前台的_____合作，通过_____快速控制表单内容。

2. 表单交互组件可以获取_____或_____，并将这些信息存储到数据库中。

3. 表单有两个重要组成部分：一是描述表单的_____；二是用于处理表单域中输入的_____。

4. 如果将文本字段转换为多行文本域，则在【属性】检查器中，只需将【类型】参数修改为【_____】选项。

5. 滚动列表的功能与下拉菜单类似，其区别在于_____，而无须用户单击弹出。

二、选择题

1. 在_____中，网页程序可以获取用户输入的各种文本信息，同时将这些信息传送给服务器。

   A．文本域

   B．复选框

   C．单选按钮

   D．列表/菜单

2. 在_____的表单对象中，用户可以方便地选择其中某一个项目，在提交表单时将选择的项目值传送到服务器中。

   A．文本域

   B．复选框

   C．单选按钮

   D．列表/菜单

3. _____是允许用户同时选择多项内容的选择性表单对象。

   A．文本域

   B．复选框

   C．单选按钮

   D．列表/菜单

4. _____是一种选项弹出菜单，菜单上的选项通常链接到另外一些网页。

   A．文件域

   B．隐藏域

   C．跳转菜单

D．列表菜单

5．在设计网页中的表单时，需要为表单提供_____，才能将表单中的数据传送到服务器。

A．表单

B．列表

C．文本字段

D．提交按钮

三、简答题

1．文本域与文本字段之间有什么区别？

2．复选框与单选按钮组之间有什么区别？

3．如何制作下拉菜单？

4．如何制作图像按钮？

5．隐藏域的作用是什么？

四、上机练习

1．添加字段集

字段集是位于表单内部的一种分隔符号或分组符号。其可以将位于同一个表单标签内的表单对象分组处理。在不同的网页浏览器中，将会把字段集以特殊的边界、3D 效果、圆角矩形等方式显示。

在 Dreamweaver 中，用户可以先插入表单，然后在【插入】面板中单击【字段集】按钮，在弹出的【字段集】对话框中设置字段集的【标签】，如图 9-112 所示。

图 9-112　插入字段集

然后，用户在字段集中插入各种表单对象，对这些表单进行编组操作。在 Web 浏览器中，字段集将显示出边框线条，如图 9-113 所示。

2．表单中的标签对象

<label> 标签为<input>标签定义标注（标记）。<label>标签不会向用户呈现任何特殊效果。不过，它为鼠标用户改进了可用性。如果用户在<label>标签内单击文本，就会触发此控件。

图 9-113　字段集的样式

简单地说，当用户选择该标签时，浏览器就会自动将焦点转到和标签相关的表单控件上。

用户可以在【插入】面板中，单击【标签】按钮，并在表单对象中插入标签对象，如图 9-114 所示。

此时，在自动切换到【拆分】视图，并将光标置于<label>标签中，如图 9-115 所示。然后，用户可以输入文本内容，并作为表单对象的名称。

图 9-114　添加标签

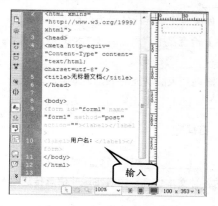

图 9-115　输入文本

第 10 章

jQuery 与 jQuery UI

有时在网页中，仅仅是为了实现一个渐变的动画效果，而不得不把 JavaScript 重新学习一遍，然后书写大量代码。直到 jQuery 的出现，让开发人员从一大堆繁琐的 JavaScript 代码中解脱，取而代之的是几行 jQuery 代码。现今，jQuery 无疑已成为最为流行的 JavaScript 类库。

而 jQuery UI 是在 jQuery 基础上开发的一套界面工具，几乎包括了网页上所能想到和用到的插件以及动画特效，让一个毫无艺术感只知道代码的开发人员，不费吹灰之力就可以做出令人炫目的界面。

在做界面的时候随便'拿来'就用，并且它是免费开源的，用户可根据需要自定义甚至重新设计。

本章学习要点：

➤ 了解 jQuery 与 jQuery UI
➤ jQuery 基础
➤ jQuery UI 交互
➤ jQuery UI 效果

10.1　了解 jQuery 与 jQuery UI

jQuery UI 是以 jQuery 为基础的开源 JavaScript 网页用户界面代码库。包含底层用户交互、动画、特效和可以更换主题的可视控件。用户可以直接用它来构建具有很好交互性的 Web 应用程序。

10.1.1　什么是 jQuery

jQuery 是一个兼容多浏览器的 JavaScript 框架，核心理念是 Write Less, Do More（写

得更少，做得更多）。在 2006 年 1 月由美国人 John Resig 在纽约的 Barcamp 发布，吸引了来自世界各地的众多 JavaScript 高手加入，由 Dave Methvin 率领团队进行开发。

如今，jQuery 已经成为最流行的 JavaScript 框架，在世界前 10 000 个访问最多的网站中，有超过 55%在使用 jQuery。jQuery 是免费、开源的，使用 MIT 许可协议。

jQuery 的语法设计可以使开发者更加便捷，如操作文档对象、选择 DOM 元素、制作动画效果、事件处理、使用 Ajax 以及其他功能。

除此以外，jQuery 提供 API 让开发者编写插件。其模块化的使用方式使开发者可以很轻松地开发出功能强大的静态或动态网页。

jQuery 有如下特点：

1．强大的功能函数

在 jQuery 中，包含了非常多的功能函数，能够帮助用户快速完成各种网页功能，并且会使代码异常简洁。

2．浏览器兼容性问题

在使用 JavaScript 脚本代码时，在不同浏览器的兼容性一直是 Web 开发人员不愿意见到的，常常一个页面在 IE 7、Firefox 下运行正常，在 IE 6 下就出现莫名其妙的问题。

有了 jQuery 将从这个噩梦中醒来，如在 jQuery 中的 Event 事件对象已经被格式化成所有浏览器通用的。

3．实现丰富的 UI

jQuery 可以实现如渐变弹出、图层移动等动画效果，让用户获得更好的体验。单以渐变效果为例，以前写一个可以兼容多个浏览器的渐变动画，需要使用大量的 JavaScript 代码实现，费心费力不说，写完后没有太多帮助，过一段时间就忘记了。如今使用 jQuery 就可以快速地完成此类应用。

4．纠正错误的脚本

大部分开发人员对于 JavaScript 代码存在错误的认识，如在页面加载时执行的 DOM 操作，在 HTML 元素或者 Document 对象上直接添加 Onclick 属性等。

jQuery 提供了很多简便的方法解决这些问题，一旦使用 jQuery 就将纠正这些错误的认识。

10.1.2　jQuery UI 的作用

jQuery UI 是一套非常优秀的 Web UI 库，包括 Tab 容器、可折叠容器、工具提示、浮动层以及可滚动容器等，可以为你的站点带来非同寻常的桌面般体验。

这套工具的主要作用是显示内容，这是绝大多数站点最需要的东西。这套令人惊异的 UI 库只基于 MIT 和 GPL 两种许可模式。

和别的 Web UI 库不同，别的 UI 库很多是面向行为的，如拖放、滚动、表格排序、可拖放窗口等，它们更适合于富 Web 应用，如 E-mail 客户端、任务管理、图片组织整理等。而 jQuery UI 主要面向内容展示，更适用于单纯的内容型网站。

jQuery UI 使用也很简便，只需几行调用代码即可，其官方站点包含大量演示和调用代码可以参考。

10.1.3　如何使用 jQuery 和 jQuery UI

由于 jQuery UI 基于 jQuery 代码，所以在网页中应用起来，两者没有太大的区别。

1．加载并使用 jQuery

用户可以在"http://jquery. com/download/"官网下载最新版本的 jQuery 类库，如图 10-1 所示。

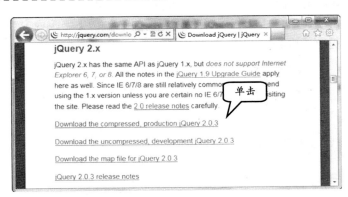

图 10-1　下载类库

然后，将文件加载到文档的 <head> 标签内，如添加 <script type="text/javascript" src="jquery 文件路径"></script> 内容，如图 10-2 所示。

接下来，用户可以在 <body></body> 标签中添加代码，并测试 jQuery 所实现的效果，如图 10-3 所示。

图 10-2　链接外部文件

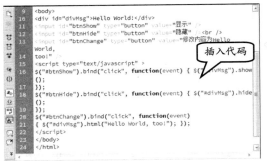

图 10-3　插入代码

代码内容：

```
<div id="divMsg">Hello World!</div>
<input id="btnShow" type="button" value="显示" />
<input id="btnHide" type="button" value="隐藏" /><br />
<input id="btnChange" type="button" value="修改内容为 Hello World,
too!" />
<script type="text/javascript" >
$("#btnShow").bind("click", function(event) { $("#divMsg").show();
});
$("#btnHide").bind("click", function(event) { $("#divMsg").hide();
```

```
});
$("#btnChange").bind("click", function(event)
{ $("#divMsg").html("Hello World, too!"); });
</script>
```

通过浏览器可以看到上述代码运行后的效果,如图 10-4 所示。当浏览时,显示"Hello World!"内容,而单击【隐藏】按钮,即可隐藏显示的内容。如果单击【显示】按钮,再次显示"Hello World!"内容。如果单击【修改内容为 Hello World too!】按钮,则显示更改的内容。

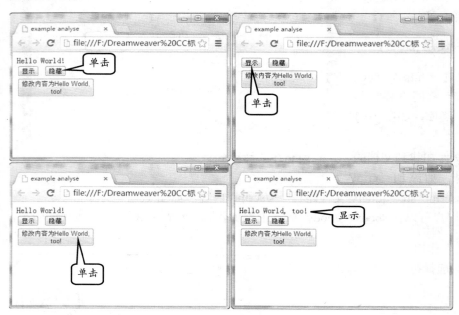

图 10-4　显示效果

2. 加载并使用 jQuery UI

用户可以从"http://jqueryui.com/download/"官方网站下载版本为 1.10.3 的 jQuery UI 文件,如图 10-5 所示。

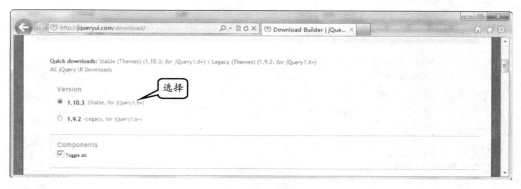

图 10-5　下载文件

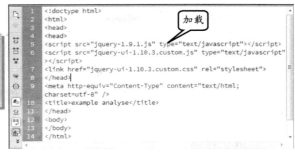

然后，用户可以分别将"jquery-1.9.1.js"、"jquery-ui- 1.10.3.custom.js"和"jquery-ui-1.10.3.custom.css"链接到当前的文档中，如图 10-6 所示。

图 10-6 加载外部文件

10.2 jQuery 基础

由于 jQuery 为 jQuery UI 的基础，所以在学习 jQuery UI 之前先来了解一下 jQuery 的一些基础信息。

10.2.1 jQuery 选择符

前面讲过，每一条 CSS 样式定义由两部分组成，形式如下：[code]选择器{样式}[/code]，在{}之前的部分就是"选择器"。"选择器"指明了{}中的"样式"的作用对象，也就是"样式"作用于网页中的哪些元素。

而 jQuery 选择符也类似于此含义，其中包含的选择方法如下。

1．工厂函数$()

在 jQuery 中，无论我们使用哪种类型的选择符（不管是 CSS、XPath，还是自定义的选择符），都要从一个美元符号和一对圆括号开始：$()。

$()函数会消除使用遍历元素的需求，因为放到圆括号中的任何元素都将自动执行循环遍历，并且会被保存到一个 jQuery 对象中。可以在$()函数的圆括号中使用的参数几乎没有什么限制。

例如，在文档中，插入 Div 层，并输入一段内容，代码如下。

```
<div class="bodymain">
<p> 所谓伊人，在水一方。《诗经 国风 秦风》</p>
</div>
```

然后，在<head></head>标签中，再定义类的 CSS 样式，如下面代码所示。

```
<style type="text/css">
.JqFont{ font-size:14px; font-weight:bold; border:#0099FF solid 1px;}
</style>
```

此时，所定义的样式并没有应用到<div>标签中，所以用户可以通过 jQuery 中的选择符的方法将样式应用到<div>标签，代码如下。

```
$(document).ready(function() {
    $('.bodymain').addClass('JqFont');
}
);
```

此时，用户可以通过浏览器来查看所定义的样式应用到<div>标签中，并显示所定义的格式内容，如图 10-7 所示

2. id 选择器

在 JavaScript 中，选择 id="aa" 的标签对象可以通过 "document.getElementById("aa");" 来实现。而在 jQuery 选择器中，用户只需$("#aa")就获取到了 id 为 aa 的对象，从而就可以对它进行操作，十分的方便。

如果用户需要查找含有特殊字符的元素，如：

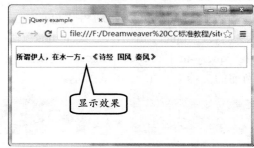

图 10-7　浏览内容

```
<span id="aa:bb"></span>
<span id="aa[bb]"></span>
<span id="aa.bb"></span>
```

就需要使用反斜杠来进行字符的转义了，以上三个例子就需要这样获取到对应的对象：

```
$("#aa\\:bb")
$("#aa\\[bb\\]")
$("#aa\\.bb")
```

这样才能通过 id 正确获取到该对象。如果存在多个 id 相同的对象，则只会匹配到第一次出现的。

3. class 选择器

该选择器使用上与 id 选择器差不多，只是 id 用的是"井号"（#），而 class 选择器使用的该选择器是"圆点"（.）。例如，下面分别在不同的标签中设置 class 属性内容。

```
<div class='notSelect'>选择</div>
<span class='selectMe'>单击</div>
<p class='selectMe'>移动</p>
```

使用 $(".selectMe") 将会匹配到 "<span class='selectMe'>单击</div>" 和 "<p class='selectMe'>移动</p>" 内容。

4. 通用选择器

$("*")为通用选择器，可以匹配到网页中所有的元素。单独使用时，通用选择器告诉 CSS 解析器应用该 CSS 规则到文档中的所有元素。

5. HTML 选择器

在文档中，包含有许多不同的标签，而如果对这些标签进行操作，则可以直接用 $("标签名")方式。例如，选择网页中出现的所有<div>标签，则可以通过$("div")方式进行选择。

6. 同时选择多种元素

如果说通用选择器的范围是针对文档中所有标签进行设置，那么如何来指定文档中部分标签的格式？这时用户可以使用选择多个标签元素的方法，如下所示。

```
$("#id,p.myClass,div,span,td")
```

中间用"逗号"（,）分开，就会将 id 为 id 的，class="myClass"的 p 标记，还有 div，span，td 都匹配到，并且返回。

7. jQuery 索引值选择器

索引值选择器也是非常有用的一种选择器。索引值都是从 0 开始的，如想让表格奇偶行显示不同的颜色，则可以使用索引值选择器进行操作。

❑ [:**first** 选择器]和[:**last** 选择器]

```
<table>
    <tr><td>Header 1</td></tr>
    <tr><td>Value 1</td></tr>
    <tr><td>Value 2</td></tr>
</table>
```

如上面的 HTML 代码，需要查找到第一行的元素对象，则可以通过$("tr:first")获得 "<tr><td>Header 1</td></tr>"。而使用 $("tr:last") 可以获取到最后 "<tr><td>Value 2</td></tr>"元素对象。

❑ [:**not** 选择器]

如果想要对大多数标签使用相同的格式，而只有极少数标签不使用该样式，则可以使用[:not 选择器]。

在 jQuery 1.3 中，已经支持复杂选择器了，如[:not(div a)]和[:not(div,a)]。查找所有未选中的 input 元素。

```
<input name="apple" />
<input name="flower" checked="checked" />
```

使用 $("input:not(:checked)") 得到 <input name="apple" />。

❑ 奇偶选择器

在复杂的选择器中，还包含有奇偶选择器，如[:even 偶选择器]和[:odd 奇选择器]。

```
<table>
    <tr><td>Header 1</td></tr>
    <tr><td>Value 1</td></tr>
```

```
    <tr><td>Value 2</td></tr>
</table>
```

奇偶选择器是从 0 开始计算的，如果需要选择上面表格的偶行，使用$("tr:even")选择的话，则分别选择"<tr><td>Header 1</td></tr>"与"<tr><td>Value 2</td></tr>"内容。而使用$("tr:odd")选择的话，只选择"<tr><td>Value 1</td></tr>"内容。

❑ [:eq 索引选择器]

索引选择器是在网页中，对指定的同类标签按照索引值默认排列，并在选择时只需要指定标签的索引值即可。

```
<table>
    <tr><td>Header 1</td></tr>
    <tr><td>Value 1</td></tr>
    <tr><td>Value 2</td></tr>
</table>
```

索引选择器其索引值是从 0 开始，若要选择第 2 个<tr>标签，则使用$("tr:eq(1)")获得。

❑ [:gt 比给定索引大]和[:lt 比给定索引小]选择器

给定索引大小是指用户给定的索引值，即在默认的索引排序中，比索引值大的内容或者比索引值小的内容。

```
<table>
    <tr><td>Header 1</td></tr>
    <tr><td>Value 1</td></tr>
    <tr><td>Value 2</td></tr>
</table>
```

例如，$("tr:gt(1)")选择将匹配"<tr><td>Value 2</td></tr>"内容，即选择比给定索引为 1 大的元素。因为，"<tr><td>Value 2</td></tr>"在默认的排序索引值为 2，所以比给定的索引 1 大。

而使用$("tr:lt(1)")选项符，则将匹配"<tr><td>Header 1</td></tr>"内容，因为第 1 个默认的索引值为 0，所以第 1 个<tr>标签内容要比给定索引 1 小。

❑ [:header 标题元素]选择器

通过该选择器，用户可以选取所有的标题元素，如<h1>、<h2>内容等。

```
<h1>Header 1</h1>
<p>Contents 1</p>
<h2>Header 2</h2>
<p>Contents 2</p>
```

如果要选择上述中的<h1>和<h2>标签元素，则使用 $(":header") 即可获得"<h1>Header 1</h1>"和"<h2>Header 2</h2>"标签元素，从而对它们进行操作。

❑ [:animated 正在执行动画元素]选择器

选择器是用来选择当前执行 jQuery 动画的元素的，严格来说是一个特征过滤器。例如，在空 HTML 文档里建一些<div>标签，其中一个 ID 为 mover 内容，然后编写以下的 jQuery 语句。

```
$("#mover").slideToggle("slow", animateIt);
$("div:animated").toggleClass("colored");
```

上面的代码执行后将先找到 ID 为 mover 的标签元素，并不断地进行展开和收缩的动画。然后，浏览器遍历页面里所有的<div>标签，如果 ID 为 mover 的<div>标签正在执行动画的话，jQuery 将为这个<div>加上 class="colored"内容。

8. 层级选择器

一般情况下，通过上面的选择器可以达到灵活的运用，并且已经能非常方便、快捷地找到绝大部分的标签元素。

但是，在选择器中还有一些特殊情况，可能通过上面的查找方式效率上有所欠缺，所以需要用户了解层级选择器的用法。

❑ 后代选择器

用后代选择器来创建一些规则，使这些规则在某些文档结构中起作用，而在另外一些结构中不起作用。例如，如果希望只对<div>标签元素中的<a>标签元素应用样式。

```
<div>
    <a href='#' >博客</a>
    <span>主页</span>
    <a href='#' >微信</a>
</div>
<a href='#' >信件</a>
```

这时，如果使用$("div a")选择器将会选择得到"<a href='#' >博客</a>"和"<a href='#' >微信</a>"内容。而使用$("a")选择器，则将所有<a>标签都选中。

通过这种方式，用户可能会明白在选择某类或者某个 ID 等标签元素之前，需要先选择它上级结构标签元素，即"先人"。然后，再去选择所谓"后代"标签元素。

❑ 父子选择器

该选择器使用"大于号"（>）来获取该结构下一级所有标签元素。在给定的父级标签元素下匹配所有的子标签元素，而不会选择子标签元素的下级子标签元素。

```
<div id ="parent">
    <div>小儿子</div>
    <div>大儿子
        <div>孙子</div>
        <div>孙女</div>
    </div>
</div>
```

如果使用$("#parent > div")选择器，则只会匹配到"<div>小儿子</div>"和"<div>大儿子</div>"标签内容，不会再选择到"<div>孙子</div>"和"<div>孙女</div>"内容。

❑ 前后选择器

该选择器使用"加号"（+）来连接前后两个选择器。选择器中的元素有同一个父亲，而且第二个必须紧紧地跟着第一个。

格式：$("prev + next")

其中，prev 为任何有效选择器，next 为一个有效选择器，并且紧跟在第一个选择器后面。

```
<form>
    <label>Name:</label>
    <input name="name"/>
    <fieldset>
        <label>Newsletter:</label>
        <input name="newsletter"/>
    </fieldset>
</form>
<input name="none"/>
```

使用 $("label+input") 选择器，即可得到"<input name="name" />"和"<input name="newsletter" />"等内容。

❑ [前 ~ 同辈]选择器

该选择器使用"波浪号"（~）来获取与该选择同一级别结构的标签元素。

格式：$("prev~siblings")

其中，prev 为任何有效选择器，siblings 同级结构的选择器，并且它作为 prev 选择器的同辈。

例如，找到所有与表单同辈的<input>标签元素。

```
<form>
    <label>Name:</label>
    <input name="name" />
    <fieldset>
        <label>Newsletter:</label>
        <input name="newsletter" />
    </fieldset>
</form>
<input name="none" />
```

据上述内容结构，通过使用$("form ~ input")选择器，可以获取到"<input name="none" />"标签元素。而"<input name="name" />"为<form>标签元素的下一级，故无法获取。

10.2.2　jQuery 事件

jQuery 增加并扩展了基本的事件处理机制，并且提供了更加优雅的事件处理语法，极大地增强了事件处理能力。

1. 载入事件

所谓页面载入完毕是指 DOM 元素载入就绪，能够被读取和操作了。在 JavaScript 脚本语言中，通过 Window.onload()注册事件可以实现载入就绪时立刻调用所绑定的函数。

但是，如果使用多个 Window.onload()，则只有最后一个绑定的函数能被执行，它将覆盖前面所有 Window.onload()绑定的函数。

而在 jQuery 中使用$(doucument).ready()事件，可以替代 Window.onload()事件。另外，如果使用多个$()，则它们都能被执行。但是，如果<body>标签的 onload 事件已经注册了某个函数，则$()事件注册的函数将不会被执行。

ready(fn)是 jQuery 事件模块中最重要的一个函数。在 ready(fn)方法中，fn 是要在 DOM 载入就绪时执行的参数 function，当 DOM 载入就绪时绑定一个要执行的函数。

```html
<html>
<head>
<script type="text/javascript" src="/jquery/jquery.js"></script>
<script type="text/javascript">
$(document).ready(function(){
  $(".btn1").click(function(){
  $("p").slideToggle();
  });
});
</script>
</head>
<body>
<p>This is a paragraph.</p>
<button class="btn1">Toggle</button>
</body>
</html>
```

2. 绑定与反绑定事件监听器

使用 jQuery 绑定事件，一般使用 bind()方法为被选元素添加一个或多个事件处理程序，并规定事件发生时运行的函数。

格式：$(selector).bind(event,data,function)

在 bind()方法中包含有 3 个参数，用户可以根据表 10-1 了解参数的含义。

表 10-1　bind()方法参数含义

参　　数	描　　述
event	必需。规定添加到元素的一个或多个事件，由空格分隔多个事件，必须是有效的事件
data	可选。规定传递到函数的额外数据
function	必需。规定当事件发生时运行的函数

通过上述方法，用户可以在网页中定义一个按钮，并控制<p>标签元素动画效果，其代码如下。

```
<html>
<head>
<script type="text/javascript" src="/jquery/jquery.js"></script>
<script type="text/javascript">
    $(document).ready(function(){
        $("button").bind("click",function(){
        $("p").slideToggle();
        });
    });
</script>
</head>
<body>
<p>This is a paragraph.</p>
<button>请点击这里</button>
</body>
</html>
```

反绑定事件即 unbind()方法，是移除与某元素的某事件绑定在一起的某函数。该方法能够移除所有的或被选的事件处理程序，或者当事件发生时终止指定函数的运行。ubind()方法适用于任何通过 jQuery 附加的事件处理程序。

格式：$(selector).unbind(event,function)

在该方法中包含了两个参数，其各参数的含义如表 10-2 所示。

表 10-2　unbind()方法的参数含义

参　　数	描　　述
event	可选。规定删除元素的一个或多个事件，由空格分隔多个事件值。如果只规定了该参数，则会删除绑定到指定事件的所有函数
function	可选。规定从元素的指定事件取消绑定的函数名

one()方法为被选元素附加一个或多个事件处理程序，并规定当事件发生时运行的函数。当使用 one()方法时，每个元素只能运行一次事件处理器函数。

格式：$(selector).one(event,data,function)

就是为某元素的某事件所绑定的某函数只能被执行一次，如下面代码中为<p>标签元素添加 click 事件，并执行后改变字体的大小。

```
<html>
<head>
<script type="text/javascript" src="/jquery/jquery.js"></script>
<script type="text/javascript">
$(document).ready(function(){
  $("p").one("click",function(){
    $(this).animate({fontSize:"+=6px"});
  });
});
</script>
</head>
```

```
<body>
<p>这是一个段落。</p>
<p>这是另一个段落。</p>
<p>请单击 p 元素增加其内容的文本大小。每个 p 元素只会触发一次改事件。</p>
</body>
</html>
```

3. 触发事件

在上述绑定的一些方法中，需要用户执行一定的操作才会被执行，如 click 事件绑定的函数需要用户单击相应的元素才会被执行。

但是，事件触发器可以用代码模拟用户的操作动作进而执行事件所绑定的函数，而不需要用户进行某些操作。

格式：$(selector).trigger(event,[param1,param2,…])

在 trigger()方法中，event 参数规定指定元素要触发的事件。可以是自定义事件（使用 bind()函数来附加）或者任何标准事件。而[param1,param2,…]参数为传递到事件处理程序的额外参数。额外的参数对自定义事件特别有用。

在下面代码中，单击按钮后则执行 "$("input").trigger("select");" 语句，在文本框中内容为被选中状态。

```
<html>
<head>
<script type="text/javascript" src="/jquery/jquery.js"></script>
<script type="text/javascript">
$(document).ready(function(){
    $("input").select(function(){
    $("input").after("文本被选中！");
    });
    $("button").click(function(){
        $("input").trigger("select");
    });
});
</script>
</head>
<body>
<input type="text" name="FirstName" value="Hello World" />
<br />
<button>激活 input 域的 select 事件</button>
</body>
</html>
```

4. 事件的交互处理

hover()方法的作用可以实现 CSS 的 hover 效果，而且可以兼容各种浏览器。如 IE 8 不支持除了 a:hover 之外的其他选择符，如 li:hover，input:hover 等，而使用 hover()方法就可以简单地实现。

格式：$(selector).hover(over,out);

该方法接收两个函数，over 表示当鼠标悬停在匹配元素之上时触发的事件函数，out 表示当鼠标从匹配元素离开时触发的事件函数。

例如，在文档中，可以定义\<li\>标签元素的 hover()事件，详细代码如下。

```html
<html>
<head>
<meta http-equiv="Content-Type" content="text/html; charset=utf-8" />
<script type="text/javascript" src="jquery-2.0.3.js"></script>
<script type="text/javascript">
$(document).ready(function(){
 $("li").hover(function(){
        $(this).addClass("hover");
        },function(){
          $(this).removeClass("hover");
         });
});
</script>
<style type="text/css">
ul {
    list-style: none;
}
ul li {
    color: red;
    background: #fff;
}
ul li.hover {
    color: blue;
    background: #000;
}
</style>
</head>
<body>
<ul>
  <li>首页</li>
  <li>CSS</li>
  <li>JS</li>
</ul>
</body>
</html>
```

当鼠标移到"首页"上时，首页的颜色变为蓝色（blue）、背景颜色变为黑色（#000）；当鼠标从"首页"上移开时，字体颜色变为红色（red）、背景颜色变为白色（#fff）。其他的也是一样的效果。

在上述代码中，包含了 jQuery 中的 hover()、addClass() 和 removeClass() 三个方法。

❏ **hover()方法**

当鼠标移动到一个匹配的元素上面时，会触发指定的第一个函数。当鼠标移出这个元素时，会触发指定的第二个函数。而且，会伴随着对鼠标是否仍然处在特定元素中的检测（如处在 div 中的图像）。如果是，则会继续保持"悬停"状态，而不触发移出事件。

❏ **addClass()方法**

为每个匹配的元素添加指定的类名。

❏ **removeClass()方法**

从所有匹配的元素中删除全部或者指定的类。

toggle()方法用于绑定两个或多个事件处理器函数，以响应被选元素的轮流的 click 事件。该方法也可用于切换被选元素的 hide() 与 show() 方法。

格式：$(selector).toggle(function1(),function2(),…)

当指定元素被单击时，在两个或多个函数之间轮流切换。如果定义了两个以上的函数，则 toggle()方法将切换所有函数。例如，如果存在三个函数，则第一次单击将调用第一个函数，第二次单击调用第二个函数，第三次单击调用第三个函数。第四次单击再次调用第一个函数，以此类推。

用户可以通过下列代码来了解方法的使用，代码如下所示。

```html
<html>
<head>
<script type="text/javascript" src="/jquery/jquery.js"></script>
<script type="text/javascript">
$(document).ready(function(){
    $(".btn1").click(function(){
    $("p").toggle();
    });
});
</script>
</head>
<body>
<p>This is a paragraph.</p>
<button class="btn1">Toggle</button>
</body>
</html>
```

5. jQuery 的内置事件类型

在 jQuery 中，除了上述介绍的一些方法外，还包含了一些内置的事件类型，如表 10-3 所示。

表 10-3 内置事件

	方　　法	含　　义
浏览器相关事件	error(fn)	匹配元素发生错误时触发某函数，error 事件没有标准，如当图像 src 无效时，会触发图像的 error 事件

	方 法	含 义
浏览器相关事件	load(fn)	匹配元素加载完后触发某函数，如 Window 是在所有 DOM 对象加载完才触发，其他单个元素是在单个元素加载完后触发
	unload(fn)	当用户离开页面时，会发生 unload 事件
	resize(fn)	匹配元素改变大小时触发某函数
	scroll(fn)	滚动条发生变化时触发
表单相关事件	change(fn)	在匹配元素失去焦点时触发，也会在元素获得焦点后触发
	select(fn)	当用户在文本框中选中某段文字时触发
	submit(fn)	提交表单时触发
键盘操作相关事件顺序是 keydown->keyup->keypress	keydown(fn)	键盘按下时触发
	keypress(fn)	键盘按下又弹起时触发
	keyup(fn)	键盘弹起时触发
鼠标操作相关事件顺序是 mousedown->mouseup->click	click(fn)	当鼠标指针停留在元素上方，然后按下并松开鼠标左键时，就会发生一次 click
	mousedown(fn)	当鼠标指针移动到元素上方，并按下鼠标按键时，会发生 mousedown 事件。与 click 事件不同，mousedown 事件仅需要按键被按下，而不需要松开即可发生
	mouseup(fn)	当在元素上放松鼠标按键时，会发生 mouseup 事件。与 click 事件不同，mouseup 事件仅需要放松按键。当鼠标指针位于元素上方时，放松鼠标按键就会触发该事件
	dblclick(fn)	当双击元素时，会发生 dblclick 事件
	mouseover(fn)	当鼠标指针位于元素上方时，会发生 mouseover 事件。该事件大多数时候会与 mouseout 事件一起使用
	mouseout(fn)	当鼠标指针从元素上移开时，发生 mouseout 事件
	mousemove(fn)	当鼠标指针在指定的元素中移动时，就会发生 mousemove 事件
界面显示相关事件	blur(fn)	当元素失去焦点时发生 blur 事件。blur() 函数触发 blur 事件，或者如果设置了 function 参数，该函数也可规定当发生 blur 事件时执行的代码
	focus(fn)	当元素获得焦点时，发生 focus 事件。当通过鼠标单击选中元素或通过 Tab 键定位到元素时，该元素就会获得焦点

10.3　jQuery UI 交互

　　jQuery UI 是一套 JavaScript 函数库，提供抽象化、可自定义主题的 GUI 控件与动画效果。基于 jQuery JavaScript 函数库，可用来建构交互式的互联网应用程序。

10.3.1　jQuery UI 交互组件

在 jQuery UI 交互组件中，用户可以对页面中的内容进行拖曳、调整大小、选择和排序等操作。

1. droppable

droppable（拖曳组件）组件可以填充被选择的元素（通过拖动进行填充），并且用户可以指定哪些 droppable 可以被允许填充。

格式：$("#draggable").draggable();

例如，通过下述代码来了解 droppable 组件的应用方法。

```
$(function() {
        $("#draggable").draggable();
        $("#droppable").droppable({
            //修改样式
            //drop: function(event, ui) {
//$(this).addClass('ui-state-highlight').find('p').html('Dropped!');
            // }
            //弹出提示
            drop: function() { alert('已经放置'); }});

});
```

在应用 droppable 组件时，用户可以通过该组件来设置其方法的参数信息。

❑ **accept**

接受所有符合选择器条件的 draggable 对象。如果指定了一个函数，该函数要求为页面上每个 draggable 对象（符合函数第一个条件的对象）提供一个过滤器。如果要这些元素被 dropable 接受，该函数需要返回 true。

使用指定的 accept 参数初始化一个 droppable。

```
$('.selector').droppable({ accept: '.special' });
```

在初始化后设置或者获取 accept 参数。

```
//获取  var accept = $('.selector').droppable('option', 'accept');
//设置  $('.selector').droppable('option', 'accept', '.special');
```

❑ **activeClass**

如果指定了该参数，在被允许的 draggable 对象填充时，droppable 会被添加上指定的样式。

使用指定的 activeClass 参数初始化一个 droppable。

```
$('.selector').droppable({ activeClass: '.ui-state-highlight' });
```

在初始化后设置或者获取 activeClass 参数。

```
//获取 var activeClass=$('.selector').droppable('option', 'activeClass');
//设置 $('.selector').droppable('option','activeClass', '.ui-state-highlight');
```

❏ **addClasses**

如果设置为 false，可以防止 ui-droppable 类添加到可拖放的对象，以获取一定的性能优化。droppable()时使性能得到理想的优化。

使用指定的 addClasses 参数初始化一个 droppable。

```
$('.selector').droppable({ addClasses: false });
```

在初始化后设置或者获取 addClasses 参数。

```
//获取 var addClasses = $('.selector').droppable('option', 'addClasses');
//设置 $('.selector').droppable('option', 'addClasses', false);
```

❏ **greedy**

如果设置为 true，将在嵌套的 droppable 对象中组织事件的传播。

使用指定的 greedy 参数初始化一个 droppable。

```
$('.selector').droppable({ greedy: true });
```

在初始化后设置或者获取 greedy 参数。

```
//获取 var greedy = $('.selector').droppable('option', 'greedy');
//设置 $('.selector').droppable('option', 'greedy', true);
```

❏ **hoverClass**

如果设置了该参数，将在一个被允许的 draggable 对象悬停在 droppable 对象上时向 droppable 对象添加一个指定的样式。

使用指定的 hoverClass 参数初始化一个 droppable。

```
$('.selector').droppable({ hoverClass: 'drophover' });
```

在初始化后设置或者获取 hoverClass 参数。

```
//获取 var hoverClass = $('.selector').droppable('option', 'hoverClass');
//设置 $('.selector').droppable('option', 'hoverClass', 'drophover');
```

❏ **scope**

用来设置 draggle 对象和 droppable 对象的组，除了 droppable 中的 accept 属性指定的元素外和 droppable 对象相同组的 draggable 对象也被允许添加到 droppable 对象中。

使用指定的 scope 参数初始化一个 droppable。

```
$('.selector').droppable({ scope: 'tasks' });
```

在初始化后设置或者获取 scope 参数。

```
//获取 var scope = $('.selector').droppable('option', 'scope');
//设置 $('.selector').droppable('option', 'scope', 'tasks');
```

❑ **tolerance**

指定使用哪种模式来测试一个 draggable 经过一个 droppable 对象。允许使用的值为'fit'、'intersect'、'pointer'和'touch'。fit 代表 draggable 完全重叠到 droppable；intersect 代表 draggable 和 droppable 至少重叠 50%；pointer 代表鼠标重叠到 droppable；touch 代表 draggable 和 droppable 的任意重叠。

使用指定的 tolerance 参数初始化一个 droppable。

```
$('.selector').droppable({ tolerance: 'fit' });
```

在初始化后设置或者获取 tolerance 参数。

```
//获取  var tolerance = $('.selector').droppable('option', 'tolerance');
//设置 $('.selector').droppable('option', 'tolerance', 'fit');
```

在该组件中，还包含一些事件，有助于用户对拖曳的理解。

❑ **activate**

这个事件会在任何允许的 draggable 对象开始拖动时触发。它可以用在你想让 droppable 对象在可以被填充时"亮起来"的情况。

提供一个回调函数对 activate 事件进行操作。

```
$('.selector').droppable({
    activate: function(event, ui) { … } });
```

使用 dropactivate 类型来绑定 activate 事件。

```
$('.selector').bind('dropactivate', function(event, ui) {    …   });
```

❑ **deactivate**

此事件会在任何允许的 draggable 对象停止拖动时触发。

提供一个回调函数对 deactivate 事件进行操作。

```
$('.selector').droppable({
    deactivate: function(event, ui) {
 … }  });
```

使用 dropdeactivate 类型来绑定 deactivate 事件。

```
$('.selector').bind('dropdeactivate', function(event, ui) {    …   });
```

❑ **over**

此事件会在一个允许的 draggable 对象"经过"（根据 tolerance 参数的定义判断）这个 droppable 对象时触发。

提供一个回调函数对 over 事件进行操作。

```
$('.selector').droppable({
    over: function(event, ui) { … }  });
```

使用 dropover 类型来绑定 over 事件。

```
$('.selector').bind('dropover', function(event, ui) {    …   });
```

❑ **out**

此事件会在一个允许的 draggable 对象离开（根据 tolerance 参数的定义判断）这个
droppable 对象时触发。

提供一个回调函数对 out 事件进行操作。

```
$('.selector').droppable({
    out: function(event, ui) { … }  });
```

使用 dropout 类型来绑定 out 事件。

```
$('.selector').bind('dropout', function(event, ui) {   … });
```

❑ **drop**

这个事件会在一个允许的 draggable 对象填充进这个 droppable 对象时触发。在回调
函数中，$(this)表示被填充的 droppable 对象，ui.draggable 表示 draggable 对象。

提供一个回调函数对 drop 事件进行操作。

```
$('.selector').droppable({
    drop: function(event, ui) { … }  });
```

使用 drop 类型来绑定 drop 事件。

```
$('.selector').bind('drop', function(event, ui) {
    … });
```

2. resizable

resizable（可调整大小组件）可以让选中的元素具有改变尺寸的功能。所有的事件
回调函数都有 event 和 ui 两个参数，分别是浏览器自有的 event 对象和经过封装的 ui 对
象。下面通过示例来了解一下该组件的应用。

```
<html>
<head>
<head>
<script src="jquery-1.9.1.js" type="text/javascript"></script>
<script     src="jquery-ui-1.10.3.custom.js"     type="text/javascript">
</script>
<link href="jquery-ui-1.10.3.custom.css" rel="stylesheet">
</head>
<meta http-equiv="Content-Type" content="text/html; charset=utf-8" />
<title>example analyse</title>
<style>
#resizable {
    width: 150px;
    height: 150px;
    padding: 0.5em;
}
#resizable h3 {
    text-align: center;
```

```
      margin: 0;
}
</style>
<script>
$(function() {   $( "#resizable" ).resizable();  });
</script>
</head><body>
<div id="resizable" class="ui-widget-content">
  <h3 class="ui-widget-header">Resizable</h3>
</div>
</body>
</html>
```

在该组件中，包含的参数含义如表 10-4 所示。

表 10–4　resizable 组件参数含义

参　　数	含　　义
alsoResize	当调整元素大小时，同步改变另一个（或一组）元素的大小
animate	在调整元素大小结束之后是否显示动画
animateDuration	动画效果的持续时间（单位：毫秒），可选值'slow', 'normal'和'fast'
animateEasing	选择何种动画效果
aspectRatio	如果设置为 true，则元素的可调整尺寸受原来大小的限制，如 9 / 16 或者 0.5
autoHide	如果设置为 true，则元素的可调整尺寸将受到原始尺寸的限制
cancel	阻止 resizable 插件加载在与你匹配的元素上
containment	控制元素只能在某一个元素的大小之内改变
delay	以毫秒为单位，当发生鼠标单击手柄改变大小，延迟多少毫秒后才激活事件
distance	以像素为单位，当发生鼠标单击手柄改变大小，延迟多少像素后才激活事件
ghost	如果设置为 true，则在调整元素大小时，有一个半透明的辅助对象显示
grid	设置元素调整的大小随网格变化，允许的数据为{x,y}
handles	设置 resizable 插件允许生成在元素的哪个边上
helper	一个 CSS 类，当调整元素大小时，将被添加到辅助元素中，一旦调整结束则恢复正常
maxHeight	设置允许元素调整的最大高度
maxWidth	设置允许元素调整的最大宽度
minHeight	设置允许元素调整的最小高度
minWidth	设置允许元素调整的最小宽度

另外，在该组件中，还包含了对组件执行的 3 个事件，如表 10-5 所示。

表 10–5　resizable 组件事件

事件	含　　义	示　　例
start	在元素调整动作开始时触发	初始: $('.selector').resizable({ start: function(event, ui) { … } });
		绑定: $('.selector').bind('resizestart', function(event, ui) { … });
resize	在元素调整动作过程中触发	初始: $('.selector').resizable({ resize: function(event, ui) { … } });
		绑定: $('.selector').bind('resize', function(event, ui) { … });
stop	在元素调整动作结束时触发	初始: $('.selector').resizable({ stop: function(event, ui) { … } });
		绑定: $('.selector').bind('resizestop', function(event, ui) { … });

3. selectable

selectable（选择组件）允许用户对指定的元素进行选中的动作。此外还支持按住 **Ctrl** 键单击或拖曳选择多个元素。

```html
<!doctype html>
<html>
<head>
<head>
<script src="jquery-1.9.1.js" type="text/javascript"></script>
<script     src="jquery-ui-1.10.3.custom.js"     type="text/javascript">
</script>
<link href="jquery-ui-1.10.3.custom.css" rel="stylesheet">
</head>
<meta http-equiv="Content-Type" content="text/html; charset=utf-8" />
<title>example analyse</title>
<style>
#feedback {
    font-size: 1.4em;
}
#selectable .ui-selecting {
    background: #FECA40;
}
#selectable .ui-selected {
    background: #F39814;
    color: white;
}
#selectable {
    list-style-type: none;
    margin: 0;
    padding: 0;
    width: 60%;
}
#selectable li {
    margin: 3px;
    padding: 0.4em;
    font-size: 1.4em;
    height: 18px;
}
</style>
<script>
$(function() {    $( "#selectable" ).selectable();  });
</script>
</head><body>
<ol id="selectable">
```

```
    <li class="ui-widget-content">Item 1</li>
    <li class="ui-widget-content">Item 2</li>
    <li class="ui-widget-content">Item 3</li>
    <li class="ui-widget-content">Item 4</li>
    <li class="ui-widget-content">Item 5</li>
    <li class="ui-widget-content">Item 6</li>
    <li class="ui-widget-content">Item 7</li>
</ol>
</body>
</html>
```

在该组件中，用户通过表 10-6 中参数的了解，深入学习 selectable 组件的应用。

表 10-6　selectable 组件参数

参　　数	含　　义
autoRefresh	决定是否在每次选择动作时，都重新计算每个选中元素的坐标和大小。如果你有很多个选择项的话，建议设置成 false 并通过手动方法刷新
cancel	防止在与选择器相匹配的元素上发生选择动作
delay	以毫秒为单位，设置延迟多久才激活选择动作。此参数可防止误单击
distance	决定至少要在元素上面拖动多少像素后，才正式触发选中的动作
filter	设置哪些子元素才可以被选中
tolerance	可选值为'touch'和'fit'，分别代表完全和部署覆盖元素即触发选中动作

另外，该组还可以设置的一些事件，如表 10-7 所示。

表 10-7　selectable 组件事件

事　　件	含　　义
selected	当选中某一个元素后触发此事件
selecting	当选中某一个元素时触发此事件
start	当开始准备要选中一个元素时触发此事件
stop	当已经结束选中一个元素时触发此事件
unselected	当取消选中某一个元素后触发此事件
unselecting	当取消选中某一个元素后触发此事件

4．sortable

sortable（排序组件）使选中的元素伴随鼠标拖动实现排序。所有的回调函数接受两个参数，浏览器事件和 ui 对象。

```
<!doctype html>
<html>
<head>
<head>
<script src="jquery-1.9.1.js" type="text/javascript"></script>
<script     src="jquery-ui-1.10.3.custom.js"     type="text/javascript">
</script>
<link href="jquery-ui-1.10.3.custom.css" rel="stylesheet">
</head>
```

```
<meta http-equiv="Content-Type" content="text/html; charset=utf-8" />
<title>example analyse</title>
<style>
#sortable {
    list-style-type: none;
    margin: 0;
    padding: 0;
    width: 60%;
}
#sortable li {
    margin: 0 5px 5px 5px;
    padding: 5px;
    font-size: 1.2em;
    height: 1.5em;
}
html>body #sortable li {
    height: 1.5em;
    line-height: 1.2em;
}
.ui-state-highlight {
    height: 1.5em;
    line-height: 1.2em;
}
</style>
<script>
$(document).ready(function(){
    $("#sortable").sortable({
      placeholder: 'ui-state-highlight'
    });
    $("#sortable").disableSelection();
  });
</script>
</head><body style="font-size:62.5%;">
<ul id="sortable">
  <li class="ui-state-default">Item 1</li>
  <li class="ui-state-default">Item 2</li>
  <li class="ui-state-default">Item 3</li>
  <li class="ui-state-default">Item 4</li>
  <li class="ui-state-default">Item 5</li>
  <li class="ui-state-default">Item 6</li>
  <li class="ui-state-default">Item 7</li>
</ul>
</body>
</html>
```

该组件中，经常使用的参数含义如表 10-8 所示。

表 10-8　sortable 组件参数

参　　数	含　　义
appendTo	定义可移动的辅助元素在拖动时可以被添加到何处
axis	如果定义了该参数，元素可以在水平或垂直方向或者两者上实现拖动
cancel	对符合选择器匹配规则的元素不进行排序
connectWith	使用 jQuery 选择器使对象也同时具有接收当前 sortables 项的能力
containment	限制拖动范围在指定的 DOM 元素内，'parent'、'document'、'window'或者一个 jQuery 选择器所指定的范围
cursor	定义排序拖动时的鼠标指针样式
cursorAt	拖动排序对象时鼠标指针始终在同一个指定位置
delay	在排序拖动开始多少毫秒后元素才开始移动
distance	设置当排序拖动开始多少个像素之后元素才开始移动
dropOnEmpty	如果为空，允许从一个连接的 selectable 中的元素进行填充

在该组件中，其中包含的事件如表 10-9 所示。

表 10-9　sortable 组件事件

事　　件	含　　义
start	这个事件在排序开始时触发
sort	这个事件在排序时触发
change	这个事件在排序时触发，但是仅仅在对象在 DOM 中的位置改变时才会触发
beforeStop	这个事件在排序停止时触发，但仅仅在 placeholder/helper 依然存在时触发
stop	这个事件在排序停止时触发
update	这个事件在用户停止排序并且 DOM 节点位置发生改变时触发
receive	这个事件在一个已连接的 sortable 接收到来自另一个列表的元素时触发
remove	这个事件在 sortable 中的元素移除自身列表添加到另一个列表时触发
over	这个事件在一个元素添加到连接列表中时触发
out	这个事件在一个元素移除连接列表时触发
activate	这个事件发生在使用连接列表，每个连接列表在拖动开始准备接受它时触发
deactivate	这个事件发生在排序结束后，传播到所有可能的连接列表

10.3.2　jQuery UI 网页组件

网页设计中，除了一些用于交互外，还需要对页面中一些元素进行设计，如文本框、模块、弹出对话框等。

1. accordion

在使用 accordion（折叠面板）面板容器时，需要按照一个元素成组地满足拥有配对的头部和内容面板的格式要求。默认的头部是锚点，假设结构如下：

```
<div id="accordion">
    <h3><a href="#">Section 1</a></h3>
    <div>
        <p>
        Mauris mauris ante, blandit et.
```

```
        </p>
    </div>
    <h3><a href="#">Section 2</a></h3>
    <div>
        <p>
        Sed non urna. Donec et ante.
        </p>
    </div>
</div>
```

如果使用了其他的元素作为头部，应使用适当的选择作为标题。例如，"头部:'h3'"内容元素必须紧接着它的头部元素。

在<script>标签元素中，用户可以通过 accordion 组件直接生成面板样式内容。

```
$(document).ready(function(){
    $("#accordion").accordion();
});
```

通过上述代码，用户可以浏览并查看效果，如图 10-8 所示。

2. dialog

一个 dialog（弹出对话框）是一个浮动的包含标题栏和内容区域的窗口。默认的 dialog 窗口可以被拖动，改变大小和关闭等操作。

如果加入内容的长度超出了最大的高度，将会自动添加一个滚动条。一个底部的按钮栏和一个半透明的覆盖层是最常用的添加方式。

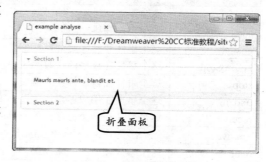

图 10-8　折叠面板效果

```
<!doctype html>
<html>
<head>
<head>
<script src="jquery-1.9.1.js" type="text/javascript"></script>
<script src="jquery-ui-1.10.3.custom.js" type="text/javascript">
</script>
    <link href="jquery-ui-1.10.3.custom.css" rel="stylesheet">
</head>
<meta http-equiv="Content-Type" content="text/html; charset=utf-8" />
<title>example analyse</title>
<script>
    $(document).ready(function(){
        $("#dialog").dialog();
    });
```

```
    </script>
    </head>
    <body style="font-size:62.5%;">
    <div id="dialog" title="Dialog Title">I'm in a dialog</div>
    </body>
    </html>
```

通过执行上述代码，用户可以看到在窗口中显示一个对话框，如图 10-9 所示。

3. slider

slider（滑动条）组件使所选择的元素成为一个滑杆（slider）。可以有多种选项，例如多个操作柄和操作范围，手柄可以被鼠标拖动或者随着方向键移动。

图 10-9　显示对话框

```
    <!doctype html>
    <html>
    <head>
    <head>
    <script src="jquery-1.9.1.js" type="text/javascript"></script>
    <script src="jquery-ui-1.10.3.custom.js" type="text/javascript">
</script>
    <link href="jquery-ui-1.10.3.custom.css" rel="stylesheet">
    <meta http-equiv="Content-Type" content="text/html; charset=utf-8" />
    <title>example analyse</title>
    <style type="text/css">
       #slider { margin: 10px; }
     </style>
     <script type="text/javascript">
     $(document).ready(function(){
       $("#slider").slider();
     });
     </script>
    </head>
    <body style="font-size:62.5%;">
    <div id="slider"></div>
    </body>
    </html>
```

通过上述内容代码运行后，即可看到一个可以滑动的条，并且用户可以通过拖动滑块来调整位置，如图 10-10 所示。

4．tabs

tabs（标签）通常被用来将内容分成不同的场景片段来交换显示，类似于 accordion。通常 tab 不一定只能通过单击一个 tab 标头来实现交换，这个事件也可以是 onHover。Tab 的内容，可以使用 Ajax 来获取其链接的内容。

图 10-10 显示滑动条

```
<!doctype html>
<html>
<head>
<head>
<script src="jquery-1.9.1.js" type="text/javascript"></script>
<script    src="jquery-ui-1.10.3.custom.js"    type="text/javascript">
</script>
<link href="jquery-ui-1.10.3.custom.css" rel="stylesheet">
<meta http-equiv="Content-Type" content="text/html; charset=utf-8" />
<title>example analyse</title>
  <script type="text/javascript">
$(document).ready(function(){
   $("#tabs").tabs();
  });
  </script>
</head>
<body style="font-size:62.5%;">
<div id="tabs">
   <ul>
      <li><a href="#fragment-1"><span>One</span></a></li>
      <li><a href="#fragment-2"><span>Two</span></a></li>
      <li><a href="#fragment-3"><span>Three</span></a></li>
   </ul>
   <div id="fragment-1">
      <p>First tab is active by default:</p>
   </div>
   <div id="fragment-2">
      Lorem ipsum dolor sit amet.
   </div>
   <div id="fragment-3">
      Lorem ipsum dolor sit amet2.
   </div>
</div>
</body>
</html>
```

通过上述内容，可以显示一个多选项卡效果的对话框，用户可以通过选择不同的选项标签来显示不同选项卡中的内容，如图 10-11 所示。

5. datepicker

datepicker（日期选择控件）是一个高效的为页面添加日期的插件。用户可以自定义日期格式和语言，可以限制可选择的日期范围，可以轻易地将事件添加到按钮或者其他的选项中。

图 10-11　显示选择卡

默认情况下，datepicker calendar 在 onFocus 上打开并且自动在选择日期触发 onBlur 后关闭。如果要添加一个内置的 calendar，只需要在 div 或者 span 上调用 datepicker 即可。

用户可以使用键盘或者快捷键操作 datepicker：

❏ **Page Up/Down**　上个月/下个月。

❏ **Ctrl+Page Up/Down**　去年/明年。

❏ **Ctrl+Home**　当前月或者在关闭时打开。

❏ **Ctrl+Left/Right**　昨天/明天。

❏ **Ctrl+Up/Down**　上周/下周。

❏ **Enter**　选择当前日期。

❏ **Ctrl+End**　关闭和删除日期。

❏ **Esc**　关闭 datepicker 不进行任何选择。

用户可以在文档中添加以下代码，来查看日期选择控制应用效果。

```
<!doctype html>
<html>
<head>
<head>
<script src="jquery-1.9.1.js" type="text/javascript"></script>
<script    src="jquery-ui-1.10.3.custom.js"    type="text/javascript">
</script>
<link href="jquery-ui-1.10.3.custom.css" rel="stylesheet">
</head>
<meta http-equiv="Content-Type" content="text/html; charset=utf-8" />
<title>example analyse</title>
<script>
 $(document).ready(function(){
   $("#datepicker").datepicker();
  });
</script>
</head>
<body style="font-size:62.5%;">
<div type="text" id="datepicker"></div>
```

```
</body>
</html>
```

通过执行上述代码，用户可以在浏览器中查看日期选择控制的效果，如图 10-12 所示。

图 10-12　日期选择控制

6. progressbar

progressbar（动态进度条）的目的是用来随着时间的推移简单地显示当前更新完成的一个过程，并且可以用动画的形式显示出来。默认的它可以通过灵活的 CSS 编码适应它的父容器来判断刻度。

```
<!doctype html>
<html>
<head>
<head>
<script src="jquery-1.9.1.js" type="text/javascript"></script>
<script     src="jquery-ui-1.10.3.custom.js"     type="text/javascript">
</script>
<link href="jquery-ui-1.10.3.custom.css" rel="stylesheet">
<meta http-equiv="Content-Type" content="text/html; charset=utf-8" />
<title>example analyse</title>
<script>
 $(document).ready(function(){
   $("#progressbar").progressbar({ value: 37 });
 });
</script>
</head>
<body style="font-size:62.5%;">
<div id="progressbar"></div>
</body>
</html>
```

通过执行上述代码，用户可以在窗口中看到动态进度条样式，如图 10-13 所示。

这是一个被限定的进度条，这意味着它必须工作在系统能够精确地更新当前完成度的环境下。这个精确定义的进度条绝不可以从左至右地填充，假如百分比完成的情况无法被计算的话，这个进度条将出现循环回空的状态，一个模糊定义的进度条（即将发布）或者一个指针动画是为用户提供反馈的绝佳途径。

图 10-13　动态进度条

jQuery UI 特有的动画效果库，允许元素在改变样式、外观或状态时，使用动画效果。

10.4.1 jQuery UI 效果

在 jQuery UI 效果库中，用户可以用于显示效果、隐藏效果、关闭效果等操作。另外，用户还可以实现放大镜效果。

1. Show/Hide（显示/隐藏效果）

jQuery UI 库中的 Effects 模块包含可以操作页面元素的功能，类似于将 PowerPoint 中的所有效果浏览一遍。用户可以通过 jQuery 库的内置 hide() 和 show() 函数，来控制隐藏/显示效果。

```html
<!doctype html>
<html>
<head>
<head>
<script src="jquery-1.9.1.js" type="text/javascript"></script>
<script    src="jquery-ui-1.10.3.custom.js"    type="text/javascript">
</script>
<link href="jquery-ui-1.10.3.custom.css" rel="stylesheet">
<meta http-equiv="Content-Type" content="text/html; charset=utf-8" />
<title>example analyse</title>
<style type="text/css">
div {
    display: none;
    width: 100px;
    height: 100px;
    background: #ccc;
    border: 1px solid #000;
}
</style>
</head>
<body style="font-size:62.5%;">
<button>show the div</button>
<div></div>
<script>$( "button" ).click(function() {
    $( "div" ).show( "fold", 1000 );
    });
</script>
</body>
</html>
```

用户在浏览器中，可以单击 show the div 按钮，即可在按钮下方绘制一个矩形图形。

2. Toggle（关闭效果）

toggle()方法切换元素的可见状态。如果被选元素可见，则隐藏这些元素，如果被选元素隐藏，则显示这些元素。

```
<!doctype html>
<html>
<head>
<head>
<script src="jquery-1.9.1.js" type="text/javascript"></script>
<script    src="jquery-ui-1.10.3.custom.js"    type="text/javascript">
</script>
<link href="jquery-ui-1.10.3.custom.css" rel="stylesheet">
<meta http-equiv="Content-Type" content="text/html; charset=utf-8" />
<title>example analyse</title>
<style type="text/css">
div {
    display: none;
    width: 100px;
    height: 100px;
    background: #ccc;
    border: 1px solid #000;
}
</style>
<script>
$(document).ready(function(){
  $(".btn1").click(function(){
  $("p").toggle();
  });
});
</script>
</head>
<body style="font-size:62.5%;">
<p>This is a paragraph.</p>
<button class="btn1">Toggle</button>
</body>
</html>
```

通过浏览器可以看到显示一行内容和一个按钮，当单击 Toggle 按钮时即可隐藏
<p></p>标签内容。再次单击 Toggle 按钮即可显示<p></p>标签内容。

10.4.2　色彩动画

如果用户只是需要颜色变换功能，也不必去花费时间装载一个和 jQuery 本身几乎一

样大的插件。用户可以通过提供的 jQuery Color Animate（色彩动画）插件，通过简单的
几行代码即可完成。

```
<!doctype html>
<html>
<head>
<head>
<script src="jquery-1.9.1.js" type="text/javascript"></script>
<script src="jquery-ui-1.10.3.custom.js" type="text/javascript">
</script>
<link href="jquery-ui-1.10.3.custom.css" rel="stylesheet">
<meta http-equiv="Content-Type" content="text/html; charset=utf-8" />
<title>example analyse</title>
<style type="text/css">
.toggler {
    width: 500px;
    height: 200px;
    position: relative;
}
#button {
    padding: .5em 1em;
    text-decoration: none;
}
#effect {
    width: 240px;
    height: 135px;
    padding: 0.4em;
    position: relative;
    background: #fff;
}
#effect h3 {
    margin: 0;
    padding: 0.4em;
    text-align: center;
}
</style>
<script>
$(function() {
    var state = true;
    $( "#button" ).click(function() {
        if ( state ) {
            $( "#effect" ).animate({
            backgroundColor: "#aa0000",color: "#fff",width: 500}, 1000 );
        } else {
            $( "#effect" ).animate({
                backgroundColor: "#fff", color: "#000", width: 240
```

```
                          }, 1000 );
                     }
               state = !state;
          });
     });
     </script>
     </head>
     <body style="font-size:62.5%;">
     <div id="effect" class="ui-widget-content ui-corner-all">
       <h3 class="ui-widget-header ui-corner-all">Animate</h3>
       <p> Etiam libero neque, luctus a, eleifend nec, semper at, lorem. Sed
     pede. Nulla lorem metus, adipiscing ut, luctus sed, hendrerit vitae, mi. </p>
       </div>
       </div>
       <a href="#" id="button" class="ui-state-default ui-corner-all">Toggle
     Effect</a>
       </body>
       </html>
```

通过上述代码的运行，并在浏览器中看到一个对话框和一个按钮。当单击按钮时，即可改变对话框的大小，并由"白色"的背景更改为"红色"的背景，由"黑色"的文字更改为"白色"的文字。

10.5 课堂练习：制作图片展示

在图片展示效果中，用户可以并排显示 4 张图片，并且当鼠标放置在某张图片上时，即可展开图片并显示图片的全景效果，如图 10-14 所示。

图 10-14　展示图片效果

操作步骤：

1　在【欢迎屏幕】界面中，单击 HTML 选项，并创建一个 HTML 5 文档，如图 10-15 所示。

图 10-15　新建 HTML 文档

2　在文档的【代码】视图中，用户可以添加 jQuery UI 所需要的 JS 库和 CSS 库文档，代码如下。

```
<head>
<meta charset="utf-8">
<script    src="jquery-1.9.1.js"
type="text/javascript"></script>
    <script
src="jquery-ui-1.10.3.custom.js"
type="text/javascript"></script>
    <link
href="jquery-ui-1.10.3.custom.css"
rel="stylesheet">
    <title>无标题文档</title>
    </head>
```

3　在<title></title>标签中，或者在【标题】文本框中，用户可以修改网页的名称，如图 10-16 所示。

```
代码  拆分  设计  实时视图        标题: 图片展示
1  <!doctype html>
2  <html>
3  <head>
4  <meta charset="utf-8">
5  <script src="jquery-1.9.1.js" type=
   "text/javascript"></script>
6  <script src="jquery-ui-1.10.3.custom.js" type=
   "text/javascript"></script>
7  <link href="jquery-ui-1.10.3.custom.css" rel=
   "stylesheet">
8  <title>图片展示</title>        修改
9  </head>
```

图 10-16　修改标题

4　在<body></body>标签中，用户可以添加网页中需要显示的图片，并在图片中添加其图片的名称，代码如下。

```
<div id="photoShow">
    <div class="photo">
        <img src="01.jpg" />
        <span>我的庄园，非常漂亮！
</span>
    </div>
    <div class="photo">
        <img src="02.jpg" />
        <span>这是一片荷塘。</span>
    </div>
    <div class="photo">
        <img src="03.jpg" />
        <span>不知道是什么图来的
</span>
    </div>
    <div class="photo">
        <img src="04.jpg" />
        <span>非常美丽的河呀。
</span>
    </div>
    <div class="photo">
        <img src="05.jpg" />
        <span>非常芬芳。</span>
    </div>
</div>
```

5　在<head></head>标签中，用户可以添加<style></style>标签，并在标签中定义<div>标签内容的样式，代码如下。

```
<style type="text/css">
#photoShow{
    border: solid 1px #C5E88E;
    overflow: hidden;  /*图片超出
DIV 的部分不显示*/
    width: 580px;
    height: 169px;
    background: #C5E88E;
    position: absolute;
}
.photo{
```

```
        position: absolute;
        top: 0px;
        width: 490px;
        height: 169px;
    }
    .photo img{
        width: 490px;
        height: 169px;
    }
    .photo span{
        padding: 5px 0px 0px 5px;
        width: 490px;
        height: 30px;
        position: absolute;
        left: 0px;
        bottom: -32px; /*介绍内容开始
的时候不显示*/
        background: black;
        filter:   alpha(opacity=50);
/*IE 透明*/
        opacity: 0.5; /*FF 透明*/
        color: #FFFFFF;
    }
    </style>
```

6 在 <head></head> 标 签 中 ， 再 添 加
<script></script>标签，并在标签中添加
jQuery 代码，定义图片的动画效果。

```
<script>
$(document).ready(function(){
    var imgDivs = $("#photoShow>
div");
    var imgNums = imgDivs.length;
//图片数量
    var divWidth = parseInt($
("#photoShow").css("width")); //显示
宽度
    var  imgWidth  = parseInt($
(".photo>img").css("width")); //图片
宽度
    var minWidth = (divWidth -
imgWidth)/(imgNums-1); //显示其中一张
图片时其他图片的显示宽度
    var spanHeight = parseInt($
("#photoShow>.photo:first>span").c
ss("height")); //图片介绍信息的高度
        imgDivs.each(function(i){

    $(imgDivs[i]).css({"z-index": i,
"left": i*(divWidth/imgNums)});

        $(imgDivs[i]).hover(function(){

    //$(this).find("img").css("opac
ity","1");

        $(this).find("span").stop().ani
mate({bottom: 0}, "slow");

        imgDivs.each(function(j){
                    if(j<=i){

    $(imgDivs[j]).stop().animate({l
eft: j*minWidth}, "slow");
                    }else{

    $(imgDivs[j]).stop().animate({l
eft:      (j-1)*minWidth+imgWidth},
"slow");
                    }
            });
        },function(){

    imgDivs.each(function(k){

    //$(this).find("img").css("opac
ity","0.7");

        $(this).find("span").stop().ani
mate({bottom: -spanHeight}, "slow");

    $(imgDivs[k]).stop().animate({l
eft: k*(divWidth/imgNums)}, "slow");
            });
        });
    });
});
</script>
```

10.6 课堂练习：制作弹出对话框

在网页中，有许多时候需要通过弹出一个对话框来完成一些操作，如登录、产品内容展示、提示信息等。这时，用户只需触击或者单击页面中某个链接或者按钮，即可弹出一个对话框，如图 10-17 所示。

图 10-17　弹出对话框

操作步骤：

1. 在【欢迎屏幕】界面中，单击 HTML 选项，并创建一个 HTML 5 文档，如图 10-18 所示。

图 10-18　新建 HTML 文档

2. 在文档的【代码】视图中，用户可以添加 jQuery UI 所需要的 JS 库和 CSS 库文档，代码如下。

```
<head>
<meta charset="utf-8">
<script    src="jquery-1.9.1.js"
type="text/javascript"></script>
<script
src="jquery-ui-1.10.3.custom.js"
type="text/javascript"></script>
```

```
<link
href="jquery-ui-1.10.3.custom.css"
rel="stylesheet">
<title>无标题文档</title>
</head>
```

3. 在<title></title>标签中，或者在【标题】文本框中，用户可以修改网页的名称，如图 10-19 所示。

图 10-19　修改标题名

4. 在<body></body>标签中，用户可以添加弹出对话框时的遮罩层，如 id 为 BgDiv。还有 id 为 DialogDiv 层的对话框层，以及网页中需要显示的<p></p>标签中的链接内容。

```
<div id="BgDiv"></div>
<div    id="DialogDiv"    style=
```

```
"display:none">
    <h2>用户登录<a href="#" id=
"btnClose">关闭</a></h2>
    <div class="form">
      <form action="#" method=
"post">
        <div class="int">用 
 户：
          <input type="text" name=
"username" id="username" class=
"required"/>
        </div>
        <div class="int">密 
 码：
          <input type="password" id
="pswd" class="required"/>
        </div>
        <div class="int">验证码：
          <input type="text" id=
"personInfo" class="required" siz
e="6px"/>
        </div>
        <input type="submit" value=
"提交" id="send"/>
        <input type="reset" id=
"res"/>
      </form>
    </div>
  </div>
  <p align="center"> <a id=
"btnShow" href="#">弹出</a> </p>
```

5. 在<head></head>标签中，用户可以定义以上所添加的层的 CSS 样式，以及层中的文本样式，代码如下。

```
<style type="text/css">
body, h2 {
    margin: 0;
    padding: 0;
}
#BgDiv {
    background-color: #e3e3e3;
    position: absolute;
    z-index: 99;
    left: 0;
```

```
    top: 0;
    display: none;
    width: 100%;
    height: 1000px;
    opacity: 0.5;
    filter: alpha(opacity=50);
    -moz-opacity: 0.5;
}
#DialogDiv {
    position: absolute;
    width: 250px;
    left: 50%;
    top: 50%;
    margin-left: -200px;
    height: auto;
    z-index: 100;
    background-color: #fff;
    border: 1px #8FA4F5 solid;
    padding: 1px;
}
#DialogDiv h2 {
    height: 25px;
    font-size: 14px;
    background-color: #8FA4F5;
    position: relative;
    padding-left: 10px;
    line-height: 25px;
}
#DialogDiv h2 a {
    position: absolute;
    right: 5px;
    font-size: 12px;
    color: #000000
}
#DialogDiv .form {
    padding: 10px;
}
</style>
```

6. 在<head></head>标签中，再添加<script></script>标签，并通过 jQuery 控制弹出对话框效果，代码如下。

```
<script type="text/javascript">
$(function(){
```

```
$("#btnShow").click(function(){
        $(".form").html();
        $("#BgDiv").css({display:
        "block",height:$(document).
        height()});
        var yscroll=document.
        documentElement.scrollTop;
        $("#DialogDiv").css("top",
        "50px");
        $("#DialogDiv").css
        ("display","block");
        document.documentElement.
```

```
        scrollTop=0;
        });
        $("#btnClose").click
        (function(){
        $("#BgDiv").css("display",
        "none");
         $("#DialogDiv").css
         ("display","none");
        });
        });
        </script>
```

10.7　思考与练习

一、填空题

1. _____是以 jQuery 为基础的开源 JavaScript 网页用户界面代码库。

2. jQuery 可以实现如渐变弹出、_____等动画效果。

3. jQuery 将文件加载到文档的_____标签中。

4. 在 jQuery 中，无论使用哪种类型的选择符，都要从_____开始。

5. 在 JavaScript 脚本语言中，通过_____注册事件可以实现载入就绪时立刻调用所绑定的函数。

二、选择题

1. 在 jQuery 选择器中，用户只需_____就获取到了 id 为 aa 的对象。
   A. $("#aa")
   B. $(".aa")
   C. $("aa")
   D. $(#aa)

2. 在 jQuery 选择器中，用户只需_____就获取到了 class 为 aa 的对象。
   A. $(".aa")
   B. $("#aa")
   C. $("aa")
   D. $(#aa)

3. _____为通用选择器，可以匹配到网页中所有的元素。
   A. $("#")
   B. $("*")
   C. $(".")
   D. $(" ")

4. 使用 jQuery 绑定事件，一般使用_____方法为被选元素添加一个或多个事件处理程序，并规定事件发生时运行的函数。
   A. ready(fn)
   B. trigger()
   C. bind()
   D. ubind()

三、简答题

1. 什么是 jQuery？
2. jQuery UI 与 jQuery 之间有什么区别？
3. 常见的 jQuery 选择符是什么？
4. 什么是 jQuery 事件？

四、上机练习

1. 制作表格

在网页中，用户可以通过 jQuery UI 来定义已经制作好的表格样式。在定义表格之前，用户需要先添加外部的 jQuery UI 文件。

```
<script src="jquery-1.9.1.js
"type="text/javascript"></script>
    <script  src="jquery-ui-1.10.3.
```

```
custom.js"
type="text/javascript"></script>
    <link    href="jquery-ui-1.10.3.
custom.css" rel="stylesheet">
```

然后，再定义表格内容，代码如下。

```
    <div id="users-contain">
      <h1>现有用户列表:</h1>
      <table id="users">
        <thead>
          <tr class="ui-widget-
header ">
            <th>用户名</th>
            <th>电子邮箱</th>
            <th>密码</th>
            <th style="width:
12em;">操作</th>
          </tr>
        </thead>
        <tbody>
          <tr>
            <td>wallimn</td>
            <td>wallimn@sohu.com
</td>
            <td>wallimn</td>
            <td><button class=
"EditButton" >编辑</button>
              <button class=
"DeleteButton">删除</button> </td>
          </tr>
          <tr>
            <td>John Doe</td>
            <td>john.doe@example.
  com</td>
            <td>johndoe</td>
            <td><button class=
"EditButton" >编辑</button>
              <button class=
"DeleteButton">删除</button> </td>
          </tr>
        </tbody>
      </table>
    </div>
```

并且，在<head></head>标签内，添加对表格定义的 CSS 样式，代码如下所示。

```
<style>
body {
    font-size: 10px;
}
label, input {
    display: block;
}
input.text {
    margin-bottom: 12px;
    width: 95%;
    padding: .4em;
}
div#users-contain table {
    margin: 1em 0;
    border-collapse: collapse;
    width: 100%;
}
div#users-contain table td,
div#users-contain table th {
    border: 1px solid #eee;
    padding: .6em 4px;
    text-align: left;
}
</style>
```

通过上述代码，在浏览器中运行之后，可以看到已经生成一个表格，并在表格中显示其内容，如图 10-20 所示。

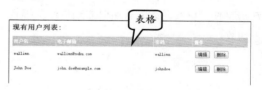

图 10-20 表格内容

2. 添加 jQuery 代码

通过上述内容，用户可以生成一个表格。而如果需要对表格中的内容进行添加、编辑或者删除操作，用户需要再添加一些操作的 jQuery 代码。

例如，用户可以在<body></body>标签中，先添加一些对表格内容进行新建或编辑时需要弹出的对话框内容，代码如下。

```html
<div class="demo">
    <div id="dialog-form" title="
创建或者编辑用户信息">
        <form>
          <fieldset>
            <label for="name">用户名
</label>
            <input type="text" name=
"name" id="name" class="text" />
            <label for="email">邮箱地
址</label>
            <input type="text" name=
"email" id="email" value="" class=
"text" />
            <label for="password">密
码</label>
            <input type="password"
name="password" id="password" value=
"" class="text" />
            <input type="hidden"
name="rowindex" id="rowindex" value=
""/>
          </fieldset>
        </form>
      </div>
```

然后，在表格下面再添加一个按钮，用于弹
出对话框，并添加用户信息，代码如下。

```html
<button id="create-user">创建新
用户</button>
```

最后，在\<head\>\</head\>标签中，用户可以
添加 jQuery 代码，代码如下。

```javascript
<script>
$(function() {
var name = $( "#name" ),
email = $( "#email" ),
password = $( "#password" ),
rowindex = $( "#rowindex" ),
allFields                        =
$( [] ).add( name ).add( email ).a
dd( password ).add( rowindex );
  $( "#dialog-form" ).dialog({
autoOpen: false,
height: 280,
width: 350,
modal: true,
buttons: {
"确定": function() {
if (rowindex.val()==""){//新增
$( "#users  tbody" ).append
( "<tr>" +
"<td>" + name.val() + "</td>" +
"<td>" + email.val() + "</td>" +
"<td>" + password.val() + "</td>"
+
'<td><button class="EditButton"
> 编 辑 </button><button  class=
"DeleteButton">删除</button></td>'+
"</tr>" );
bindEditEvent();
}
else{//修改
var idx = rowindex.val();
var tr = $("#users>tbody>tr").
eq(idx);
//$("#debug").text(tr.html());
tr.children().eq(0).text(name.v
al());
tr.children().eq(1).text(email.
val());
tr.children().eq(2).text(passwo
rd.val());
}
$( this ).dialog( "close" );
},
取消: function() {
$( this ).dialog( "close" );
}
},
close: function() {
//allFields.val( "" ).removeCla
ss( "ui-state-error" );
;
}
});

function bindEditEvent(){
//绑定 Edit 按钮的单击事件
$(".EditButton").click(function
(){
```

```
var b = $(this);
var tr = b.parents("tr");
var tds = tr.children();
//设置初始值
name.val(tds.eq(0).text());
email.val(tds.eq(1).text());
password.val(tds.eq(2).text());

var trs = b.parents("tbody").
children();
//设置行号，以行号为标识，进行修改
rowindex.val(trs.index(tr));

//打开对话框
$( "#dialog-form" ).dialog( "op
en" );
});

//绑定 Delete 按钮的单击事件
$(".DeleteButton").click(functi
on(){
var tr = $(this).parents("tr");
tr.remove();
});
};


bindEditEvent();

$( "#create-user" )
.button()
.click(function() {
//清空表单域
allFields.each(function(idx){
this.value="";
});
$( "#dialog-form" ).dialog( "op
en" );
});
});
</script>
```

第 11 章

jQuery Mobile

jQuery Mobile（JQM）已经成为 jQuery 在手机上和平板设备上的版本。JQM 不仅会给主流移动平台带来 jQuery 核心库，而且会发布一个完整统一的 jQuery 移动 UI 框架。

JQM 的目标是在一个统一的 UI（界面）中交付超级 JavaScript 功能，跨最流行的智能手机和平板电脑设备工作。与 jQuery 一样，JQM 是一个在 Internet 上直接托管、免费可用的开源代码基础。

本章主要围绕 JQM 相关技术来详细介绍在 Dreamweaver 中进行网页设计的制作方法。

本章学习要点：

➢ 了解 jQuery Mobile
➢ 页面基础
➢ 对话框与页面样式
➢ 创建工具栏
➢ 创建网页按钮
➢ 添加表单元素

11.1　了解 jQuery Mobile

jQuery Mobile 不仅会给主流移动平台带来 jQuery 核心库，而且会发布一个完整统一的 jQuery 移动 UI 框架，支持全球主流的移动平台。

11.1.1　什么是 jQuery Mobile

jQuery Mobile 基于打造一个顶级的 JavaScript 库，在不同的智能手机和平板电脑的

Web 浏览器上，形成统一的用户 UI，如图 11-1
所示。

　　要达到这个目标最关键的就是通过
jQuery Mobile 解决移动平台的多样性。一直
致力于使 jQuery 支持所有的性能足够的和在
市场占有一定份额的移动设备浏览器，所以
将手机网页浏览器和桌面浏览器的 jQuery 开
发具有同等重要的位置。

图 11-1　平板和手机界面

　　为了使设备浏览器能够广泛地支持，应
用 jQuery Mobile 的项目的所有页面都必须是干净的系统化的 HTML 页面，来保证良好
的兼容性。

　　在这些设备中解析 CSS 和 JavaScript 过程，jQuery Mobile 应用了渐进增强技术将语
义化的页面转化成富媒体的浏览体验。

　　当然，在可访问性的问题上，如 WAI-ARIA，jQuery Mobile 已经通过框架紧密集成
进来，以给屏幕阅读器或者其他辅助设备提供支持。

1．jQuery Mobile 的特性

　　根据 jQuery Mobile 项目网站，目前 jQuery Mobile 的特性包括：

　　❏ **jQuery 核心**

　　与 jQuery 桌面版一致的 jQuery 核心和语法，以及最小的学习曲线。

　　❏ **兼容所有主流的移动平台**

　　支持的移动产品有 iOS、Android、BlackBerry，Palm WebOS、Symbian、Windows
Mobile、BaDa、MeeGo 等，以及所有支持 HTML 的移动平台。

　　❏ **轻量级版本**

　　在 jQuery Mobile 中，JavaScript 大小仅为 12KB；CSS 文件大小也只有 6KB。

　　❏ **标记驱动的配置**

　　jQuery Mobile 采用完全的标记驱动而不需要 JavaScript 的配置。

　　❏ **渐进增强**

　　通过一个全功能的 HTML 网页和额外的 JavaScript 功能层，提供顶级的在线体验。

　　即使移动浏览器不支持 JavaScript，基于 jQuery Mobile 的移动应用程序仍能正常
使用。

　　❏ **自动初始化**

　　通过使用 mobilize()函数自动初始化页面上的所有 jQuery 部件。

　　❏ **无障碍**

　　包括 WAI-ARIA 在内的无障碍功能，以确保页面能在类似于 Voiceover 等语音辅助
程序和其他辅助技术下正常使用。

　　❏ **简单的 API（接口）**

　　为用户提供鼠标、触摸和光标焦点简单的输入法支持。

❑ 强大的主题化框架

jQuery Mobile 提供强大的主题化框架和 UI 接口。

2．如何获取 jQuery Mobile

想在浏览器中正常运行一个 jQuery Mobile 移动应用页面，需要先获取与 jQuery Mobile 相关的插件文件。

❑ 下载插件文件

要运行 jQuery Mobile 移动应用页面需要包含 3 个文件，分别为 jQuery-1.9.1.min.js（jQuery 主框架插件）、jquery.mobile-1.3.1.min.js（jQuery Mobile 框架插件）和 jQuery.mobile-1.3.1.min.css（框架相配套的 CSS 样式文件）。

例如，登录 jQuery Mobile 官方网站（http://jquerymobile.com），单击导航条中的 Download 链接进入文件下载页面，如图 11-2 所示。在 jQuery Mobile 下载页中，可以下载上述 3 个必需文件。

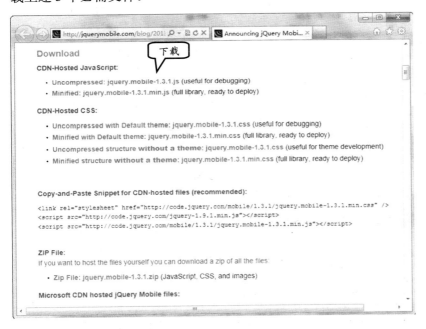

图 11-2 下载支持文件

❑ 通过 URL 链接文件

除在 jQuery Mobile 下载页下载对应文件外，jQuery Mobile 还提供了 URL 方式从 jQuery CDN 下载插件文件。

CDN（Content Delivery Network）用于快速下载跨 Internet 常用的文件，只要在页面的<head>元素中加入下列代码，同样可以执行 jQuery Mobile 移动应用页面。

```
<link rel="stylesheet" href="http://code.jquery.com/mobile/1.3.1/jquery.
mobile-1.3.1.min.css" />
<script src="http://code.jquery.com/jquery-1.9.1.min.js"></script>
<script
```

```
src="http://code.jquery.com/mobile/1.3.1/jquery.mobile-1.3.1.min.js"></sc
ript>
```

通过 URL 加载 jQuery Mobile 插件的方式使版本的更新更加及时，但由于是通过 jQuery CDN 服务器请求的方式进行加载，在执行页面时必须时时保证网络的畅通，否则不能实现 jQuery Mobile 移动页面的效果。

11.1.2 创建移动设备网页

在 Dreamweaver 中，用户可以通过多种方法来创建手机或者平板电脑页面。而这些页面与变通 Web 页面有所不同。变通页面一般根据显示设置大小来设定，而平板页面已经固定其大小比例。

1．通过流体网格布局

在【欢迎屏幕】界面中，用户可以单击【新建】列表中的【流体网格布局...】选项，如图 11-3 所示。

在弹出的【新建文档】对话框中，选择【移动设备】或者【平板电脑】选项，并单击【创建】按钮，如图 11-4 所示。

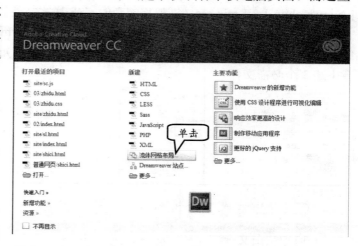

图 11-3　创建流体网格布局

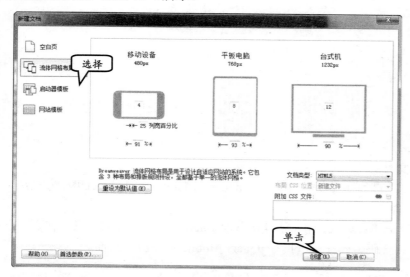

图 11-4　选择设置类型

在弹出的【另存为】对话框中，选择样式表文件保存的位置，并单击【保存】按钮，如图 11-5 所示。

　　如果想覆盖原文件，可以选择已经存在的样式表文件。此时，将创建一个 HTML 5 文档，并且除了创建文档时所创建的样式表文件外，还自动链接 boilerplate.css 和 respond.min.js 文件，如图 11-6 所示。

图 11-5 保存文件

图 11-6 显示所创建的文档

提 示

boilerplate.css 和 respond.min.js 文件是 Dreamweaver 程序中随带的文件，保存在软件的安装目录中。用户通过两个文件的链接地址，可以查找到该文件。

2．通过空白文档

　　用户也可以通过空白文档创建，如在文档中执行【文件】|【新建文档】命令。在弹出的【新建文档】对话框中，选择【空白页】选项，并在【页面类型】中选择 HTML。然后，设置【文档类型】为 HTML 5，单击【创建】按钮，如图 11-7 所示。

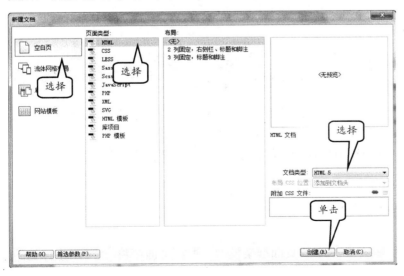

图 11-7 创建空白文档

在创建的文档中，用户可以单击【代码】按钮，并在【代码】视图中查看创建 HTML 5 的代码内容，如图 11-8 所示。

另外，用户还可以在【插入】面板中，选择 jQuery Mobile 选项，如图 11-9 所示。

图 11-8　HTML 5 代码内容　　　　图 11-9　选择 jQuery Mobile 选项

然后，在弹出的【jQuery Mobile 文件】对话框中，用户可以输入 jQuery Mobile 的 UIR 地址，单击【确定】按钮，如图 11-10 所示。

在弹出的【jQuery Mobile 页面】对话框中，将显示页面 ID，以及页面中所包含的选项，如标题和脚注。然后，单击【确定】按钮，即可在文档中生成 jQuery Mobile 页面，如图 11-11 所示。

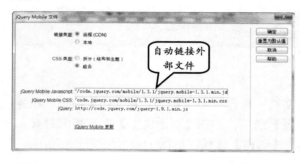

图 11-10　添加链接地址　　　　　　图 11-11　创建页面

11.2　页面基础

在开发移动页面之前，用户也可以先了解一下 HTML 5 版本，对后面的学习有很大帮助。

当然，用户也可以直接创建 HTML 5 文档，并在<head></head>标签之间，添加 JS 文件和 CSS 文件的链接。

11.2.1　页面结构

在 jQuery Mobile 中，有一个基本的页面框架模型，即在页面中将一个<div>标签的 data-role 属性设置为 page，形成一个容器。

而在这个容器中最直接的子节点就是 data-role 属性为 header、content 和 footer 三个子容器，分别描述"标题"、"内容"和"页脚"等部分，用于容纳不同的页面内容。

```
<div data-role="page">
    <div data-role="header">标题</div>
    <div data-role="content">内容</div>
    <div data-role="footer">页脚</div>
</div>
```

此时，通过 Google Chrome 浏览器，来查看一下网页效果，如图 11-12 所示。

提　示

由于 IE 浏览器对 HTML 5 支持性不是太好，所以在此使用 Google Chrome 浏览器来查看效果。

11.2.2　页面控制

图 11-12　浏览页面结构

为了更好地支持 HTML 5 的新增功能与属性，用户可以在<head></head>标签中添加<meta>标签的 name 属性，并设置其值为 viewport，再设置 content 属性。代码如下：

```
<meta name="viewport" content="width=device-width, initial-scale=1" />
```

这行代码的功能是设置移动设备中浏览器缩放的宽度与等级。

通常情况下，移动设备的浏览器默认以 900px 的宽度显示页面，这种宽度会导致屏幕缩小，页面放大，不适合浏览。

如果在页面中，设置 content 属性值为"width=device-width,initial-scale=1"，可以使页面的宽度与移动设备的屏幕宽度相同，更加适合用户浏览。

在 jQuery Mobile 中，一个页面就是一个 data-role 属性被设为 page 的容器，通常为<div>容器，里面包含了 header、content、footer 三个容器，各自可以容纳普通的<html>元素，表单和自定义的 jQuery Mobile 组件。

页面载入的基本工作流程如下：首先一个页面通过正常的 HTTP 请求到，然后 page 容器被请求，插入到页面的文档对象模型（DOM）当中。所以 DOM 文档中可能同时有多个 page 容器，每一个都可以通过链接到它们的 data-url 而被访问到。

当一个 URL 被初始化请求，可能会有一个或多个 page 在响应，而只有第一个被显示。存储多个 page 的好处在于可以使用户预读有可能被访问的静态页面。

11.2.3　多容器页面

在前面已经了解到，将一个<div>标签的 data-role 属性设置为 page，形成一个容器。

而在文档中，添加 2 个 data-role 属性为 page 的<div>标签，将作为 2 个页面容器。

因此，jQuery Mobile 允许包含多个容器，从而形成多容器页面结构。

容器之间各自独立，拥有唯一的 ID 号属性。页面加载时，以堆栈的方式同时加载。容器访问时，以内部"井号"（#）链接加对应 ID 的方式进行设置。

单击该链接时，jQuery Mobile 将在页面文档寻找对应 ID 号的容器，以动画效果切换至该容器中，实现容器间内容的访问。

例如，在<body></body>标签中，插入下列代码：

```html
<div data-role="page">
  <div data-role="header">
    <h1>天气预报</h1>
  </div>
  <div data-role="content">
    <p><a href="#w1">电子产品</a> | <a href="#w2">水果蔬菜</a></p>
  </div>
  <div data-role="footer">
    <h4>2012 稻草屋工作室</h4>
  </div>
</div>
<div data-role="page" id="w1" data-add-back-btn="返回">
  <div data-role="header">
    <h1>电子产品</h1>
  </div>
  <div data-role="content">
    <ul>
      <li><a href="#">计算机</a></li>
      <li><a href="#">电脑</a></li>
    </ul>
  </div>
  <div data-role="footer">
    <h4>2012 稻草屋工作室</h4>
  </div>
</div>
<div data-role="page" id="w2" data-add-back-btn="返回">
  <div data-role="header">
    <h1>水果蔬菜</h1>
  </div>
  <div data-role="content">
    <ul>
      <li>苹果</li>
      <li>香蕉</li>
      <li>白菜</li>
    </ul>
  </div>
  <div data-role="footer">
    <h4>2012 rttop.cn studio</h4>
  </div>
</div>
```

通过浏览器，可以看到第 1 个容器的内容，并显示两个链接，如图 11-13 所示。

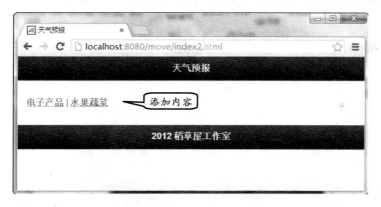

图 11-13 添加多个容器

在显示内容中，分别单击"电子产品"和"水果蔬菜"链接，即可看到两个容器的内容，如图 11-14 所示。

图 11-14 子容器内容

11.2.4 链接外部文件

用户可以采用开发多个页面，并通过外部链接的方式，实现页面间相互切换的效果。例如，为"电子产品"窗口中的"计算机"添加外部文件链接。代码如下：

```html
<div data-role="content">
  <ul>
    <li><a href="computer.html">计算机</a></li>
    <li><a href="#">电脑</a></li>
  </ul>
</div>
```

然后，再创建一个"computer.html"文件，并在该页面中添加内容。代码如下：

```html
<div data-role="page"  data-add-back-btn="true">
  <div data-role="header">
    <h1>计算机信息</h1>
  </div>
```

```
<div data-role="content">
    <p>计算机（Computer）全称：电子计算机……量子计算机等。</p>
</div>
<div data-role="footer">
    <h4>2012 稻草屋工作室</h4>
</div>
</div>
</div>
```

在浏览器中，用户可以单击"计算机"链接，即可显示"计算机信息"页面，如图 11-15 所示。

图 11-15　显示外部链接页面

11.2.5　回退链接

在前面的内容中，一直通过在容器中设置 data-add-back-btn 属性为 true，实现后退至上一页效果。

在 jQuery Mobile 页面中，可以添加链接的方式实现回退，如添加<a>标签，并设置 data-rel 属性为 back，即可实现后退至上一页的功能。

例如，在"computer.html"页面的内容下面，添加下列代码。

```
<p><a href="#" data-rel="back">返回上一页</a></p>
```

然后，浏览网页，并单击页面中的"返回上一页"链接，即可返回到"电子产品"容器页面，如图 11-16 所示。

提　示

如果添加了 data-rel="back"属性给某个链接，那么对于该链接的任何单击行为都是后退的行为，会无视链接的 herf，后退到浏览器历史的上一个地址。

提　示

如果用户只是要看到一个翻转的页面转场，而不是真正的回到上一个历史记录的地址，用户可以使用 data-direction="reverse"属性，而不是后退链接。

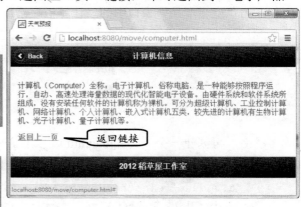

图 11-16　返回链接

11.2.6 页面转场

jQuery Mobile 框架内置多种基于 CSS 的页面转场效果,用户可以添加到任何对象或页面(如关闭页面、换到新页面、回到上一个页面等)。

默认情况下,jQuery Mobile 应用的是从右到左划入的转场效果给链接添加 data-transition 属性,可以设定自定义的页面转场效果。

例如,在页面中添加链接,并在<a>标签中添加转场效果。

```
<a href="#w1" data-transition=" flow ">返回上一页</a>
```

其中,转场效果分别为 pop(中心向外伸展)、slideup(上滑)、slidedown(滑下)、turn(右翻页)、flip(中间位置旋转)、flow(收缩向左溢出)、slidefade(快速向左移出)、slide(向左移出)、fade(渐隐渐出)、none(无效果)等。

例如,在<a>标签中,设置 data-transition="flow"属性内容,并通过浏览器查看其转场效果,如图 11-17 所示。

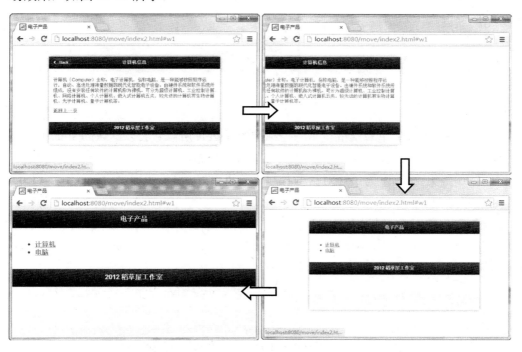

图 11-17　收缩向左溢出

另外,如果给链接增加 data-direction="reverse"属性,则强制指定为回退的转场效果。

11.3 对话框与页面样式

在 jQuery Mobile 中创建对话框时,只需要在<a>标签中添加 data-rel 属性,并设置为 dialog。

11.3.1 创建对话框

通过给指向页面的链接增加 data-rel="dialog"的属性，可以把任何指向的页面表现为对话框。当应用了对话框的属性之后，qjmobile 框架会给新页面增加圆角，页面周围增加边缘，以及深色的背景，使得对话框浮在页面之上。

例如，创建 margin_box.html 文件，并创建调取对话框的链接面板。代码如下：

```html
<body>
<div data-role="page" id="w">
  <div data-role="header">
   <h1>对话框</h1>
  </div>
  <div data-role="content">
   <a href="dialog.html" data-rel="dialog" data-transition="pop">Open
dialog</a>
  </div>
  <div data-role="footer">
   <h4>2012 稻草屋工作室</h4>
  </div>
</div>
</body>
</html>
```

因为 jQuery Mobile 里对话框也是一个标准的 page，所以它会以默认的 slide 转场效果打开。而且像其他的页面一样，用户也可以通过给链接添加 data-transition 的属性指定对话框的转场效果。例如，为了让对话框看起来效果更好，可以为属性设置 pop、slideup、flip 三种转场效果。

然后，再创建一个"dialog.html"文件，并用于显示对话框内容。对话框是个单独的页面，jQuery mobile 将以 Ajax 方式加载到事件触发的页面，所以页面不需要 header、content 和 footer 之类的文档结构。代码如下：

```html
<meta    name="viewport"    content="width=device-width,initial-scale=1"
charset="gb2312"/>
  <div data-role="dialog" id="aboutPage">
    <div data-role="header" data-theme="b"><h1>对话框</h1></div>
   <div data-role="content" data-theme="c">
    <h1>了解对话框</h1>
    <p> 对话框是个单独的页面......之类的文档结构。</p>
    <a href="#" data-role="button" data-rel="back" data-theme="b"
id="soundgood">返回上一页</a>
    <a href="#" data-role="button" data-rel="back" data-theme="c">取消</a>
</div>
  </div>
```

用户通过单击链接，查看对话框效果，如图 11-18 所示。

图 11-18　浏览对话框效果

11.3.2　页面样式

jQuery Mobile 内建了一套样式主题系统，用户可以给页面添加丰富的样式。针对每一个页面的组件，都有详细的主题样式文档，用户应选用适合的主题样式。

给 header、content 和 footer 容器增加 data-theme 属性，并设定 a~z 之间任何一套主题样式。而当给页面内容添加 data-theme 属性时，给整个 content 容器 data-role="page"添加，而不是某个<div>容器，这样背景也就可以应用到整个页面。

例如，在【代码】视图中，用户可以给 content 容器添加主题样式，如代码<div data-role="content" data-theme="e">。整体内容代码如下：

```
<body>
<div data-role="page" id="w">
  <div data-role="header">
   <h1>对话框</h1>
  </div>
  <div data-role="content" data-theme="e">
  <h3>黯伤</h3>
  <p>岁月的长河，匆匆而逝的光阴，多少寂寞呈几番黯然的绽放。惊醒的落叶，没有方向的漂
泊，不知何处是终点。</p>
  <form action="form.php" method="post">
  <label for="foo">您喜欢运动：</label>
  <select name="foo" id="foo" data-role="none">
  <option value="a" >打球</option>
  <option value="b" >跑步</option>
  <option value="c" >游泳</option>
  </select>
  </form>
  </div>
```

```
<div data-role="footer">
    <h4>2012 稻草屋工作室</h4>
</div>
</div>
```

此时，当用户通过浏览器查看网页效果时，可以看到在 content 容器的内容下面，添加"米黄色"的背景，如图 11-19 所示。

11.4 创建工具栏

工具栏是指在移动网站和应用的头部、尾部和内容中的工具条。因此，jQuery Mobile 提供了一套标准的工具和导航栏的工具，可以在绝大多数情况下直接使用。

图 11-19 添加容器主题

11.4.1 头部工具栏

头部栏是处于页面顶部的工具栏，通常包含页面标题文字，文字左边或右边可以放置几个可选的按钮用作导航操作。

标题文字一般用<h1>标签，也可以从 h1~h6 选择其他标题标签。例如，一个页面内包含了多个 page 标记的页面，这样可以给主 page 的标题文字用<h1>标签，次级 page 的标题文字用<h2>标签。所有的头部默认情况下在样式上都是相同的，保持外观的一致性。

```
<div data-role="header">
   <h1>Page Title</h1>
</div>
```

头部栏的主题样式默认情况下为 a（黑色），而用户也可以很轻松地设置为其他主题样式。

在标准的头部栏的设置下，标题文字两边各有一个可放置按钮的位置。每一个按钮通常默认为 a 主题样式。为了节省空间，工具栏里的按钮都是内联按钮，所以按钮的宽度只容纳 icon 和里面的文字。

例如，头部的按钮是头部栏容器的直接子节点，第一个链接定位于头部栏左边，第二个链接放在右边。在这个例子中，根据两个链接在源代码中的位置，取消在左边，保存在右边。

```
<div data-role="header" data-position="inline">
   <a href="index.html" data-icon="delete">Cancel</a>
   <h1>Edit Contact</h1>
   <a href="index.html" data-icon="check">Save</a>
</div>
```

用户可以在浏览器中，查看在头部所添加的两个按钮，如图 11-20 所示。

按钮会自动应用它们的父容器的主题样式，所以应用了 a 主题样式的头部栏里的按钮也会应用 a 主题样式。用户通过给按钮增加 data-theme 的属性并设置，可以使按钮看起来有所区别。

```
<div data-role="header" data-position="inline">
    <a href="index.html" data-icon="delete">Cancel</a>
    <h1>Edit Contact</h1>
    <a href="index.html" data-icon="check" data-theme="b">Save</a>
</div>
```

通过浏览器，用户可以查看更新主题样式的按钮效果，如图 11-21 所示。

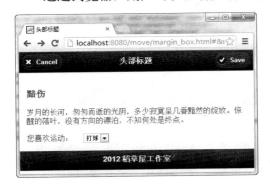

图 11-20　显示头部按钮

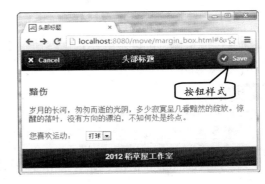

图 11-21　更改按钮样式

按钮的位置可以通过 class 设置，而不依赖它们在源代码中的顺序。如果用户想把按钮放在右边，则可以通过 ui-btn-right 和 ui-btn-left 两个类进行控制。

例如，把头部栏唯一一个按钮放于右边，首先给头部栏增加 data-backbtn="false" 属性，来阻止头部栏自动生成后退按钮的行为，然后给按钮增加 ui-btn-right 的类来控制显示的位置。

```
<div data-role="header" data-position="inline" data-backbtn="false">
<h1>Page Title</h1>
<a href="index.html" data-icon="gear" class="ui-btn-right">Options</a>
</div>
```

通过浏览器，用户可以看到所生成的按钮，放置在头部右侧，如图 11-22 所示。

11.4.2　尾部工具栏

尾部栏除了使用的 data-role 的属性与头部栏不同之外，基本的结构与头部栏是相同的。

```
<div data-role="footer">
    <h4>2012 稻草屋工作室</h4>
</div>
```

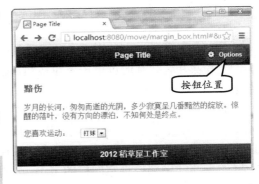

图 11-22　显示按钮

给尾部栏添加任何有效的按钮标记的元素都会生成按钮。为了节省空间，工具栏里的按钮都是内联按钮，所以按钮的宽度只容纳 icon 和里面的文字。

默认情况下，工具栏内部容纳组件与导航条是不留 padding 的。如果要给工具栏增加 padding，可以通过添加一个 ui-bar 的类。

```
<div data-role="footer" class="ui-bar">
    <a href="index.html" data-role="button" data-icon="delete"> Remove
</a>
    <a href="index.html" data-role="button" data-icon="plus">Add</a>
    <a href="index.html" data-role="button" data-icon="arrow-u">Up</a>
    <a href="index.html" data-role="button" data-icon="arrow-d">Down</a>
</div>
```

如通过浏览器，可以看到在页尾添加一排按钮，如图 11-23 所示。

当然，用户也可以在尾部添加其他元素，如添加表单元素。例如，将表单中的 select 元素添加到尾部栏。

图 11-23　显示尾部按钮

```
<div data-role="footer" class="ui-bar" data-role="controlgroup">
<form action="form.php" method="post">
    <label for="foo">您喜欢运动：</label>
    <select name="foo" id="foo" data-role="none">
        <option value="a" >打球</option>
        <option value="b" >跑步</option>
        <option value="c" >游泳</option>
    </select>
</form>
</div>
```

此时，用户通过浏览器，可以查看到在尾部添加的下拉菜单，并且通过单击下拉按钮，显示下拉选项，如图 11-24 所示。

有些情况下用户需要一个尾部栏为全局导航元素，希望页面转场时尾部栏也固定并显示。因此，用户可以给尾部栏添加 data-id 属性，并且在所有关联的页面的尾部栏设定同样的 data-id 的值，这样就可以使尾部栏在页面转场时也固定并显示。

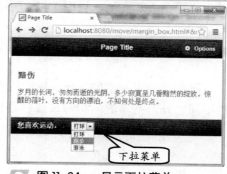

图 11-24　显示下拉菜单

例如，给当前页面和目标页面的尾部栏添加 id="myfooter" 属性，jQuery Mobile 会在页面转场动画的时候保持尾部栏固定不变。

11.4.3 添加导航栏

jQuery Mobile 提供了一个基本的导航栏组件，每一行可以最多放 5 个按钮，通常在顶部或者尾部。

导航栏的代码为一个 \<ul> 标签列表，被一个容器包裹，这个容器需要有 data-role="navbar" 属性。要设定某一个链接为活动（selected）状态，给链接增加 class="ui-btn-active"即可。另外，给尾部栏设置了一个导航栏，把 one 项设置为活动状态。

```
<div data-role="footer">
    <div data-role="navbar">
        <ul>
            <li><a href="a.html"class
="ui-btn-active">One</a></li>
            <li><a
href="b.html">Two</a></li>
        </ul>
    </div><!-- /navbar -->
</div><!-- /footer -->
```

图 11-25 显示导航栏

导航栏内每项的宽度都被设定为相同的，所以按钮的宽度为浏览器宽度的 1/2，如图 11-25 所示。新增加一项的话，每项的宽度自动匹配为 1/3，以此类推。如果导航栏多于 5 项，那么导航栏自动表现为多行。

另外，用户还可以在头部增加一个导航栏，并且保留头部栏的页面标题和按钮。只需要把导航栏容器放进头部栏容器内。

```
<div data-role="header">
  <h1>图书大全</h1>
  <div data-role="navbar">
    <ul>
      <li><a href="a.html" class="ui-btn-active">One</a></li>
      <li><a href="b.html">Two</a></li>
      <li><a href="b.html">Three</a></li>
    </ul>
  </div>
  <!-- /navbar -->
  <a href="index.html" data-icon="back">返回</a> <a href="index.html"
```

```
data-icon="gear" class="ui-btn-right">设置</a>
      </div>
```

通过浏览器，用户可以查看在头部下面所
添加的导航栏效果，如图 11-26 所示。

给导航栏的列表项链接增加 **data-icon** 属
性，可以给链接设置一个标准的移动网站的图
标。给列表项链接增加 data-iconpos="top"属性，
可以给链接的图标设置位置在文字上方。

图 11-26 添加头部导航

11.5 创建网页按钮

按钮是 **jQuery Mobile** 的核心组件，在其他
的组件中也广泛应用。在网页中，按钮一般起
链接或者表单中的提交作用。

11.5.1 创建按钮

在 page 容器中，可以通过给链接加 data-role="button"属性，将链接样式化为按钮。
代码如下：

```
<div data-role="page">
  <div            data-role=
"content">  <a  href="index.
html" data-role="button">这是
按钮</a> </div>
   </div>
```

图 11-27 显示按钮

通过浏览器，用户可以查看到
链接通过 CSS 样式所制作的按钮，
如图 11-27 所示。

11.5.2 显示按钮图标

jQuery Mobile 框架包含了一组最常用的移动应用程序所需的图标，并自动在图标后
添加一个半透明的黑圈以确保在任何背景色下图片都能够清晰显示。例如，下列代码为
按钮添加一个图标。

```
<div data-role="page">
    <div data-role="content">  <a  href="index.html"  data-role="button"
data-icon="delete">删除</a> </div>
   </div>
```

通过浏览可以看到，按钮左侧有一个黑圈显示。并在黑圈中，应有一个图标，如图

11-28 所示。

> **提 示**
>
> 添加 jQuery Mobile 的 images 文件，否
> 则按钮图标无法显示。

11.5.3　按钮组

图 11-28　删除按钮

把一组按钮放进一个单独的容器内，使它们看起来像一个独立的导航部件。此时，用户需要给该容器添加 data-role="controlgroup" 属性。代码如下：

```
<div data-role="page" data-theme="e">
  <div data-role="content">
  <div data-role="controlgroup">
  <a href="index.html" data-role="button" data-icon="arrow-d">Yes</a>
  <a href="index.html" data-role="button">No</a>
  <a href="index.html" data-role="button">Maybe</a></div>
  </div>
</div>
```

通过浏览器来查看当前按钮组效果，如图 11-29 所示。

data-icon 属性被用来创建一些按钮图标，这样通过文字和图片均可明白按钮的作用。而在该属性中，用户可以设置的参数如表 11-1 所示。

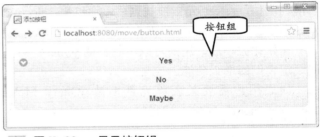

图 11-29　显示按钮组

表 11-1　data-icon 属性的参数含义

属性值	图标名称	属性值	图标名称
arrow-l	左箭头	arrow-r	右箭头
arrow-u	上箭头	arrow-d	下箭头
delete	删除	Plus	添加
minus	减少	check	检查
gear	齿轮	forward	前进
back	后退	grid	网格
star	五角	alert	警告
info	信息	home	首页
search	搜索		

11.6　添加表单元素

所有的表单元素都是由标准的 <html> 标签元素控制的，能够更吸引人并且容易使用。

在不支持 jQuery Mobile 的浏览器下仍然是可用的，因为它们都是基于<html>标签元素的。

● 11.6.1 了解表单

jQuery Mobile 提供了一套完整的，适合触摸操作的表单元素，它们都是基于原生的<html>标签元素，所有的表单都应该被包裹在一个<form>标签内。用户应该指定好这个标签的 action 和 method 属性，用来控制与服务器传送数据的方法。

```
<form action="form.php" method="post"> ... </form>
```

在 jQuery Mobile 中组织表单时，多数创建 post 和 get 的表单传递方式均要遵守默认的规定。但是，form 的 id 属性不仅需要在该页面内是唯一的，也需要在整个网站的所有页面中是唯一的。

这是因为在 jQuery Mobile 的单页面内，导航的机制使得多个不同 page 容器可以同时在 DOM 中出现，所以用户必须给表单使用不同的 id 属性，以保证在每个 DOM 中的表单的 ID 都是不同的。

默认情况下，jQuery Mobile 会自动把原有的表单元素增强为适合触摸操作的组件。这是它通过标签名寻找表单元素，然后对它们执行 jQuery Mobile 插件的方法，并在内部实现。例如，select 元素被找到后，通过用 selectmenu 插件进行初始化，而一个属性为type="checkbox"的 input 元素会被 checkboxradio 插件来增强。

初始化完毕后，用户可以用它们的 jQuery UI 的组件的方法，通过程序进一步使用或设定它们的增强功能。

如果用户需要某表单元素不被 jQuery Mobile 处理，只需要给这个元素增加data-role="none" 属性。代码如下：

```
<label for="foo">
    <select name="foo" id="foo" data-role="none">
    <option value="a" >A</option>
    <option value="b" >B</option>
    <option value="c" >C</option>
</select>
```

在 jQuery Mobile 中，所有的表单元素都被设计成弹性宽度以适应不同移动设备的屏幕宽度。jQuery Mobile 中内建的一个优化就是根据屏幕宽度的不同，<label>标签和表单元素的宽度是不同的。如果屏幕宽度相对窄（小于 480px)，<label>标签会被样式化为块级元素，使它们能够置于表单元素上方，节省水平空间。如果屏幕比较宽，<label>标签和表单元素会被格式化为两列网格布局的一行中，充分利用页面的空间。

一般情况下，建议把表单内的每一个<label>标签或者表单元素，用 div 或 fieldset容器包裹，然后增加 data-role="fieldcontain"属性，以改善标签和表单元素在宽屏设备中的样式。jQuery Mobile 会自动在容器底部添加一条细边框作为分隔线，使得<label>标签或表单元素对在快速扫视时显得更加整齐一些。

11.6.2 文本输入框

文本输入框和文本输入域，使用标准的<html>标签，并且在<input>标签中添加 type="text"属性。

1．文本输入框

用户要把<label>标签的 for 属性设为 input 的 id 值，使它们能够在语义上相关联，并且放置到 div 容器中，再设定 data-role="fieldcontain"属性，其代码如下。

```
<form action="#" method="post" name="user">
    <div data-role="fieldcontain">
        <label for="name">用户名:</label>
        <input type="text" name="name" id="name" value=""  />
    </div>
</form>
```

用户可以打开浏览器，并浏览该文档中所添加的"文本输入"元素的效果，如图 11-30 所示。

2．密码输入框

如果用户在<input>标签中，设置 type="password"属性，可以设置为密码框。但是用户需要将<label>标签中的 for 属性设为 input 的 id 值，使它们能够在语义上相关联，并且放置于 div 容器中，并设定 data-role="fieldcontain"属性，其代码如下。

图 11-30　输入文本框

```
<div data-role="fieldcontain">
    <label for="PW">密    码: </label>
    <input name="PW" type="password" id="PW" value=""/>
</div>
```

用户可以在原有的代码中，添加上述代码。此时，用户通过浏览器可以查看"密码"文本框的效果，如图 11-31 所示。

在 jQuery Mobile 中，用户还可以使用 HTML 5 的输入框类型，如 email、tel、number 等 type 属性。jQuery Mobile 会把某些类型的输入框降级为普通的文字输入框。用户也可以在页面的插件选项里设置，把需要的 input 类型降级为普通的文字输入框。

图 11-31　设置"密码"文本框

3．文本域输入框

对于多行输入可以使用 textarea 类型参数。jQuery Mobile 框架会自动加大文本域的高度防止在移动设备中出现很难使用的滚动条。

```
<div data-role="fieldcontain">
    <label for="proposal">对网站建议：</label>
    <textarea cols="40" rows="8" name="textarea" id="proposal">
</textarea>
    </div>
```

用户可以在浏览器中查看到文本域输入框的右下角与普通的文本输入框有所不同，如图 11-32 所示。

当用户在文本域输入框输入内容的过程中，则文本框将根据内容自动调整其高度，如图 11-33 所示。

图 11-32　文本域输入框

图 11-33　输入内容

11.6.3　搜索输入框

搜索输入框是一个新兴的<html>标签元素，外观为圆角，当用户输入文字后右边会出现一个叉的图标，而单击则会清除输入的内容。例如，在<input>标签中，添加 type="search"属性来定义搜索框。

同时，要注意将<label>标签的 for 属性设为<input>标签的 id 值，使它们能够在语义上相关联，并且放置于 div 容器，并设置 data-role="fieldcontain"属性，其代码如下。

```
<form action="#" method="post" name="user">
    <div data-role="fieldcontain">
        <label for="search">输入搜索内容：</label>
        <input type="search" name="password" id="search" value="" />
    </div>
</form>
```

用户可以通过浏览器查看直接生成的搜索文本框，如图 11-34 所示。在该搜索框中输入内容后，即可在文本框后面显示一个【删除】按钮图标，如图 11-35 所示。

图 11-34　搜索输入框　　　　　　　图 11-35　输入搜索内容

11.6.4　滑动条

当用户在\<input\>标签中设置一个新的 HTML 5 属性为 type="range"时，可以给页面添加滑动条组件。

当然，用户也可以指定滑动条的 value 值（当前值），以及 min 和 max 属性的值配置滑动条。jQuery Mobile 会解析这些属性来配置滑动条。

而当滑动滑动条时，\<input\>标签会随之更新数值，反之亦然，使用户能够很简单地在表单里提交数值。代码如下：

```
<div data-role="fieldcontain">
    <label for="slider">选择当前温度: </label>
    <input type="range" name="slider" id="slider" value="0" min="0"
max="100" />
</div>
```

在浏览器中，可以看到已经生成一个滑动条，并在左侧显示一个 0 文本框，如图 11-36 所示。而当用户拖动滑动条中的滑块时，则左侧文本框中的数字将发生变化，如图 11-37 所示。

图 11-36　显示滑动条　　　　　　　图 11-37　拖动滑块

11.6.5　开关元素

开关在移动设备上是一个常用的界面元素，用来切换开/关或者输入 true/false 类型的数据。用户可以像滑动框一样拖动开关，或者单击开关任意一半进行操作。

　　创建一个只有 2 个选项的选择菜单，就可以构造一个开关了。第一个选项会被格式化为"开"状态，第二个选项会被格式化为"关"状态，所以用户要注意代码书写顺序。

　　另外，在制作开关时，也要将<label>标签的 for 属性设为<input>标签的 id 值，使它们能够在语义上相关联，并且放置在 div 容器中，并设置 data-role="fieldcontain"属性。

```
<div data-role="fieldcontain">
    <label for="slider">打开 WLAN 功能：</label>
    <select name="slider" id="slider" data-role="slider">
        <option value="off">关</option>
        <option value="on">开</option>
    </select>
</div>
```

　　用户可以通过浏览器，查看开关的实际效果，如图 11-38 所示。

<img> 图 11-38　　开关按钮

　　如果用户想通过 JS 手动控制开关，务必调用 refresh 方法刷新样式。代码如下：

```
var myswitch = $("select#bar");
myswitch[0].selectedIndex = 1;
myswitch .slider("refresh");
```

提 示

用户还可以对其他的表单元素进行刷新操作。
　　❑　复选按钮
$("input[type='checkbox']").attr("checked",true).checkboxradio("refresh");
　　❑　单选按钮组
$("input[type='radio']").attr("checked",true).checkboxradio("refresh");
　　❑　选择列表
var myselect = $("select#foo");
myselect[0].selectedIndex = 3;
myselect.selectmenu("refresh");
　　❑　滑动条
$("input[type=range]").val(60).slider("refresh");

11.6.6 单选按钮组

单选按钮组和复选按钮组都是用标准的\<html\>代码编写的，但是都被格式化得更容易操作。用户所看见的控件其实是覆盖在\<input\>标签上的\<label\>元素，所以如果图片没有正确加载，仍然可以正常使用控件。

在大多数浏览器里，单击\<label\>会自动触发在\<input\>标签上的单击操作，但是不得不为部分不支持该特性的移动浏览器人工去触发该单击操作。在桌面程序里，键盘和屏幕阅读器也可以使用这些控件。

要创建一组单选按钮，为\<input\>标签添加 type="radio"属性和相应的\<label\>标签即可。

```
<div data-role="fieldcontain">
    <fieldset data-role="controlgroup">
    <legend>下列选项是正确的：</legend>
        <input type="radio" name="radio" id="radio1" class="custom" />
        <label for="radio1">早晨喝一杯白开水，有益健康。</label>
        <input type="radio" name="radio" id="radio2" class="custom" />
        <label for="radio2">早晨喝一杯牛奶，有益健康。</label>
    </fieldset>
</div>
```

通过浏览器，用户可以查看当前单选按钮效果，如图 11-39 所示。如果用户单击某一个选项时，文本前面将显示被选中状态，如图 11-40 所示。

图 11-39　单选按钮

图 11-40　选中选项

如果用户希望在浏览时，默认某个选项组中单选按钮为选中状态，则可以在\<input\>标签中添加 checked="true"属性。

```
    <div data-role="fieldcontain">
       <fieldset data-role="controlgroup">
       <legend>下列选项是正确的：</legend>
           <input  type="radio"  name="radio"  id="radio1"  class="custom"
checked="true" />
           <label for="radio1">早晨喝一杯白开水，有益健康。</label>
```

```
        <input type="radio" name="radio" id="radio2" class="custom" />
        <label for="radio2">早晨喝一杯牛奶，有益健康。</label>
    </fieldset>
</div>
```

单选按钮组也可用作水平按钮组，可以同时选择多个按钮。例如，对访问者"喜欢的主食"进行调查。只需要在\<fieldset>标签中，添加 **data-type="horizontal"** 属性即可。

```
<fieldset data-role="controlgroup" data-type="horizontal" data-role=
"fieldcontain">
```

jQuery Mobile 会自动将标签浮动，并排放置，并隐藏按钮前的 icon，并给左右两边的按钮增加圆角，如图 11-41 所示。

●---11.6.7·复选框组

复选框用来提供一组选项，可以选中不止一个选项。传统的桌面程序的单选按钮组没有对触摸输入的方式进行优化，所以在 jQuery Mobile 中，\<label>标签也被样式化为复选按钮，使按钮更长，容易单击。并添加了自定义的一组图标来增强视觉反馈。

图 11-41　水平单选按钮

要创建一组复选框，只需在\<input>标签中添加 **type="checkbox"** 属性和相应的\<label>标签即可。因为复选按钮使用\<label>标签元素放置选框后面来显示文本内容，因此，用户可以在复选按钮组中使用 fieldset 容器并添加一个 \<legend>标签元素，用来指明该处为表单的标题。

```
<div data-role="fieldcontain">
    <fieldset data-role="controlgroup">
        <legend>选择喜欢的主食物：</legend>
        <input type="checkbox" name="checkbox" id="checkbox1" class=
"custom" checked="true"/>
        <label for="checkbox1">米饭</label>
        <input type="checkbox" name="checkbox" id="checkbox2" class=
"custom" />
        <label for="checkbox2">馒头</label>
        <input type="checkbox" name="checkbox" id="checkbox3" class=
"custom" />
        <label for="checkbox3">水饺</label>
        <input type="checkbox" name="checkbox" id="checkbox4" class=
"custom" />
        <label for="checkbox4">面条</label>
    </fieldset>
</div>
```

通过浏览器，用户可以看到在文本前面显示一个方框，如图 11-42 所示。而当用户选择选项时，在方框中将显示一个"对号"（√）图标，如图 11-43 所示。

图 11-42　显示复选框组

图 11-43　选择复选项

同单选按钮组一样，用户可以制作成水平复选框组，并在<fieldset>标签中，添加 data-type="horizontal" 和 data-role="fieldcontain"属性，如图 11-44 所示。

提　示

用户可以通过浏览器查看水平单选按钮组和水平复选框组。在显示效果上，并没有太大的区别。但是，在操作上对于水平单选按钮组，只能选择一个按钮。而水平复选框组，则可以选择多个按钮选项。

图 11-44　水平复选框组

11.6.8　选择菜单

选择菜单摒弃了原有的<select>标签元素的样式，原有的<select>标签元素被隐藏，并被一个由 jQuery Mobile 框架自定义样式的按钮和菜单替代。

当被单击时，手机自带的原有的菜单选择器会打开。菜单内某个值被选中后，自定义地选择按钮的值，并更新为所选择的选项。

要添加这样的选择菜单组件，可以使用标准的<select>标签元素和位于其内的一组<option>标签元素。

```
<div data-role="fieldcontain">
    <label for="select-choice-1" class="select">请选择今天星期几：</label>
    <select name="select-choice-1" id="select-choice-1">
        <option value="1">星期一</option>
        <option value="2">星期二</option>
        <option value="3">星期三</option>
        <option value="4">星期四</option>
        <option value="5">星期五</option>
        <option value="6">星期六</option>
        <option value="7">星期天</option>
    </select>
</div>
```

用户可以通过浏览器查看当前选择菜单的效果，并通过单击当前选项名称，选择其他选项，如图 11-45 所示。

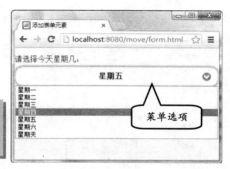

图 11-45　菜单选项

11.6.9　日期拾取器

用户也可在界面中添加日期拾取器插件。这个插件并不包含在 jQuery Mobile 默认库中，用户需要自己手动包含到当前文件。

例如，用户可以在<input>标签元素中，添加 type="date"属性，即可生成输入日期的文本框。

```
<div data-role="fieldcontain">
    <label for="date">选择当前日期：</label>
    <input type="date" name="date" id="date" value="" />
</div>
```

通过浏览该代码，用户可以看到在输入框中，将显示"年-月-日"内容，并单击该输入框后面的下拉按钮，即可弹出日期拾取器，如图 11-46 所示。

11.6.10　表单提交

jQuery Mobile 会自动通过 Ajax 处理表单的提交，并在表单页面和结果页面之间创建一个平滑的转场效果。

图 11-46　选择日期

用户需要在<form>标签元素上，正确设定 action 和 method 属性，保证表单的提交。如果没有指定，提交方法默认为 get，action 默认为当前页的相对路径（通过 $.mobile.path.get()方法取得）。

表单也可以像链接一样指定转场效果的属性，如 data-transition="pop" 和 data-direction="reverse"。

如果不希望通过 Ajax 提交表单，可以在全局事件禁用 Ajax 或给<form>标签设定 data-ajax="false"属性。目标（target）属性也可以在<form>标签上设置，表单提交时默认为浏览器的打开规则。而与链接不同，rel 属性不可以在 form 上设置。

11.7 课堂练习：制作新闻快报

目前，网络中新闻类型的网页内容铺天盖地，到处可见。而通过 jQuery Mobile 技术，也可以制作移动设备中新闻类型的网页，如图 11-47 所示。

图 11-47　新闻类型网页

操作步骤：

1　执行【文件】|【新建】命令，弹出【新建文档】对话框。然后，在该对话框中，选择【空白页】选项，并在【页面类型】列表中，选择 HTML 选项。最后，在【文档类型】列表中，选择 HTML 5 选项，单击【创建】按钮，如图 11-48 所示。

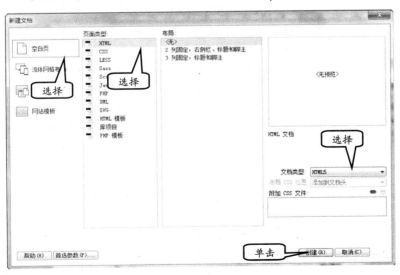

图 11-48　新建文档

2 在文档的【代码】视图中，用户可以修改标题名称，以及添加 CSS 和 JS 外部文件，如图 11-49 所示。

图 11-49 载入外部文件

3 在 <body></body> 标签内，分别添加 header、content 和 footer 结构，如图 11-50 所示。

图 11-50 添加页面结构

4 在 header 结构的<div>标签中，分别添加左、右按钮，以及标题名称，如图 11-51 所示。

图 11-51 添加按钮链接

5 在 footer 结构的<div>标签中，添加版尾信

息，如 "<h1>2013©稻花香</h1>" 内容，如图 11-52 所示。

图 11-52 添加版尾信息

6 现在用户可以通过浏览器，查看已经制作的结构内容，并显示标题和版尾信息，如图 11-53 所示。

图 11-53 添加页面结构

7 在 content 结构的<div>标签中，由于显示多行新闻内容，则可以通过列表方式来显示内容。因此，用户可以在该结构中，添加 <ul><li></li></ul>标签内容，如图 11-54 所示。

图 11-54 添加列表标签

8 在<li></li>标签内，添加新闻的图片、标题和内容简介等信息，如图 11-55 所示。

图11-55的上方代码区显示：

```
17    <ul data-role="listview">
18        <li>
19            <div class="img"><img src=
"images/116345699_11n.JPG" width="100" height="80"
/></div>
20            <div class="content_text">
                <h5><a href="#">女大学生将2年学费用于网
购 不忍见家人从13楼坠亡</a></h5>
                <span>在常亚x生前的最后一天，她的手机里
有3个未接电话。6月17日上午，常亚x的父亲常树x接到弟
媳刘欣x的电话。刘欣x说，去年11月，常亚x曾联系她和丈夫借钱。
</span></div>
23        </li>
24    </ul>
25    </div>
26    <div data-role="footer" id="footer" data-theme=
```

图11-55 添加新闻内容

⑨ 用户也可以在 " jquery.mobile-1.3.1.min.css"文件中，对列表中的图片和文本内容进行样式设定，代码如下所示。

```
ul li{
    height:80px;
    }
.img{
    float:left;
    margin-right:15px;
    border:#CCC 1px solid;
}
ul li .content_text{
```

```
    font-family:"宋体";
    font-size:12px;
    font-weight:100;
    color:#999;
}
ul li .content_text h5 a{
    text-decoration:none;
    font-size:14px;
    }
```

⑩ 用户可以通过添加<li></li>标签，以及标签中的新闻内容，来增加新闻信息，如图11-56所示。

```
23    </li>
24    <br/>
25    <li>
26        <div class="img"><img src=
"images/124160270_11n.jpg" width="100" height="80"
/></div>
27        <div class="content_text">
28            <h5><a href="#">大学生花10万自制飞机</a></h5
>
29            <span>12月26日，10万元自制飞机成功试飞。
轻型飞机是一架真正的飞机，飞行高度可以达到3600多米。</span>
</div>
30    </li><br/>
31    <li>
32        <div class="img"><img src=
"images/fm55.jpg" width="100" height="80"/></div>
33        <div class="content_text">
```

图11-56 添加新闻内容

11.8 课堂练习：制作订餐页面

在现实生活中，通过网络购物已经是不足为奇的事了，用户可以随时随地通过网络选购自己喜欢的物品。

而通过学习jQuery Mobile技术之后，用户也可以开发手机预定餐饮网页。这样用户可以更方便地使用订购餐饮服务，如图11-57所示。

图11-57 订餐页面

操作步骤：

1 创建 HTML 5 文件，并在<title></title>标签中，修改网页的名称，以及添加 CSS 和 JS 外部文件。

```
<title>订餐</title>
<meta name="viewport" content=
"width=500" />
<link href="js/jquery.mobile-
1.3.1.min.css" rel="stylesheet" type
="text/css">
<script src="js/jquery- 1.9.1.
min.js" type="text/ javascript">
</script>
<script src="js/jquery.mobile-
1.3.1.min.js" type="text/
javascript"></script>
```

2 在<body></body>标签中，可以添加网页的结构内容，如 header、content 和 footer 等<div>标签。

```
<div class="ui-bar-b" id="home"
data-role="page">
<div data-role="header"></div>
<div data-role="content"></div>
<div data-role="footer"></div>
</div>
```

3 在 header 结构的<div>标签中，用户可以添加标题和副标题内容，如标题输入在<h1>标签中。

```
<div data-role="header">
    <h1>鑫兴订餐</h1>
    <p>你想要吃什么？</p>
</div>
```

4 在 footer 结构的<div>标签中，用户可以添加版尾信息，如"<h4>2013©稻草屋工作屋</h4>"。

```
<div data-role="footer">
    <h4>2013&copy; 稻 草 屋 工 作 屋
</h4>
</div>
```

5 在 content 结构的<div>标签中，用户可以通过<ul><li></li></ul>列表标签添加菜品内容，如单个列表中包含有菜的图片、名称，以及菜的主要配料等内容。

```
<ul data-role="listview" data-
inset="true">
    <li><a href="#" data-
transition="slidédown"><img
src="images/a1.jpg" width="160"
height="85"><h5>西式早餐</h5><p>主要
搭配：薯条、咖啡、酥脆鸡肉、水果等</p></a>
    </li>
</ul>
```

6 用户可以在列表标签中，再添加其他菜品的内容。然后，即可在 content 结构的<div>标签中，完成多种订餐食物内容。

```
<div data-role="content">
    <ul data-role="listview"
data-inset="true">
    <li><a href="#" data-
transition="slidedown"><img
src="images/a1.jpg" width="160"
height="85"><h5>西式早餐</h5><p>主要
搭配： 薯条、咖啡、酥脆鸡肉、水果等
</p></a></li>
    <li><a href="#"><img src=
"images/a2.jpg" width="160" height=
"85"><h5>脆皮虾蛋卷</h5><p>主要配菜：鲜
虾、鸡蛋皮、香芹菜等</p></a></li>
    <li><a href="#"><img src=
"images/a3.jpg" width="160" height=
"85"><h5>红烧带鱼</h5><p>主要配菜：带
鱼、米饭等</p></a></li>
    <li><a href="#"><img src=
"images/a4.jpg" width="160" height=
"85"><h5>干煸四川腊肉</h5>
    <p>主要配菜：腊肉、大葱、青椒、
红辣椒等</p>
    </a></li>
    <li><a href="#"><img src=
"images/a5.jpg" width="160" height=
"85"><h5>素菜三鲜</h5><p>主要配菜：西红
```

```
柿、烧茄子、西蓝花等</p></a></li>
        <li><a href="#"><img src=
"images/a6.jpg" width="160" height=
"85"><h5>凉拌三丝</h5><p>主要配菜：土豆
丝、胡萝卜丝、蘑菇等</p></a></li>
    </ul>
```

```
      </div>
```
7 至此，用户已经完成了订餐页面制作，可通
过浏览器或者移动设备查看该网页的浏览
效果。

11.9 思考与练习

一、填空题

1．jQuery Mobile 基于打造一个顶级的
JavaScript 库，在不同的_____和_____
的 Web 浏览器上，形成统一的用户 UI。

2．用户要运行 jQuery Mobile 移动应用页面
需要包含_____个文件。

3．在 jQuery Mobile 移动应用中，包含
jQuery-1.9.1.min.js（jQuery 主框架插件）、
_____和 jQuery.mobile-1.3.1.min.css（框架
相配套的 CSS 样式文件）。

4．在 jQuery Mobile 中，有一个基本的页面
框架模型，即在页面中通过将一个<div>标签的
data-role 属性设置为_____形成一个容器。

5．在 page 容器中，包含 3 个子节点容器，
分别为 header、_____和 footer。

二、选择题

1．在网页控制中，如果希望网页根据移动
设备屏幕大小而适量地显示，则需要设置 content
属性值为_____。

    A．content="width=device-width,
       initial-scale=1"

    B．content="width=device-width"

    C．content="initial-scale=1"

    D．   content="width=900px,
initial-scale=1"

2．容器访问时，以内部_____方式进
行设置。

    A．"问号"（?）

    B．? +ID

    C．"井号"（#）

    D．#+ID

3．如果在<div data-role="header"></div>标
签中，只添加"<a href="#" data-icon="home"
data-back-btn-text="首页">首页</a>"代码，则按
钮显示在标题_____位置。

    A．左侧

    B．右侧

    C．两侧都有

    D．以上说法都不对

4．在页面中添加导航栏时，如果需要设置
某个按钮为默认按钮，则需要在<div>标签设置
class 属性值是_____。

    A．class="ui-btn "

    B．class="ui-btn-active"

    C．class="active"

    D．class="btn-active"

5．当用户需要添加一组按钮时，可以在
<div>标签内添加_____属性。

    A．data-add-back-btn="true"

    B．data-role="button"

    C．data-back-btn-theme="b"

    D．data-role="controlgroup"

三、简答题

1．什么是 jQuery Mobile？

2．如何创建页面结构？

3．页面中如何添加按钮？

4．如何创建尾部工具栏？

5．添加表单的方法是什么？

四、上机练习

1．添加滑下效果

用户可以在页面之间跳转时，添加一些特殊

的特效。例如，添加从上至下的滑下特效，非常类型于拉屏一样的效果。

此时，用户可以在 <a> 标签中添加 data-transition 属性，并设置其值为 slidedown，如图 11-58 所示。

2. 在尾部添加按钮

用户在尾部除了添加版权信息外，还可以添加一些按钮。例如，在尾部栏中，添加【提交】和【注销】按钮。

例如，在 footer 的<div>容器中，添加"<a href="#" data-role="button" data-icon="submit" >提交</a><a href="#" data-role="button" data-icon="delete">注销</a>"代码，如图 11-59 所示。

然后，通过浏览器可以查看当前尾部按钮信息，如图 11-60 所示。

图 11-59　添加代码

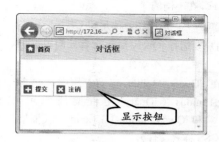

图 11-60　查看效果